Leitfäden der angewandten Informatik

D. Zöbel / H. Hogenkamp
Konzepte der parallelen
Programmierung

Leitfäden der angewandten Informatik

Unter beratender Mitwirkung von

Prof. Dr. Hans-Jürgen Appelrath, Oldenburg
Dr. Hans-Werner Hein, St. Augustin
Prof. Dr. Rolf Pfeifer, Zürich
Dr. Johannes Retti, Wien
Prof. Dr. Michael M. Richter, Kaiserslautern

Herausgegeben von

Prof. Dr. Lutz Richter, Zürich
Prof. Dr. Wolffried Stucky, Karlsruhe

Die Bände dieser Reihe sind allen Methoden und Ergebnissen der Informatik gewidmet, die für die praktische Anwendung von Bedeutung sind. Besonderer Wert wird dabei auf die Darstellung dieser Methoden und Ergebnisse in einer allgemein verständlichen, dennoch exakten und präzisen Form gelegt. Die Reihe soll einerseits dem Fachmann eines anderen Gebietes, der sich mit Problemen der Datenverarbeitung beschäftigen muß, selbst aber keine Fachinformatik-Ausbildung besitzt, das für seine Praxis relevante Informatikwissen vermitteln; andererseits soll dem Informatiker, der auf einem dieser Anwendungsgebiete tätig werden will, ein Überblick über die Anwendungen der Informatikmethoden in diesem Gebiet gegeben werden. Für Praktiker, wie Programmierer, Systemanalytiker, Organisatoren und andere, stellen die Bände Hilfsmittel zur Lösung von Problemen der täglichen Praxis bereit; darüber hinaus sind die Veröffentlichungen zur Weiterbildung gedacht.

Konzepte der parallelen Programmierung

Von Dr. rer. nat. Dieter Zöbel, Koblenz
und Horst Hogenkamp, Koblenz

Mit zahlreichen Abbildungen und Beispielen

 B. G. Teubner Stuttgart 1988

Dr. rer. nat. Dieter Zöbel

Geboren 1955 in St. Goar/Rhein. Von 1974 bis 1980 Studium der Informatik mit Nebenfach Mathematik an der Universität Kaiserslautern, 1980 Diplom. Von 1980 bis 1985 wiss. Mitarbeiter am Diplomstudiengang Angewandte Informatik der Erziehungswissenschaftlichen Hochschule Rheinland-Pfalz, Abteilung Koblenz, 1984 Promotion an der Universität Kaiserslautern mit einer Arbeit aus dem Bereich Betriebssysteme. Seit 1985 Hochschulassistent am Diplomstudiengang Angewandte Informatik der Erziehungswissenschaftlichen Hochschule Rheinland-Pfalz, Abteilung Koblenz.
Schwerpunkte in Forschung und Lehre: Betriebssysteme, Echtzeitsysteme, Modellbildung, Programmiersprachen, verteilte Systeme.

Horst Hogenkamp

Geboren 1962 in Hannover. Seit 1983 Studium der Informatik, Nebenfach Linguistik, an der Erziehungswissenschaftlichen Hochschule Rheinland-Pfalz, Abteilung Koblenz.
Arbeitsschwerpunkte: Supercomputer, parallele Programmierung, Computergraphik.

CIP-Titelaufnahme der Deutschen Bibliothek

Zöbel, Dieter:
Konzepte der parallelen Programmierung
von Dieter Zöbel und Horst Hogenkamp. –
Stuttgart : Teubner, 1988
  (Leitfäden der angewandten Informatik)
    ISBN 978-3-519-02486-6   ISBN 978-3-322-94670-6 (eBook)
    DOI 10.1007/978-3-322-94670-6
NE: Hogenkamp, Horst:

Gesamtherstellung: Zechnersche Buchdruckerei GmbH, Speyer
Umschlaggestaltung: M. Koch, Reutlingen

Vorwort

Im Bereich der Spezifikation und Programmierung nimmt das Anwendungsfeld der parallelen Systeme immer größeren Raum ein. Dieser Tendenz wurde im Zuge des Studiengangs Angewandte Informatik der Erziehungswissenschaftlichen Hochschule Rheinland-Pfalz, Abteilung Koblenz durch Vorlesungen, Seminare und viele praktische Arbeiten Rechnung getragen. Als eines der zahlreichen Ergebnisse der Bemühungen in diesem Bereich ist dieser praktische Leitfaden anzusehen.

Bei typischen Aufgabenstellungen, die mit parallelen Systemen gelöst werden sollen, steht neben Kosten und Aufwand immer die Frage nach den spezifikations- und programmiertechnischen Möglichkeiten. Mittlerweile gibt es eine große Menge hervorragender Sprachen, von denen jede für sich in Anspruch nimmt, die Programmierung paralleler Systeme zu unterstützen. Deshalb stellen wir die bedeutendsten modernen Sprachen vor, die Konzepte dieser Art besitzen. Dabei ist zu beachten, daß es in den meisten Fällen zunächst ein "reines" Konzept gegeben hat, um das in oft pragmatischer Weise eine Sprache geschlungen wurde. Dementsprechend soll unser Vorgehen zunächst das Konzept in seiner Urform darstellen, um es in der jeweiligen Sprache wiederzuerkennen und freizulegen.

Zum Verständnis der Programme und Programmausschnitte, die immer wieder zur Verdeutlichung der Konzepte herangezogen werden, wird vom Leser die Kenntnis einer höheren Programmiersprache, z.B. Pascal, vorausgesetzt. Gestützt auf diese Annahme nehmen wir uns die Freiheit, syntaktische und semantische Konventionen einzelner Sprachen zu übersehen, sofern es einer einheitlichen Darstellungsweise dient. So werden alle Kommentare in Programmen durch die Zeichenfolge '--' und dem Zeilenende geklammert, und alle Schlüsselwörter von Sprachen groß geschrieben, während alle Bezeichner klein geschrieben sind. Die Erfahrung aus Vorlesungen lehrt, daß Konventionen dieser Art den Blick auf das Wesentliche freimachen. Und das Wesentliche bilden die parallelen Konzepte, so daß dieses Buch keinesfalls den Anspruch erhebt, die Lehrbücher für die eine oder andere Sprache ersetzen zu wollen.

Aufgrund der Breite des Themengebietes ist die Vorsicht angebracht, nicht in eine Aufzählung von Programmierkonzepten auszuarten. Aus diesem Grunde wurden im wesentlichen zwei Kriterien zu Rate gezogen, die von denjenigen Konzepten zu erfüllen waren, die innerhalb dieses Buches Erwähnung finden sollten:

- Gibt es eine Formulierung des Konzeptes mit den Ausdrucksmitteln höherer Programmiersprachen?
- Gibt es eine Realisierung des Konzeptes in Form einer Spezifikations- bzw. Programmiersprache, die zur Zeit praktisch eingesetzt wird?

Damit fallen viele verdienstvolle und interessante Ansätze aus der Diskussion heraus. Dennoch bleibt eine hinreichend große Menge von Konzepten übrig, die trotz dieser Eingrenzung keineswegs eine homogene Einheit bilden.

Die Güte der Konzepte der parallelen Programmierung muß sich nun u.a. daran messen lassen, inwieweit sie das menschliche Denken lenken und führen kann, damit ein intuitives Verständnis paralleler Abläufe zustande kommt. Die Intuition steht am Anfang jeder Problemumsetzung in einen parallelen Algorithmus. Zahlreiche Abbildungen sollen deshalb dazu beitragen, eine intuitive Vorstellung von den Interaktionen zwischen parallelen Abläufen zu vermitteln. Dabei soll auch zutage treten, daß komfortable Konzepte durchaus ihren Preis haben, wenn man die zum Teil recht aufwendigen Implementierungen betrachtet.

Aus der Verschiedenheit der Ansätze ergibt sich die Schwierigkeit, sie gegenüberzustellen, zu vergleichen und zu bewerten. Wann immer es möglich ist, werden deshalb gleiche Aufgaben gestellt und gelöst. Im Bereich der parallelen Programmierung gibt es die bekannten Standard-Probleme, wie z.B.

- das Erzeuger-Verbraucher-Problem,
- das Leser-Schreiber-Problem und
- das Fünf-Philosophen-Problem.

Sie sind begrenzt und überschaubar, aber dennoch beispielhaft für die immer wiederkehrenden Probleme der Anwenderprogrammierung im Bereich paralleler Systeme. In vollständiger oder schablonenhafter Weise werden diese Standardprobleme immer wieder in den verschiedenen Spezifikations- und Programmiersprachen gelöst.

Dennoch trägt dieses Buch nicht den Titel "Konzepte paralleler Programmiersprachen", obwohl gerade diese Thematik ein Bestandteil dieses Buches ist. Unter dem Titel "Konzepte der parallelen Programmierung" soll darüberhinaus das Thema der strukturierten Programmentwicklung angegangen werden. Denn bekanntermaßen stellen die parallelen Abläufe mit ihren gelegentlichen Interaktionen ein schwieriges Anwendungsfeld dar, das in intuitiver Weise nur schwer erfaßbar ist. Hinzu treten ganz neue Problemkreise, wie die Verklemmungen, der Nichtdeterminismus oder die Fairneß, die allesamt in der sequentiellen Programmierung unbekannt sind.

Konzipiert und entwickelt als Lehr- und Arbeitsbuch eignet sich das vorliegende Werk im besonderen für die Informatikausbildung an Hochschulen und Fachhochschulen. Da eindringlich versucht wird, ein intuitives und unmittelbares Verständnis für die Konzepte der parallelen Programmierung zu vermitteln, zielt dieses Buch ebenso auf Fachgebiete, bei denen die Informatik als Dienstwissenschaft betrachtet wird und deshalb weniger Grundkenntnisse vorauszusetzen sind. Darüberhinaus dürfte dieses Buch auch für diejenigen Bereiche der Forschung und Industrie von Interesse sein, die mit der Überwachung und Kontrolle von technischen Abläufen zu tun haben.

Unter Mitarbeit von Herrn cand. Inform. H. Hogenkamp, der wesentliche Teile des Kapitels 4 sowie die Abschnitte 3.3.4., 3.4.2.1. und 3.4.3.2. beigesteuert hat, ist dieses Buchprojekt im Laufe des Jahres 1987 entstanden. Mit dem Text- und Graphiksystem "script-pic", das von Herrn Prof. Dr. H. Giesen entwickelt wurde, sind alle Druckvorlagen einschließlich der Abbildungen erstellt worden. In diesem Zusammenhang danke ich Frau C. Paul, die das Eintippen der Texte besorgt hat, und Herrn H. Hogenkamp, der neben seiner Mitautorschaft für die Erstellung der Abbildungen sowie die drucktechnische Aufbereitung zuständig war. Des weiteren danke ich Frau Dipl. Inform. G. Windhäuser und Herrn Dipl. Inform. T. Biedassek für die kritische Durchsicht von Teilen des Manuskripts sowie Herrn Dr. W. Schiffmann und Herrn Dr. A. Schütte für die anregenden mittäglichen Diskussionen.

Koblenz, im November 1987   Dieter Zöbel

Gliederung

1. Sequentielle und parallele Prozesse

Die Architektur des "Von-Neumann-Rechners" hat die Informationstechnik entscheidend geprägt. Das mathematische Modell, das diesem Rechnertyp zugrunde liegt, ist der deterministische endliche Automat. Neben seiner strukturellen Einfachheit besitzt er zwei entscheidende Merkmale:

- **Determinismus:**
  Die Eindeutigkeit der Operationsausführung, die sich darin ausdrückt, daß der augenblickliche Zustand zusammen mit Eingabedaten einen einzigen Folgezustand festlegt.
- **Sequentialität:**
  Die Existenz genau einer Instanz, die Operationen ausführen kann, mit der Wirkung, daß die Zustandsübergänge einer Berechnung in eine Reihenfolge zu bringen sind.

Durch diese fest vorgeschriebene, streng sequentielle Abarbeitung von Anweisungen sind Parallelitäten von vornherein ausgeschlossen. Die bekannten sequentiellen Programmiersprachen legen bereits durch ihre textuelle Aufschreibung – von links nach rechts und von oben nach unten eine feste Ausführungsfolge fest, die keine gleichzeitigen Aktionen erlaubt. Für die Programmierung mit solchen Sprachen gilt, daß immer eine deterministische, sequentielle Vorschrift zu entwerfen ist, selbst wenn es vom Problem her nicht verlangt wird.

Bsp. 1.1: Die Steigungsformel

$$m = \Delta y / \Delta x \quad \text{mit} \quad \Delta x = x_1 - x_0 \quad \text{und} \quad \Delta y = y_1 - y_0$$

schreibt nicht vor, welche der Subtraktionen zuerst auszuführen ist, um den Quotienten zu berechnen. In herkömmlichen Programmiersprachen muß jedoch eine Reihenfolge festgelegt werden.

Anstelle der deterministischen, sequentiellen Vorschriften sollte es genügen, daß lediglich die kausalen Abhängigkeiten spezifiziert werden, die einer Berechnung zugrundeliegen.

Bsp. 1.2: Die obige Steigungsformel kann berechnet werden, sobald die Werte für x_0, x_1, y_0 und y_1 feststehen. Die Kanten des gerichteten Graphen repräsentieren die kausalen Abhängigkeiten:

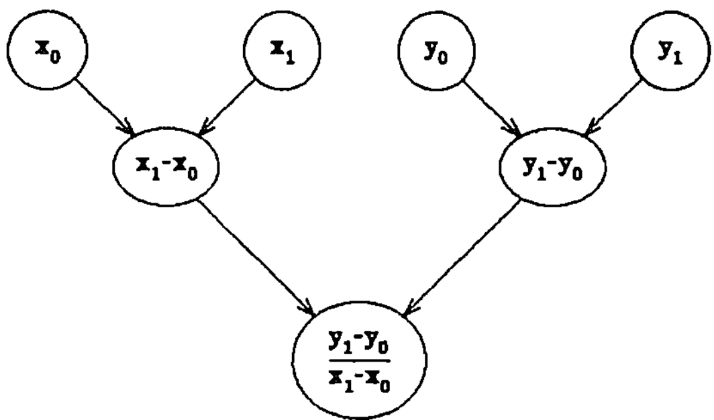

Eine entsprechende Berechnungsvorschrift könnte sinngemäß so lauten:
- Berechne Δx, sobald x_0 und x_1 bekannt sind.
- Berechne Δy, sobald y_0 und y_1 bekannt sind.
- Berechne m, sobald Δx und Δy bekannt sind.

Es ist zu beachten, daß die Aufschreibungsreihenfolge der einzelnen Vorschriften keine Bedeutung für das Ergebnis hat.

Der Einsatz nichtdeterministischer Konstrukte ist besonders auf der Ebene der Spezifikation von Bedeutung. Damit wird die Möglichkeit zur abstrakten Problemspezifikation eröffnet. Für die Umsetzung (Übersetzung) der Spezifikation in die Implementierung bietet sich der größtmögliche Freiheitsgrad, da bis auf die problemspezifischen Abhängigkeiten noch keine Festlegung getroffen sind. Entsprechende nichtdeterministische Konstrukte stellen eine Menge von Lösungswegen zur Auswahl. Es gibt keine Einflußmöglichkeiten auf den Ausgang der Wahl. Jeder Lösungsweg für sich genommen muß deshalb zu einem richtigen und erwarteten Ergebnis führen (vgl. Abschnitt 5.2).

Bsp. 1.3: Folgende Lösungswege sind in dem so umrissenen Sinne des Nichtdeterminismus möglich, dargestellt als zweielementige Lösungsmenge:

$$\{ \ \Delta x := x_1 - x_0; \ \Delta y := y_1 - y_0; \ m := \Delta y / \Delta x. \ \ \Delta y := y_1 - y_0; \ \Delta x := x_1 - x_0; \ m := \Delta y / \Delta x \ \}$$

Unter dem Gesichtspunkt der Parallelität wird eine vom Nichtdeterminismus grundsätzlich verschiedene Zielsetzung verfolgt. Der Begriff unabhängiger Abläufe (Aktionsfolgen) steht bei der Betrachtung der Parallelität im Vordergrund. Angestrebt wird dabei die Zerlegung einer Gesamtaufgabe in Teilaufgaben, von denen jede für sich durch unabhängige Aktionsfolgen erledigt werden kann. Abhängigkeiten in Form von Interaktionen dürfen nur am Anfang und Ende der Aktionsfolgen vorhanden sein.

Bsp. 1.4: Aus den kausalen Abhängigkeiten, die bei der Berechnung der Steigungsformel zu beachten sind, leiten sich Teilaktionen ab, die sich sequentiell (**SEQ**) oder parallel (**PAR**) ausführen lassen.

$$\text{SEQ (PAR } (\Delta x := x_1 - x_0, \ \Delta y := y_1 - y_0), \ m := \Delta y / \Delta x)$$

Den erwähnten Teilaufgaben entsprechen aus programmiertechnischer Sicht die sequentiellen Prozesse. Sie bilden die kleinsten unabhängigen und sequentiell ausführbaren Einheiten. Grundsätzlich verschieden zu dieser logischen Abgrenzung sind die diversen Prozeßbegriffe, die von Programmiersprachen eingeführt werden. So wird beispielsweise in Occam schon jede einfache Anweisung als Prozeß verstanden. Andere Programmiersprachen überlassen die Prozeßdefinition ganz dem Anwender, der nun weitgehend unabhängige Teilaufgaben erkennt und zu einem Prozeß zusammenfaßt. Innerhalb solcher Prozesse sind deshalb Anweisungen erforderlich, damit sich Prozesse gegenseitig abstimmen und miteinander verkehren können. In diesem Verständnis bauen sich Prozesse aus einem oder mehreren sequentiellen Prozessen auf.

Trotz dieser Eingrenzung auf weitgehend unabhängige Teilaufgaben wird der Begriff Prozeß noch immer mit unterschiedlichen Bedeutungen überladen:

- <u>Prozeßtyp:</u>
  Die programmiersprachliche Definition einer Teilaufgabe wird vielfach bereits als Prozeß bezeichnet. Gemeint ist jedoch der Typ eines Prozesses, in dem die Lösungsvorschrift für eine spezifische Teilaufgabe formuliert ist.

- <u>Prozeßobjekt:</u>
  Wann immer eine Teilaufgabe zur Lösung ansteht, ist ein Prozeßobjekt des zugehörigen Typs zu erzeugen. Aus programmiertechnischer Sicht besteht jedes Prozeßobjekt aus dem Code und lokalen Daten.

- <u>Prozeßausführung:</u>
  Auch die Prozeßausführung wird vielfach als Prozeß bezeichnet. Gemeint ist jedoch, daß sich ein Prozeßobjekt in der Ausführung befindet.

Dennoch wird im folgenden immer wieder der Begriff Prozeß benutzt, wenn klar ist, welche der Bedeutungen gemeint ist oder wenn diese Unterscheidung keine Rolle spielt.

Bsp. 1.5: Anwendung des eingeführten Prozeßbegriffs: Weitgehend unabhängige Teilaufgaben werden zu Prozessen (eigentlich Prozeßtypen) zusammengestellt. Die Operationen **GET** und **PUT** dienen der Koordination der Prozesse.

$$PX : (SEQ (PAR (GET(x_0), GET(x_1)), \Delta x:=x_1-x_0, PUT(\Delta x)))PY : (SEQ$$
$$(PAR (GET(y_0), GET(y_1)), \Delta y:=y_1-y_0, PUT(\Delta y)))PM : (SEQ (PAR$$
$$(GET(\Delta x), GET(\Delta y)), m:=\Delta y/\Delta x, PUT(m)))$$

Dieser Prozeßstruktur entspricht ein spezieller Abhängigkeitsgraph. Programmiertechnische Abhängigkeiten kommen durch **GET** und **PUT** hinzu. Denn es muß gelten, daß die Ausgabe eines Wertes (**PUT**) ihrer Eingabe (**GET**) vorausgeht.

Abb. 1.1: Die Prozeßstruktur als Abhängigkeitsgraph:

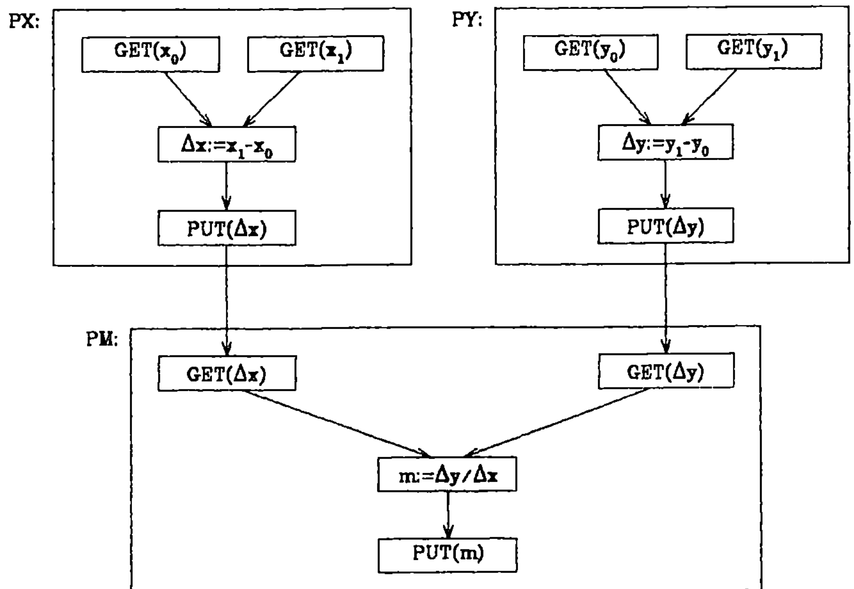

Auf der Grundlage des programmiersprachlichen Prozeßbegriffs läßt sich nun leicht ein technisches Verständnis von Parallelität vermitteln. Dazu sollen grundsätzlich zwei Arten von Parallelität aufgrund von Ausführungssystemen unterschieden werden.

- <u>Systeme mit einem Prozessor:</u>
  Unter Beachtung der kausalen Abhängigkeiten werden die Aktionen von Prozessen in **beliebiger Reihenfolge** ausgeführt. Dies entspricht der Art von Parallelität, die auch Time-Sharing Betriebssysteme ihren Benutzern bieten.
- <u>Systeme mit mehreren Prozessoren:</u>
  Die Aktionen von Prozessen können **gleichzeitig,** d.h. sofern die kausalen Abhängigkeiten das zulassen, auf verschiedenen Prozessoren ausgeführt werden.

Wenn im folgenden nicht ausdrücklich zwischen den beiden Arten von Parallelität unterschieden wird, sind stets beide gemeint. D.h., die abgeleiteten Aussagen gelten für beide Arten.

Bsp. 1.6: Gleichzeitig parallele Ausführung von Prozessen: Jedem der Prozesse **PX, PY** und **PM** ist ein Prozessor zugeordnet. Die folgende Abbildung zeigt eine mögliche zeitlich geordnete Ausführung der Berechnung:

Abb. 1.2: Parallele Ausführung einer Berechnung.

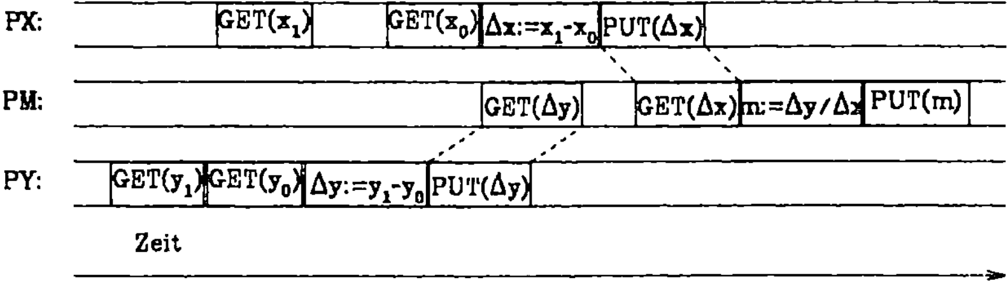

Die Diskussion begrifflicher Grundlagen wie Nichtdeterminismus, Parallelität und Prozeß sind unbedingte Voraussetzung, um die verschiedenen Konzepte und Realisierungen im Bereich der parallelen Programmiersprachen zu verstehen und einzuordnen. Es ist sicher nicht übertrieben zu behaupten, daß die Informationstechnik geradezu unter dem Druck verschiedener Anwendungsfelder steht, geeignete Methoden, Sprachen und Werkzeuge für die parallele Programmierung bereitzustellen. Als bekannte Anwendungsfelder, die in sich keineswegs eine homogene Einheit darstellen, sollen in diesem Zusammenhang erwähnt werden:

<u>Fehlertolerante Systeme:</u>

In allen Aufgabenfeldern, in denen ein hohes Maß an Ausfallsicherheit erforderlich ist (z.B. Flugsicherungssysteme, Leittechnik in Kraftwerken) ist ein fehlertoleranter Systemaufbau notwendig. Grundlage der Fehlertoleranz ist die Redundanz, bei der auf verschiedenen Komponenten (z.B. Prozessoren, Sensoren) gleiche Aufgaben gelöst werden bzw. gelöst werden können. Ausfälle und Störungen in Teilen des Gesamtsystems sind zu erkennen und zu behandeln, indem die Aufgaben der fehlerhaften Komponenten auf andere noch funktionsfähige Komponenten verlagert werden.

<u>Echtzeitsysteme:</u>

Die Programmierung von Echtzeitsystemen zeichnet sich nicht allein dadurch aus, daß die programmiertechnischen Konstrukte für die Erfassung von Echtzeit bereitgestellt werden. Vielmehr geht es darum, technische Prozesse zu überwachen und zu steuern. Damit verbunden ist die räumliche und logische Trennung in programmiertechnische Teilaufgaben (Prozesse), die von den technischen Prozessen, sozusagen von der Außenwelt, angestoßen oder beeinflußt werden und auf die das Echtzeitsystem unter harten Zeitbedingungen zu reagieren hat (z.B. Dickenregelung in Walzstraßen, Überwachungssysteme in Kraftfahrzeugen).

<u>Kommunikationssysteme:</u>

Die Übertragung von Daten erfordert eine Zusammenarbeit von Prozeßpaaren, die in der Funktion von Sender und Empfänger auftreten. Neben den Schwierigkeiten, die die räumliche Trennung mit sich bringt, hat die parallele Programmierung Konzepte bereitzustellen, die die unterschiedlichen Schichten der Kooperation von Sendern und Empfängern abdecken (z.B. ISO-Schichtenmodell oder vgl. Abb. 3.24). Angefangen bei den physikalisch technischen Konventionen der Übertragungsstrecke reichen die damit verbundenen Aufgabenstellungen bis hin zu den Kommunikationsprotokollen, die eine logische Sichtweise der Datenübertragung ermöglichen, z.B. in Form einer atomaren Aktion.

Neben diesen Anwendungsfeldern, die durch eine logische wie räumliche Trennung der Aufgaben auffallen, zielt die parallele Programmierung ebenso auf Anwendungen, bei denen lediglich eine logische Aufgabenteilung möglich ist. Vereinfacht sind damit alle Anwendungsfelder gemeint, bei denen eine Lösung nach dem Prinzip des "teile und herrsche" gefunden werden kann. Aufgaben dieser Art treten hauptsächlich in den Natur- und Gesellschaftswissenschaften auf und sind dadurch charakterisiert, daß identische Operationen auf verschiedene Datenexemplare anzuwenden sind.

Die Aufzählung von Anwendungsfeldern der parallelen Programmierung ist damit keineswegs vollständig und ließe sich mühelos fortsetzen (z.B. Betriebssysteme, Datenbanksysteme usw.). Festzustellen bleibt, daß die jeweiligen Anwendungsfelder von speziellen Bedürfnissen geprägt sind. Dementsprechend eignen sich die diversen Konzepte der parallelen Programmierung in unterschiedlicher Weise für die jeweiligen Anwendungsfelder. Wesentlich sind in diesem Zusammenhang die technischen Erfordernisse (z.B.: räumliche Trennung von Prozessen) wie auch die spezifischen Problemstrukturen von Anwendungsfeldern (z.B. die Vektorarithmetik), die geradezu Ausgangspunkt für die Entwicklung spezieller Konzepte geworden sind.

Die Konzepte, die in den folgenden Kapiteln (2., 3. und 4.) behandelt werden, besitzen eine deutliche Orientierung auf Problemklassen und unterscheiden sich durch ihre programmiertechnischen Möglichkeiten. Darüberhinaus zeichnen sie sich dadurch aus, daß sie in syntaktische Konstrukte eingebettet sind, aus denen sich formale Eigenschaften ableiten lassen. Sie sind Grundlage für

- Plausibilitätsprüfungen, die bereits ein Compiler durchführen kann,
- die in einer Problemspezifikation festzulegenden Korrektheitskriterien und
- die Durchführung von formalen Korrektheitsbeweisen.

Strukturierte Konzepte beabsichtigen eine gezielte und zweckmäßige Einengung der programmiertechnischen Möglichkeiten. Die einzelnen Konstrukte, die das Gesamtkonzept bilden, sollen orthogonal zueinander sein, d.h. kein Konstrukt kann durch ein anderes ersetzt werden und gemeinsam erst ermöglichen sie die programmiertechnische Erfassung der Problemklasse, auf die hin das Konzept entwickelt wurde. In Verbindung mit einer intuitiven Vorstellung wird ein Programmierer in den frühesten Phasen der Programmentwicklung in die Lage versetzt, eine grobe Strategie für den Einsatz der Konstrukte zu entwerfen. Durch die Orthogonalität ist vorgezeichnet, welche Konstrukte zu benutzen sind.

Ebenso wichtig ist das Prinzip der Abstraktion. Es dient dazu, einzelne Eigenschaften der Konzepte herauszustellen und alle übrigen auszublenden. Bezogen auf die Programmentwicklung wird durch die Abstraktion erreicht, wesentliche Fragestellungen auszusondern und getrennt zu betrachten. Die noch nicht relevanten Fragestellungen werden zurückgestellt und zu gegebener Zeit konkretisiert. Eine besondere Form des Wechsels zwischen Abstraktion und Konkretisierung, bei der eine ganze Hierachie von Abstraktionsebenen durchschritten wird, ist als schrittweise Verfeinerung bekannt.

Das Prinzip der Abstraktion ist bereits für die sequentielle Programmierung wichtig. Es gewinnt jedoch erst recht im Zusammenhang mit der parallelen Programmierung an Bedeutung. Denn im Gegensatz zur sequentiellen Programmierung sind in der parallelen Programmierung viele weitgehend unabhängige Prozesse zu beherrschen. Die Menge der möglichen Zustände, in denen sich ein Programm befinden kann, umfaßt die Kombination der möglichen Zustände aller Prozesse. Solche Zustandsmengen werden schon für einfache Aufgabenstellungen unverhältnismäßig umfangreich. Deshalb ist es notwendig, auf dem Wege der Abstaktion gesicherte Aussagen über die Kooperation von Prozessen zu gewinnen und auszunutzen.

Auf der Grundlage der eingeführten Begriffe sei nun an dieser Stelle eine inhaltliche Gliederung der wichtigsten Kapitel des Buches gegeben. Zunächst werden die Prozesse als unabhängige Einheiten betrachtet. Dazu zählt ihre programmiersprachliche Definition, Operationen zum Starten und Abbrechen von Prozessen und Techniken zur Identifizierung von Prozeßobjekten gleichen Typs (Kapitel 2. "Erzeugung paralleler Prozesse"). Im Anschluß daran steht die Kooperation paralleler Prozesse im Vordergrund. Die verschiedenen Synchronisierungstechniken, die für diese Kooperation entwickelt wurden, stellen den schwierigsten programmiertechnischen Aspekt der parallelen Programmierung dar (Kapitel 3. "Synchronisierung paralleler Prozesse"). Eine spezielle Rechnerarchitektur kommt ohne explizite Synchronisierung aus. Dieser Rechnertyp ist als Supercomputer bekannt und verlangt nach angepaßten programmiertechnischen Konzepten (Kapitel 4. "Parallelität auf Supercomputern"). Abschließend werden dann spezielle Problemstellungen aufgegriffen, die erst im Zuge der parallelen Programmierung bedeutsam werden (Kapitel 5. "Probleme bei parallelen Prozessen").

2. Erzeugung paralleler Prozesse

Eine entscheidende Strukturierung einer Aufgabenstellung, die mit den Mitteln der Informationstechnik zu lösen ist, wird bereits dadurch vollzogen, daß eine Zerlegung in weitgehend unabhängige Teilaufgaben gefunden wird. Für sich genommen ist jede einzelne Teilaufgabe durch kausal oder zeitlich geordnete atomare Aktionen zu lösen. Auf diese Weise erhält man Teilaufgaben, die sich als Prozesse formulieren lassen und nur noch in einer losen Abhängigkeit zueinander stehen. Innerhalb dieses Kapitels wird nun von der völligen Unabhängigkeit der Prozesse ausgegangen. Aus dieser abstrahierenden Sicht wird zunächst nach Formulierungen gesucht, um Prozesse gegeneinander abzugrenzen und zugänglich zu machen (Abschnitt 2.1.). Darauf aufbauend sind die programmiertechnischen Möglichkeiten zu betrachten, um Prozesse zu starten und abzubrechen (Abschnitt 2.2.). Die Vielzahl gleicher Prozesse, die auf diesem Weg erzeugt werden kann, müssen sich unterscheiden lassen. Das verlangt nach generellen Methoden und Formulierungen zur Identifikation von Prozessen (Abschnitt 2.3.). Abschließend wird ein wegweisendes Konstrukt der strukturierten Programmierung paralleler Prozesse vorgestellt. Mit der Parallelanweisung wird die Erzeugung und Identifikation von Prozessen in einem Konstrukt vereinigt, das keinerlei Abhängigkeiten der Prozesse untereinander induziert (Abschnitt 2.4.).

2.1. Spezifikation von Prozessen

Der Umfang der Teilaufgabe, der auf programmiersprachlicher Seite ein Prozeß zugeordnet wird, hängt in erster Linie von der Aufgabenstellung ab. Verschiedentlich ist jedoch der Umfang eines Prozesses bereits in der Definition der Programmiersprache festgelegt. So wird in Occam jede Anweisung, z.B. eine Zuweisung, bereits als Prozeß aufgefaßt. Neben dieser impliziten Festlegung von Prozessen ist bei anderen Sprachen der Umfang eines Prozesses durch den Anwender festzulegen.

Bsp. 2.1: Definition eines Prozesses in CHILL (in EBNF-Notation):

```
name:
PROCESS ([parameter_list]);
   [declaration_statements]
   [definition_statements]
   [action_statements]
END [exception_handler] [name];
```

Syntaktisch entspricht die Prozeßdefinition in etwa einer Prozedurdefinition mit allen Gültigkeitsregeln für blockorientierte Programmiersprachen. Die eigentliche Teilaufgabe wird innerhalb der action_statements spezifiziert.

Mit der Prozeßdefinition wird immer nur ein Prozeßtyp festgelegt, dessen einmalige oder mehrfache Erzeugung an einer anderen Stelle des Programms erfolgt (vgl. Abschnitt 2.2.). Programmiertechnisch wird damit eine arbeitsteilige Programmentwicklung unterstützt, bei der zunächst die Aufgabe des Prozeßtyps festgelegt wird, um dann die Definition des Prozesses auf der einen Seite und den Einsatz des Prozesses auf der anderen Seite zu entkoppeln. Die Programmiersprache Ada geht an dieser Stelle noch weiter, indem sich die Prozeßdefinition aus einer sichtbaren und einer verdeckbaren Komponente zusammensetzt. Dabei ist die sichtbare Komponente die verbindliche Schnittstelle zwischen Prozeßdefinition und Prozeßerzeugung.

Bsp. 2.2: Definition des sichtbaren Teils eines Prozesses in Ada (EBNF-Notation):

```
TASK [TYPE] identifier [IS
   { entry_declaration }
   { representation_specification }
END [identifier]];
```

Prozesse werden in Ada als Tasks bezeichnet. Das folgende Beispiel definiert den sichtbaren Teil der **TASK mailbox**.

```
TASK TYPE mailbox IS
   ENTRY speichern (x : IN msg_id; y : IN msg);
   ENTRY abholen  (x : IN msg_id; y : OUT msg);
END;
```

Die **ENTRY**-Angaben bilden die Schnittstelle zwischen verdeckbarer Prozeßdefinition und Prozeßerzeugung. Hier ist festgelegt, welche Operationen auf einem Prozeß **mailbox** zulässig sind und welche Konvention für die Übergabe von Daten gilt. Wenn das Schlüsselwort **ENTRY** vorhanden ist, dann ist der jeweilige Dienst nach außen sichtbar, verfügbar und aufrufbar. Wenn das Schlüsselwort **ENTRY** fehlt, dann ist der jeweilige Dienst nur innerhalb des Objekts verfügbar, aber von außen unsichtbar und unzugänglich.

Für den korrespondierenden verdeckbaren Teil der Prozeßdefinition sieht Ada folgende syntaktische Struktur vor (in EBNF-Notation):

```
TASK BODY identifier IS
    [declarative_part]
BEGIN
    sequence_of_statements
[EXCEPTION
    { exception_handler }]
END [identifier];
```

2.2. Operationen auf Prozessen

Ein entscheidender Schritt in Richtung auf Parallelität war die Einführung der Time-Sharing Betriebssysteme. Jeder der vielen Benutzer einer Rechenanlage sollte den Eindruck haben, daß der Rechner ihm allein zur Verfügung steht. D.h., ein Betriebssystem hat zur gleichen Zeit viele Benutzeraufträge zu verwalten, ihnen Prozessorzeit zuzuteilen und die beanspruchten Betriebsmittel konfliktfrei zu vergeben.[2.1] Unter dem Begriff Multiprogrammierung (Multiprocessing) sind alle Techniken zusammengefaßt, um viele Benutzer- bzw. Systemaufträge (Prozesse) auf einem Prozessor abzuwickeln.

[2.1] Unter Betriebsmitteln versteht man Geräte wie Drucker, Magnetplatten, Bildschirme usw., aber auch z.B. den Hauptspeicher. Ein Teil dieser Betriebsmittel (z.B. der Drucker) darf über gewisse längere Zeitspannen (z.B. die Zeit zum Drucken einer Datei) nur von maximal einem Prozeß benutzt werden. Alle anderen Prozesse, die einen Anspruch erheben, müssen warten, bis das Betriebsmittel "freigegeben" wird.

Abb. 2.1: Das Time-Sharing Betriebssystem (TSB) startet und beendet Aufträge und teilt jedem der Aufträge Rechenzeit zu. Dabei bleiben die ursprünglichen Berechnungen (Auftrag1, Auftrag2) vollständig erhalten. Sie sind lediglich in Systemberechnungen eingebettet.

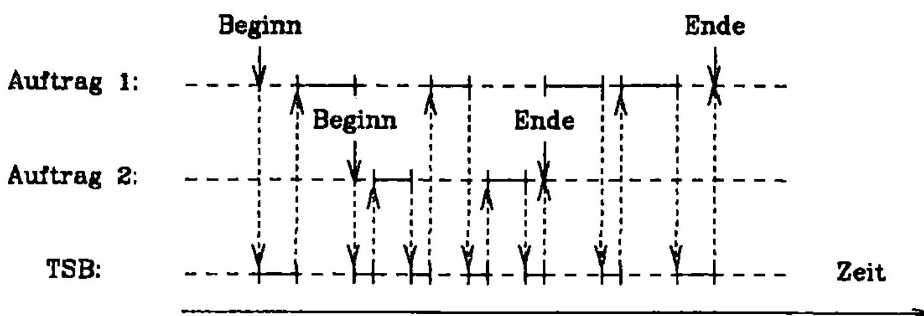

Außer einer Verzögerungswirkung dürfen die Unterbrechungen keinen Einfluß auf die Erledigung der Aufträge ausüben. Jeder Benutzer soll den subjektiven Eindruck gewinnen, bzw. die abstrakte Sichtweise annehmen, daß die Rechenanlage allein seinen Auftrag ausführt.

Neben der Verfügbarkeit der Rechenanlage für jeden Benutzer ergeben sich im Time-Sharing Betrieb höhere Auslastungen für die Rechenanlage. Denn alle Wartezeiten auf Dienste externer Geräte (Plattenzugriffe, Druckaufträge, etc.) oder Ereignisse (z.B. Interrupts, echtzeitbedingte Aktionen) lassen sich dadurch überbrücken, daß andere rechenwillige Aufträge weitergeführt werden. Erst dann, wenn die äußeren Bedingungen es verlangen, wird neu verplant und der Prozessor dem entsprechenden Prozeß zugeteilt.

Andererseits erfordert der Entwurf und Betrieb eines Time-Sharing Systems programmiersprachliche Formulierungen für die Erzeugung paralleler Aufträge. So wird mit dem asymmetrischen Fork-Join-Konzept *[DenHor 63]* von einem aktiven Auftrag ein weiterer gestartet und an anderer Stelle auf dessen Beendigung gewartet:

Bsp. 2.3: Das Programm startet mit **FORK Q** das Programm **Q** und wartet mit **JOIN Q** auf dessen Termination:

```
PROGRAM P;
    :                    PROGRAM Q;
FORK Q;                      :
    :                        :
JOIN Q;                      :
    :                    END Q;
END P;
```

Die Ausführung von Q beginnt mit der Anweisung **FORK** Q durch P. Danach werden beide Aufträge parallel ausgeführt bis entweder

- Q endet oder
- P die **JOIN**-Anweisung erreicht.

P führt die Anweisungen hinter **JOIN** erst aus, wenn Q geendet hat.

Für das Time-Sharing Betriebssystem *UNIX* und die darauf aufbauende Programmiersprache wurde ein vergleichbares Konzept zugrunde gelegt und in größerem Umfang angewendet. Mit dem Systemaufruf **fork**[2.2] wird in *UNIX* ein erzeugender (Vater) und ein erzeugter (Sohn) Prozeß angelegt, die auf einem gemeinsamen Programmcode arbeiten. Dieser Code ist mehrfach verwendbar (engl. reentrant), sodaß sich die Prozesse erst durch den Besitz und die Manipulation verschiedener, durch Kopieren erzeugter Datenbereiche unterscheiden. Programme können in einen stets gleich bleibenden Programmcode und einen sich verändernden Datenbereich unterteilt werden. Wenn nun ein Programm mehrmals gestartet wird, kann man Speicherplatz sparen, indem diese Programme getrennte Datenbereiche besitzen, aber den gleichen Programmcode benutzen. Um Vater und Sohn auch vom Programm her auseinanderzuhalten, liefert der Systemaufruf **fork** dem Vaterprozeß nicht den gleichen Wert wie dem Sohnprozeß. Dem **JOIN** entspricht in *UNIX* (in etwa) der Systemaufruf **wait** (vgl. Bsp. 2.3). Darüber hinaus kann ein Sohnprozeß mit **exit** enden.

[2.2]   Die kleingeschriebenen Kommandos beziehen sich auf *UNIX*, die großgeschriebenen auf das Fork-Join-Konzept.

Abb. 2.2: Der Vaterprozeß, der vom System mit der Operation **fork** gestartet wurde, erzeugt der Reihe nach Sohnprozesse mit eigenen Datenbereichen. Die Sohnprozesse enden mit dem Systemaufruf **exit**, bevor der Vaterprozess endet.

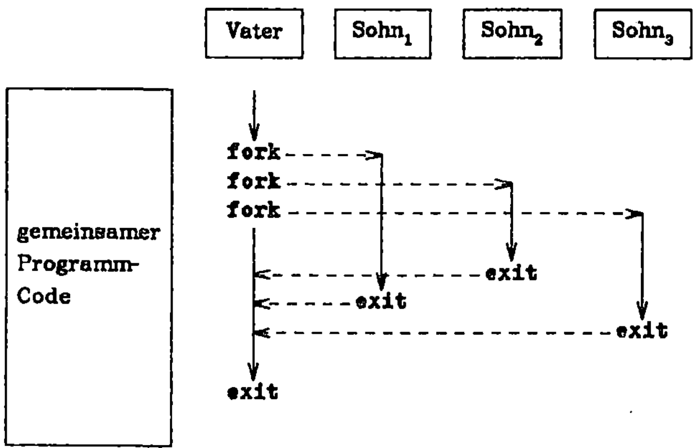

Bsp. 2.4: **fork** und **join** in *C* unter *UNIX*: Das folgende Programm in der Programmiersprache *C* testet einen Zufallszahlengenerator nach der MonteCarlo-Methode. Weil die Berechnung von Zufallszahlen beliebig kompliziert sein kann, wird für jede zweite Zahl ein eigener Prozeß angelegt, so daß jeweils zwei Zufallszahlen parallel ausgerechnet werden können. Mit dem Kommando **fork()**[2.3)] wird eine identische Kopie des Programms angelegt. Das Ergebnis von **fork()** ist für den Vaterprozeß die Prozeßnummer des Sohnprozesses und somit ungleich 0 (**true**) und für den Sohnprozeß gleich 0 (**false**). Der Sohn berechnet eine Zufallszahl und terminiert, der Vater hingegen berechnet ebenfalls eine Zahl und wartet dann auf das Ergebnis des Sohnes. Hierzu wurde die Funktion **wait()** leicht modifiziert und **join()** genannt.

[2.3)] An dieser Stelle wird ausnahmsweise gegen die Konvention, Schlüsselwörter groß zu schreiben (vgl. Vorwort), verstoßen, weil in *C* (und auch *UNIX*) die Groß- und Kleinschreibung bedeutungsunterscheidend ist.

```
#define LOOP 20000
#define MAX 100
#define sqr(x) (x*x)
int join() { int result; wait(&result);  return(result>>8); }


main()
{       int  i, cnt, x, y;

        for (cnt=i=0; i<LOOP; i++)
            if (fork()){
                    -- Vaterprozeß
                    x = random();
                    y = join();
                    if (sqr(x)+sqr(y)<sqr(MAX)) cnt++;
            }
        else exit(random()); -- Sohnprozeß
        printf("Pi ist ungefähr %f.\n",4.0*cnt/(float)LOOP);
}
```

Bsp. 2.5: Mehrfache Ausführung eines Programms dargestellt in der Kommandosprache von *UNIX:*

P x & P y & wait

Mit dem &-Operator wird das Programm P mit Parameter x gestartet und in den Hintergrund verlegt. D.h., der Benutzer kann unmittelbar weiterarbeiten, obwohl das Programm P läuft. Danach wird das Programm P nochmal gestartet, diesmal mit Parameter y. Nachdem Start der Programme wird mit dem *UNIX*-Kommando **wait** auf das Ende aller Hintergrundprozesse gewartet. Das **&** entspricht dem **FORK** und das **wait** dem **JOIN**. Im Gegensatz zum **JOIN** ist das **wait** in *UNIX* ein eigenständiger Prozeß, der auf die Beendigung aller Hintergrundprozesse wartet.

Einerseits ist das Fork-Join-Konzept vielseitig und beliebig einsetzbar. Es können beliebig viele Prozesse erzeugt werden und es läßt sich leicht in eine Programmiersprache integrieren. Andererseits besitzt es jedoch keine syntaktische Struktur, mit der Konsequenz, innerhalb eines Programms nicht abgrenzbar zu sein. Daraus ergeben sich folgende Probleme:

- Es ist unentscheidbar, ob zu jedem **FORK** ein **JOIN** ausgeführt wird.
- Es gibt keine syntaktisch festgelegten Synchronisierungspunkte zwischen Vater- und Sohnprozessen.
- Zur Compilezeit können keine Überprüfungen bzgl. der Synchronisierung durchgeführt werden.

Damit obliegt es der Programmierdisziplin, die Systemaufrufe in strukturierter und übersichtlicher Weise einzusetzen. Auch Sprachen wie Ada und CHILL, die besonderen Wert auf strukturierte und syntaktisch eingebettete Konzepte legen, halten sich dennoch offen, eine nicht weiter angebundene Anweisung für die explizite Erzeugung von Prozessen bereitzustellen.

Bsp. 2.6: Erzeugung eines Prozesses in CHILL (in EBNF-Notation):

```
START name ([actual_parameter_list])
```

Bsp. 2.7: Erzeugung eines Prozesses in Ada. Dabei wird auf den in Bsp. 2.2 (Abschnitt 2.1.) definierten Prozeßtyp **mailbox** Bezug genommen.

```
TASK BODY parsys IS
    TASK TYPE mailbox IS
    :
    END mailbox;
    TYPE mailbox_type IS ACCESS mailbox;
    :
    leftbox, rightbox : mailbox_type;
    left, right : boolean;
    :
BEGIN
    :
    IF left THEN leftbox := NEW mailbox END IF;
    IF right THEN rightbox := NEW mailbox END IF;
    :
END parsys;
```

Mit **ACCESS** wird ein Zeigertyp auf den Prozeßtyp **mailbox** ausgelegt. Die Variablen **leftbox** und **rightbox** sind von diesem Zeigertyp und sind bereits vorhanden, wenn die Anweisungen des Prozesses **parsys** ausgeführt werden. Abhängig von den aktuellen Werten für **left** und **right** wird mit der **NEW**-Anweisung je ein Prozeß vom Typ **mailbox** erzeugt und ausgeführt.

Abb. 2.3: Zwei Prozesse vom Typ **mailbox:**

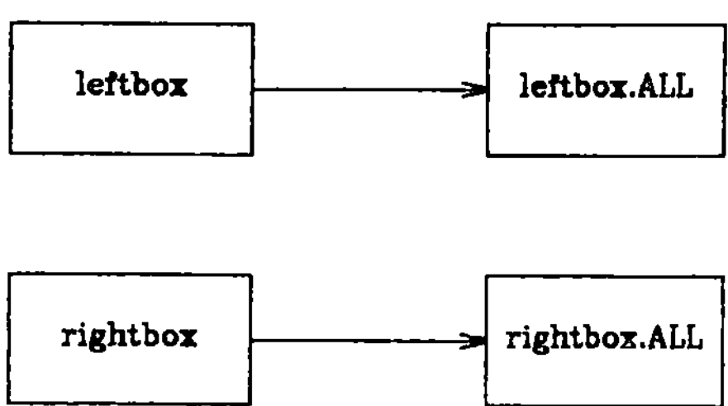

Die so erzeugten Prozesse als solche heißen **leftbox.ALL** bzw. **rightbox.ALL.**

Ebenso explizit wie die Erzeugung eines Prozesses kann auch der Abbruch von Prozessen vonstatten gehen. Dabei ist diese Operation verhältnismäßig unkritisch, solange es sich darum handelt, daß sich ein Prozeß selbst abbricht. Wie bei der **exit**-Anweisung in C, ist es für den Programmierer ersichtlich, in welchem Zustand der Prozeß sich selbst auslöscht. Schwieriger und unübersichtlicher hingegen sind Konstrukte die den Abbruch anderer Prozesse zulassen. Operationen dieser Art treffen den abzubrechenden Prozeß sozusagen wie ein Blitz aus heiterem Himmel. Darin ist auch gleichzeitig die Gefährlichkeit des Abbruchs begründet, da sich ein Prozeß nicht gegen diesen Eingriff schützen kann. Die Ausführung der Berechnung kann an jeder beliebigen Stelle abgerochen werden und hinterläßt inkonsistente Datenbestände, halbfertige Berechnungen und nicht geschlossene Dateien.

Bsp. 2.8: Der Abbruch zweier Prozesse in Ada mit der **ABORT**-Anweisung:

```
TASK BODY parsys IS
      :
BEGIN
      :
   ABORT leftbox.ALL, rightbox.ALL;
      :
END parsys;
```

Die erwähnten Gefahrenpunkte weisen den Abbruch als eine pragmatische Operation aus, die nur für den Notfall gedacht ist. Bei ihrer Verwendung sind alle Situationen zu überdecken, in denen sich der abzubrechende Prozeß befinden könnte. In der Literatur wird das Vorhandensein einer solchen Operation vielfach mit Hinweisen auf Notfallsituationen in Kernkraftwerken, Flugsicherungssystemen und anderen katastrophenträchtigen Situationen begründet. Solche Hinweise sind mit großer Skepsis zu lesen, da gerade in solchen Situationen alles andere als ein blinder Abbruch gefordert ist.

2.3. Identifikation von Prozessen

Im Zuge der unmittelbaren Erzeugung von Prozessen ist es möglich, daß sich eine nicht vorhersehbare Anzahl von parallelen Prozessen ansammelt und von einem Laufzeitsystem zu verwalten ist. Auf dieser Systemebene wird im Time-Sharing-Betrieb jedem der Prozesse üblicherweise eine eindeutige Nummer zugeordnet, die aus Systemsicht den jeweiligen Prozeß identifiziert und unter anderem dafür sorgt, daß diesem Prozeß zyklisch ein Quantum an Rechenzeit zugeordnet wird. Beispielsweise in Modula-2, das in verschiedenen Abstraktionsebenen anwendungsorientierte Operationen auf und zwischen Prozessen anbietet, gibt es eine implementierungsnahe Ebene, die die Prozeßverwaltung mit Hilfe weniger Grundoperationen festlegt.

Bsp. 2.9: Prinzipieller Aufbau der Prozeßverwaltung in Modula-2: Auf Benutzerebene stehen neben anderen Operationen, die zum Modul **prozesse** gehören, auch ein Aufruf zum Prozeßstart zur Verfügung. Diese Operation soll **startprozess**[2.4) heißen und basiert selbst wieder auf einigen wenigen Systemfunktionen aus dem Modul **system**. Dazu zählen:

allocate	für das Bereitstellen von virtuellem Speicher angegebener Größe
code	für das Einsetzen des Prozesscodes einer Modula-2 Prozedur ab einer angegebenen Stelle im virtuellen Speicher
transfer	für die Übergabe des Prozessors an einen anderen Prozeß

[2.4)]   Zur Straffung des Beispiels wird hier von der Definition von Modula-2 abgewichen. Übrig bleibt ein Programmfragment, das in erster Linie zeigen soll, wie eine Prozeßverwaltung mit den Intentionen von Modula-2 prinzipiell aufgebaut werden kann.

Prozesse werden in Modula-2 in Form von Prozeduren definiert. Deshalb gibt es den Adreßtyp **process**, um auf Befehle im Code von Prozeduren zu verweisen. Der Adresstyp **process** hat somit die Aufgabe des Befehlszeigers und weist jeweils auf den nächsten ausführbaren Befehl. Dem Benutzer bleiben diese Systemfunktionen verborgen, während sich das Modul **prozesse** ausdrücklich Zugang zu den Systemfunktionen verschafft:

```
IMPLEMENTATION MODULE prozesse [20];
    FROM system IMPORT allocate, code, transfer, process;
    :
END prozesse;
```

Die zu verwaltenden Prozesse werden in diesem Beispiel in einer zyklischen Liste von Prozeßbeschreibungen angeordnet. Die Prozeßbeschreibung besteht aus einer eindeutigen Nummer sowie einem Zeiger auf die Prozeßumgebung (d.h. mindestens der Adresse des nächsten auszuführenden Befehls und einem Zeiger auf die zwischengespeicherten Registerinhalte)

Bsp. 2.10: Prozeßverwaltung mittels einer zyklischen Liste von Prozeßbeschreibungen:

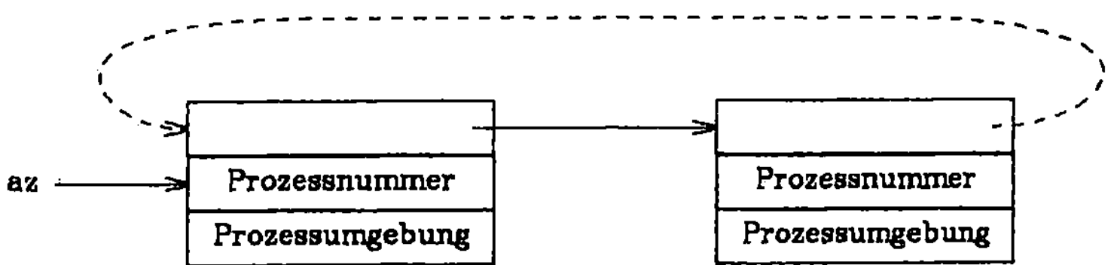

Ein aktueller Zeiger **az** weist auf den gerade rechnenden Prozeß. Der Auftrag **startprocess** hat eine neue Prozeßbeschreibung in diese Kette einzusetzen, eine neue Prozeßnummer zu vergeben, den neuen Prozeß mit **allocate** und **code** physisch im virtuellen Speicherbereich unterzubringen und ihm mit **transfer** dem Prozessor zuzuteilen. Das wird innerhalb des Implementierungsmoduls von **prozesse** durch das folgende Programmstück erreicht.

```
TYPE pz = POINTER TO pbeschreibung;
     pp = POINTER TO process;
     pbeschreibung =
        RECORD
            nextp : pz;
            pnr : CARDINAL;        -- natürliche Zahl
            puagebung : pp;        -- Zeiger auf den nächsten Befehl
```

```
          END;
VAR az : pz;                        -- Zeiger auf die aktuelle
                                    -- Prozeßbeschreibung
      lpnr : CARDINAL;              -- laufende Prozeßnummer
PROCEDURE startprozess (p : PROCEDURE);
      VAR hz : pz;                  -- Hilfszeiger
          vspeicher : pp;           -- Zeiger auf den Code von p
BEGIN                               -- neue Prozeßbeschreibung
    hz := az;
    allocate (az; #pbeschreibung);
    az↑.nextp := hz↑.nextp;
    hz↑.nextp := az;
    az↑.pnr := lpnr;
    lpnr := lpnr+1;
    allocate (vspeicher: #p);    -- Speicher für p reservieren
    code (p,vspeicher);          -- Code von p in den Speicher
    az↑.pungebung := vspeicher;
    transfer (hz↑.pungebung, az↑.pungebung); -- Ausführung von p
END startprozess;
```

Aus Gründen der Übersichtlichkeit und Einfachheit sind die in Modula-2 vordefinierten Systemfunktionen sinngemäß abgewandelt worden. Das Zeichen "#" wird zur Darstellung des Speicherbedarfs eines Typs benutzt. Unter Berücksichtigung dieser Einschränkungen liefert der Aufruf

```
startprozess(mailbox);
```

zu der neuen Kette von Prozeßbeschreibungen:

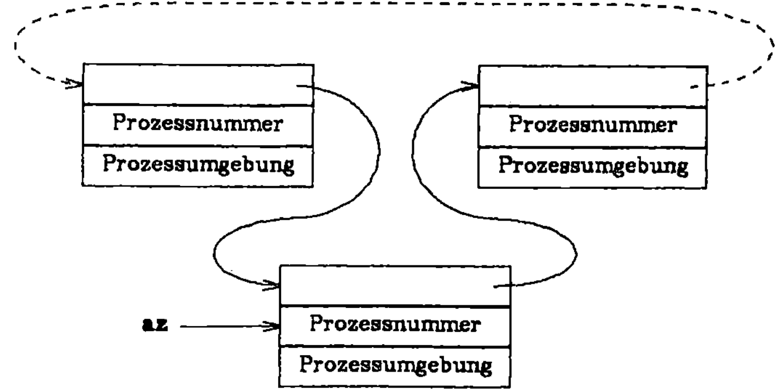

Mit dem Import von **az** in die Benutzerebene wird die Prozeßnummer zugänglich und jeder Prozeß identifizierbar.

Das Beispiel belegt, daß die Prozeßidentifikation in Modula-2 bereits wesentliche Kenntnisse der Systemebene, insbesondere der Einbettung der Sprache in das Laufzeitsystem voraussetzt. Andere Sprachen, wie z.B. CHILL, sehen eigene programmiersprachliche Konstrukte vor, mit deren Hilfe die Identifikation möglich ist. So wird jedem Prozeß bei seiner Erzeugung ein eindeutiger Wert des vordefinierten Typs **INSTANCE** zugeordnet. Dieser Wert kann nun

- beim Starten des Prozesses einer Variablen von Typ **INSTANCE** zugewiesen werden oder
- innerhalb der Prozesse mittels der vordefinierten Variablen **THIS** abgefragt werden.

Bsp. 2.11: Identifikation von Prozessen in CHILL: Zwei Variablen **a**, **b** vom Typ **INSTANCE** werden mit **NULL** initialisiert, d.h. sie identifizieren noch keinen Prozeß.

```
DCL a INSTANCE := NULL,
    b INSTANCE := NULL;
mailbox : PROCESS;
    :
    IF THIS = a THEN ... -- wenn ich Prozeß a bin, dann ...
    IF THIS = b THEN ... -- wenn ich Prozeß b bin, dann ...
    :
END mailbox;
    :
a := START mailbox;
b := START mailbox;
    :
```

Damit werden zwei Prozesse vom Typ **mailbox** gestartet, die nun bedingt durch ihre Identifikation unterscheidbare Aufgaben erfüllen können.

Die Prozeßidentifikation hat als Programmiertechnik bei parallelen Systemen große Bedeutung. Wie bereits in Beispiel 2.10 bzw. später in Beispiel 2.11 geht es oftmals darum, einen Prozeßtyp zu definieren, um ihn mit den bereits beschriebenen Mitteln mehrfach zu erzeugen. Jeder dieser Prozesse soll dabei prinzipiell die gleiche Aufgabe lösen. Dennoch kann es für die Korrektheit eines Algorithmus entscheidend sein, daß die Prozeßidentifikation die Prozesse, z.B. P_i und P_j, unterscheidbar macht. Wann immer Konflikte zwischen Prozessen dadurch entstehen, daß P_i und P_j zu einem Zeitpunkt die gleichen, miteinander nicht verträglichen Aktionen ausführen wollen, läßt sich abhängig von der Prozeßidentifikation eine Lösung finden. Sei beispielsweise $i < j$, so läßt sich der Konflikt umgehen, indem P_i immer nur dann die unverträgliche Aktion ausführt, wenn P_j gerade nicht dazu bereit ist. Umgekehrt braucht P_j bei der Ausführung der unverträglichen Aktion auf Prozesse mit niedrigerem Index keine Rücksicht zu nehmen.

2.4. Die Parallelanweisungen

Die Grundtendenz beim Entwurf von programmiersprachlichen Konstrukten im Bereich der parallelen Programmierung geht eindeutig in Richtung auf strukturierte und verifizierbare Konzepte. Die Erfahrung im Bereich der Softwareentwicklung lehrt, daß die Verläßlichkeit von Systemen stark von den programmiersprachlichen Konzepten abhängt. So zeigt sich, daß die Vernachlässigung strukturierter, überschaubarer Konzeptionen ökonomisch und sicherheitstechnisch unvertretbare Folgen nach sich ziehen. In diesem Sinne müssen auch die bisher vorgestellten Konstrukte zur Erzeugung und zum Abbruch von Prozessen sowie zur Prozeßidentifikation mit den Attributen pragmatisch und unstrukturiert bedacht werden.

Hochsprachliche Konzepte im Bereich der parallelen Programmierung verlangen nach syntaktischen Einheiten, in die die Prozesse eingebettet werden können. Zu diesen Einheiten gehören definierte Ein- und Ausstiegspunkte, die für die Compilierung bzw. die Verifizierung besondere Bedeutung erhalten, weil sich an diesen Punkten die ansonsten losen Beziehungen zwischen Prozessen neu ordnen. Aus der Sicht der Programmierung erscheinen Konzepte dieser Art vielfach als starr, vereinfachend und hemmend. Gleichzeitig – und das ist entscheidend für ihre Güte – zwingen sie den Programmierer, das Denkschema anzunehmen, das dem jeweiligen Konzept zugrunde liegt.

Unter diesen programmiertechnischen Kriterien zählt die Parallelanweisung sicherlich zu den hochsprachlichen Konzepten für die Erzeugung paralleler Prozesse. Augenfällig ist die syntaktische Struktur der Parallelanweisung, die in ihrer Urform Anweisungen oder parallele Prozesse zwischen **PARBEGIN** und **PAREND** bzw. **COBEGIN** und **COEND** (**PAR** steht für parallel un **CO** für concurrent) einbettet.

Bsp. 2.12: Die Parallelanweisung:

```
S_-1:
PARBEGIN
     S_0:
     S_1:
      :
      :
     S_N-1:
PAREND:
S_N:
```

Es gilt die Ausführungsreihenfolge: erst S_{-1}, dann die Anweisungen zwischen **PARBEGIN** und **PAREND** und .nach deren Ende erst S_N.

Im Idealfall werden beim Einstiegspunkt **PARBEGIN** die Anweisungen S_0 bis S_{N-1} zu einem Zeitpunkt gestartet. Mit der Termination der letzten Anweisung wird die Parallelanweisung über den Ausstiegspunkt **PAREND** verlassen.

Dabei ist jede der Anweisungen S_i, $i \in \{0,...,N-1\}$, für sich betrachtet sequentiell auszuführen. Damit ist die Zahl der parallelen Prozesse zwar beliebig, jedoch steht sie bereits zur Compilezeit fest, d.h. sie ist statisch. In textuell abgewandelter Form hat die Parallelanweisung in die Sprachen CSP und Occam Eingang gefunden.

Bsp. 2.13: Die Parallelanweisung in CSP *[Hoa 78]:* Die Notation

$$P::[P_0 || \ldots || P_{N-1}]$$

besagt, daß sich das Programm P aus den Prozessen P_i, $i \in \{0,...,N-1\}$ zusammensetzt. Die Spezifikation der Prozesse kann an gesonderter Stelle erfolgen.

Bsp. 2.14: Die Parallelanweisung in Occam: Das **FOR** erlaubt eine Schreibabkürzung, bei der das i für N ganze Zahlen von 0 anfangend steht. Der Prozeß P wird also jeweils mit dem Parameter 0 bis $N-1$ parallel (durch **PAR**) gestartet.

```
PAR i=[0 FOR N]
   P(i)
```

Durch die Statik der Parallelanweisung erreicht dieses Konstrukt zwar nie die Ausdrucksmöglichkeit, die dem Fork-Join-Konzept innewohnt. Demgegenüber steht die klare Konzeption der Parallelanweisung, mit deren Hilfe N gleichberechtigte Prozesse erzeugt und beendet werden. Die Vater- -Sohn-Beziehung der Prozesse untereinander, die das Fork-Join-Konzept zwingend mit sich bringt, existiert nicht. Es gibt je einen offen sichtbaren Ein- und Ausstiegspunkt, sodaß die Parallelanweisung nach außen hin wie jede andere Anweisung betrachtet werden kann.
Im Gegensatz zum **JOIN** wird durch den Ausstiegspunkt **PAREND** keine Wartebeziehung zwischen den Prozessen induziert. Ebenso sind direkte Eingriffe auf Nachbarprozesse, insbesondere deren Abbruch, ausgeschlossen.

In der Parallelanweisung ist die Identifikation der Prozesse mittels Indizierung bereits vorgegeben. Damit kann sich jeder Prozeß selbst, sowie auch seine Nachbarprozesse identifizieren. Dazu wird bei der Spezifikation eines Prozeßtyps der Index wie eine freie Variable mitgeführt, die erst innerhalb der Parallelanweisung an einen festen Wert bzw. Wertebereich gebunden wird.

Bsp. 2.15: Identifikation von Prozessen in Occam:

```
PROC zelle (VAL INT i)
INT x, y :
        :
        :
    IF
        (i REM 2) = 0 -- i gerade
            x := y
        (i REM 2) < > 0 -- i ungerade
            y := x
        :
        :
```

Abhängig von der freien Variablen i wird entweder x an y oder y an x zugewiesen. Erst durch die Erzeugung von 10 Prozessen des Typs zelle wird i gebunden.

```
    PAR i = [0 FOR 10]
        zelle(i)
```

In den Prozessen zelle(0) bis zelle(9) wird nun unterschieden, ob der Index gerade oder ungerade ist.

Auch in Ada gibt es die Parallelanweisung, wenngleich ihre äußere Form sie nicht sofort als solche erkennen läßt. Einstiegspunkt bzw. Ausstiegspunkt für Parallelanweisungen sind durch das Betreten bzw. Verlassen von Blöcken vorgegeben und werden als solche nicht direkt bezeichnet. Sind also innerhalb eines Prozesses weitere Prozesse deklariert, so beginnt mit der Ausführung des äußeren Prozesses auch die Ausführung jedes der inneren Prozesse.

Bsp. 2.16: Die Task **organ** in Ada: In der Task **organ** sind zehn Tasks vom Typ **zelle** enthalten.

```
TASK organ IS
    SUBTYPE zell_id IS integer RANGE 0..9;
    TASK TYPE zelle_typ IS
        :
    END zelle_typ;
        :
    zelle : ARRAY (zell_id) OF zell_typ;
BEGIN
    :
END organ;
```

Sobald **organ** aktiv wird, sind auch die Tasks vom Typ **zelle** zur Ausführung bereit.

Im Gegensatz zu der "reinen" Parallelanweisung, wie sie in CSP oder Occam vorhanden ist, gibt es in Ada sehr wohl ein Vater-Sohn-Prinzip zwischen den erzeugten Tasks. Von der Syntax her lassen sich Tasks beliebig tief verschachteln, so daß die jeweils übergeordnete Master-Task sich schon von der Aufschreibung her von den jeweils abhängigen Tasks unterscheidet. Auf dieser Grundlage ist die Termination einer Master-Task rekursiv so festgelegt:[2.5]

- Die Ausführung der Master-Task ist am Ende des Blockes angelangt und
- alle von den Master-Task abhängigen Tasks haben bereits terminiert.

Diese Festlegung enthält zwar einige Vereinfachungen, zeigt jedoch dabei ganz deutlich ihre prinzipielle Verwandtschaft zur Parallelanweisung.

[2.5]   In Abschnitt 3.4.3.3. wird die Termination von Ada Tasks weiter präzisiert.

Bsp. 2.17: Die Erzeugung der Prozesse **organ** und **zelle**$_i$, $i \in \{0,..,9\}$, im Sinne der Parallelanweisung in CSP:

$$[\text{organ} \; || \; [\text{zelle}_0 \; || \; ... \; || \; \text{zelle}_9]]$$

bzw. wenn die Task **zelle**$_i$ in ihrer Umgebung nicht selbst wieder Master-Task ist:

$$[\text{organ} \; || \; \text{zelle}_0 \; || \; ... \; || \; \text{zelle}_9]$$

Zum Abschluß der Diskussion um die Parallelanweisung soll deutlich werden, daß dieses Konzept allein noch nicht ausreicht, um sinnvolle Parallelverarbeitung zu betreiben. Zwischen den Ein- und Ausstiegspunkten gibt es keine kausale oder zeitliche Abhängigkeit, die durch die Parallelanweisung auf die Prozesse ausgeübt würde. Dennoch sind gerade solche Abhängigkeiten für die Praxis paralleler Systeme unverzichtbar. Dies wird an dem bekannten Erzeuger-Verbraucher-Problem deutlich. Dieses Musterbeispiel der parallelen Programmierung kennt zwei Prozeßtypen, einen Erzeuger, der Informationen erzeugt und bereitstellt, und einen Verbraucher, der Informationen abnimmt und verarbeitet.

Bsp. 2.18: Die Parallelanweisung für die Prozesse Erzeuger und Verbraucher: An dieser Stelle wird vernachlässigt, wie die Prozesse im einzelnen arbeiten.

        PARBEGIN
            Erzeuger;
            Verbraucher
        PAREND

Aus der Natur des Erzeuger-Verbraucher-Problems gibt es eine Abhängigkeit, die besagt, daß der Verbraucher nur Informationen abnehmen kann, die der Erzeuger bereits erzeugt hat. Damit ist ein Vorauslaufen des Verbrauchers untersagt. Neben dieser "natürlichen" Abhängigkeit gibt es eine weitere, die in der technischen Realisierung von Erzeuger- und Verbraucher-Prozessen begründet ist. Diese besagt, daß aufgrund der begrenzten Speichermöglichkeiten ein Erzeuger nur eine begrenzte Zahl von Informationen erzeugen darf, die vom Verbraucher noch nicht abgenommen worden sind.

Die oben erläuterten Abhängigkeiten lassen sich nicht mit der Parallelanweisung ausdrücken. Im Sinne der strukturierten Programmierung wahrt die Parallelanweisung das Orthogonalitätsprinzip, indem keinerlei Abhängigkeiten zwischen Prozessen induziert werden. Die programmiertechnische Erfassung kausaler und zeitlicher Abhängigkeiten bildet ein geschlossenes Aufgabengebiet: die Synchronisierung paralleler Prozesse. Unter dem Gesichtspunkt der Orthogonalität erscheint es sinnvoll und zweckmäßig, für die Synchronisierung nur solche Konstrukte zuzulassen, die den Rahmen, der durch die Parallelanweisung gesteckt ist, ausfüllen aber nicht überschreiten.

3. Synchronisierung paralleler Prozesse

Der Freiraum, der beispielsweise durch die Parallelanweisung den Prozessen gewährt wird, ist für die Lösung praktischer Probleme entschieden zu weit. Die Prozesse laufen unabhängig voneinander parallel, wissen nichts voneinander und können sich nicht aufeinander abstimmen. Orthogonal zu den Operationen auf Prozessen sind Konzepte zur Synchronisierung erforderlich, die die Ausführung von Prozessen sinnvoll aufeinander abstimmen. Mit ihrer Hilfe sollen problemspezifische Abhängigkeiten äquivalent durch programmiersprachliche Notationen ausgedrückt werden. Dieser Bereich der parallelen Programmierung ist der mit Abstand umfangreichste und schwierigste. Auf seine Ausarbeitung wird besonderer Wert gelegt.

Die prinzipiellen Aufgaben der Synchronisierung werden am Beispiel eines unstrukturierten Konzepts – dem der Semaphoren – aufgezeigt. Dabei tritt zutage, welche Anforderungen von strukturierten Konzepten zur Synchronisierung paralleler Prozesse zu erfüllen sind (Abschnitt 3.1.). Drei wesentliche, praxisorientierte Konzepte werden im Anschluß daran eingeführt und ihre Einbettung in verschiedene Programmiersprachen dargestellt (Abschnitte 3.2., 3.3. und 3.4.). Es handelt sich dabei um das Konzept der Pfadausdrücke, das der Monitore sowie verschiedene Konzepte auf der Grundlage der Nachrichtenübertragung. Abschließend werden dann prinzipielle Unterschiede zwischen den verschiedenen Synchronisierungskonzepten herausgearbeitet (Abschnitt 3.5.).

3.1. Ansätze zur strukturierten Synchronisierung

Synchronisierung wird erst notwendig, wenn aus der Problemstellung heraus Abhängigkeiten zwischen Prozessen auftreten. Die Aufgabe der Synchronisierungsoperation besteht darin, diese Abhängigkeiten auf der programmiertechnischen Ebene zu realisieren.

Bsp. 3.1: Abhängigkeiten beim Erzeuger-Verbraucher-Problem:
Erzeuger:

```
WHILE true DO
    :
    erzeuge info;
    gib(info);
    :
OD
```

Dabei wird der Erzeuger-Prozeß durch die Operation **gib** von dem Verbraucher-Prozeß abhängig. In diesem Sinne bedeutet die Operation **gib(info)** soviel wie: "gib die Information an den Verbraucher-Prozeß, wenn bzw. sobald dieser bereit ist, sie anzunehmen".

Es muß Synchronisierungsoperationen geben, die sicherstellen, daß ein Prozeß in seiner Ausführung verzögert wird und nicht eher fortfahren kann, bis andere Prozesse dafür die Voraussetzungen geschaffen haben. Demgegenüber muß es auch Synchronisierungsoperationen geben, die ein Prozeß ausführt, um einen anderen Prozeß aus seiner gewollten Verzögerung zu befreien. Beide Typen von Synchronisierungsoperationen müssen miteinander in Verbindung stehen, d.h. ein gemeinsames Zeichen vereinbaren, mit dessen Hilfe sie sich verständigen.

Bsp. 3.2: Erzeuger und Verbraucher vereinbaren das Zeichen **nichtvoll**: Der Erzeuger hat vor der Ausführung der Operation **gib(info)** folgendermaßen zu verfahren: "warte auf das Zeichen **nichtvoll**, mit dem der Verbraucher anzeigt, daß er in der Lage ist, Informationen anzunehmen".

Eine Realisierung dieser Konzeption dualer Synchronisierungsoperationen sind die P- und V-Operationen auf Semaphoren *[Dij 68]*. Dabei übernimmt die P-Operation die Aufgabe einer bedingten Verzögerung von Prozessen und die V-Operation die der bedingten Fortsetzung von Prozessen. Das Zeichen, mit dem sich die Prozesse verständigen, ist der gemeinsame Semaphorparameter der beiden Operationen. Zum Verständnis dieser Operationen wird angenommen, daß die N Prozesse P_0 bis P_{N-1} sich in einem der beiden Zustände

> r = rechnend oder rechenbereit
> v(s) = verzögert aufgrund von Semaphor s

aufhalten können. Die Zustandsfunktion $Z'P_i$, $i \in \{0,..,N-1\}$, ermittelt den jeweiligen Zustand. Dann sind die Operationen auf das Semaphor s mit den booleschen Werten **true** bzw. **false** für einen Prozeß P_i so festgelegt:

```
P(s):
   IF ¬ s
      THEN Z'P_i:=v(s)
      ELSE s:=false
   FI

V(s):
   IF ∃ j ∈ {0,...,N-1} : Z'P_j=v(s)
      THEN Z'P_j:=r
      ELSE s:=true
   FI
```

Die Implementierung der Semaphoroperationen, erfordert ein Laufzeitsystem, daß mehrere parallele Prozesse verwalten kann. Deshalb muß das Laufzeitsystem auf die Funktion eines darunterliegenden Multiprocessing-Betriebssystems aufbauen oder selbst diese Funktion übernehmen. Ein Compiler für Sprachen mit Semaphoroperationen, wie z.B. PEARL, ist deshalb immer direkt abhängig von den speziellen Multiprocessing-Eigenschaften von Betriebssystemen. Sind diese nicht zufriedenstellend vorhanden, so hat der Compiler neben seinen bekannten Aufgaben zusätzlich ein Laufzeitsystem zu generieren, das Multiprocessing erlaubt.

Mit Hilfe der P- und V-Operationen können sich Prozesse verzögern, wenn notwendige Voraussetzungen für die Fortsetzung der Berechnung noch nicht gegeben sind. Die Kooperation erfordert nun, daß andere Prozesse die Voraussetzungen schaffen und den Anstoß geben, damit verzögerte Prozesse fortfahren können.

Bsp. 3.3: Kooperation zwischen Erzeuger und Verbraucher:

Mit **gib(info)** legt der Erzeuger eine Information in den gemeinsamen Speicher **puffer** und mit **nimm(info)** wird diese Information wieder entnommen. Der Einfachheit halber nehmen wir an, daß der Puffer nur eine Information **info** aufnehmen kann:

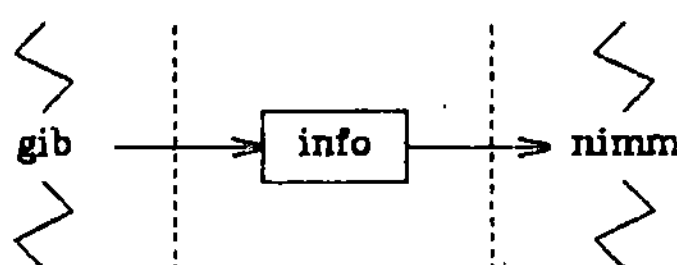

Über den Zustand des Puffers verständigen sich die Prozesse durch die Semaphore **nichtleer** und **nichtvoll**. Der Erzeuger muß verzögert werden, wenn der Puffer voll ist und stößt einen verzögerten Verbraucher an, wenn eine Information im Puffer abgelegt ist.

Erzeuger:

```
WHILE true DO
    :
    erzeuge info;
    P(nichtvoll);
    gib(info);
    V(nichtleer);
    :
OD
```

Entsprechend muß der Verbraucher verzögert werden, wenn der Puffer leer ist. Nachdem der Verbraucher dann seine Information abgeholt hat, stößt er einen verzögerten Erzeuger an.

Verbraucher:

```
WHILE true DO
    :
    P(nichtleer);
    nimm(info);
    V(nichtvoll);
    verbrauche info;
    :
OD
```

Zu Anfang ist der Puffer leer. Deshalb sind die Semaphore **nichtvoll** und **nichtleer** so zu initialisieren:

> **SEM nichtvoll INIT true**;
>
> **SEM nichtleer INIT false**;

Im Sinne der eingeführten Prozeßbegriffe sind Erzeuger und Verbraucher als Prozeßtypen zu verstehen. Die Synchronisierung ist auch dann noch richtig wenn mehrere Prozeßobjekte vom Typ Erzeuger und Verbraucher über einen gemeinsamen Puffer miteinander verkehren.

Abb. 3.1: Prozeßobjekte:

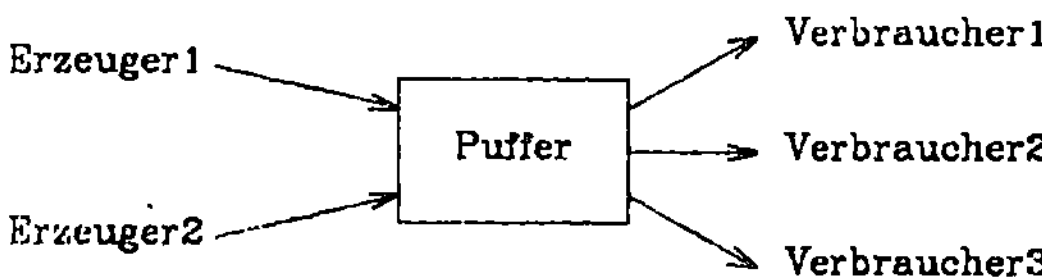

Eine weitere wichtige Aufgabe der Synchronisierungsoperationen besteht in der Begrenzung der Anzahl von Prozessen, die Zugriff auf gemeinsame Betriebsmittel (z.B. Datenbereiche, Geräte, Busse) haben. Ein Spezialfall dieser Begrenzung liegt vor, wenn jeweils nur ein einziger Prozeß Zugriff erlangen darf. In dem Fall spricht man von der ausschließlichen bzw. exklusiven Nutzung von Betriebsmitteln oder auch vom gegenseitigen Ausschluß (engl.: mutual exclusion) von Prozessen. Die zugehörigen Programmabschnitte, in denen sich nicht mehrere Prozesse gleichzeitig aufhalten dürfen, heißen kritische Gebiete und dienen der Wahrung von Konsistenz- und Korrektheitsbedingungen.

Bsp. 3.4: Gegenseitiger Ausschluß beim Zugriff auf gemeinsame Daten: Im Gegensatz zum obigen Beispiel möge der Puffer m Informationen aufnehmen können, die in Form einer Schlange verwaltet werden. Dazu legt **gib** die gerade erzeugte Information auf das jeweils am längsten freie Pufferelement. Mit **nimm** wird das jeweils älteste belegte Pufferelement entnommen. Die gemeinsame Puffervariable **belegt** hat den Wertebereich 0..m und ist entsprechend den Operationen **gib** und **nimm** zu verändern.

Die Synchronisierung hat nun folgende Bedingungen sicherzustellen

- höchstens ein Prozeßobjekt vom Typ Erzeuger darf die Operation **gib** ausführen,
- höchstens ein Prozeßobjekt vom Typ Verbraucher darf die Operation **nimm** ausführen,
- höchstens ein Prozeßobjekt vom Typ Erzeuger oder Verbraucher darf die Zählvariable **belegt** testen oder verändern.

Insbesondere können **gib-** und **nimm**-Operationen parallel ablaufen, solange sie sich nicht gegenseitig stören. Dieser Fall wird anhand der Variablen **belegt** ersichtlich. Ist **belegt**=m, dann sind die Erzeuger mit dem Semaphor **s_E** zu verzögern, und ist **belegt**=0, dann sind die Verbraucher mit dem Semaphor **s_V** zu verzögern. Da Erzeuger und Verbraucher die Variable **belegt** testen und ändern, ist ein Zugriff auf **belegt** nur unter gegenseitigem Ausschluß von Erzeugern und Verbrauchern erlaubt. Dazu dient das Semaphor **s_belegt**. Daneben gibt es noch das Semaphor **s_gib** (bzw. **s_nimm**), das verhindert, daß mehrere Prozeßobjekte vom Typ Erzeuger (bzw. Verbraucher) zur gleichen Zeit Informationen im Puffer ablegen (bzw. aus dem Puffer entnehmen).

Erzeuger:

```
WHILE true DO
    :
    erzeuge info;
    P(s_gib);
    P(s_belegt);
    IF belegt=m
        THEN v_E:=v_E+1; V(s_belegt); P(s_E);
        ELSE V(s_belegt);
    FI;
    gib(info);
    P(s_belegt);
    IF v_V>0 THEN V(s_V); v_V:=v_V-1; FI;
    belegt:=belegt+1;
    V(s_belegt);
    V(s_gib);
    :
OD;
```

In entsprechender Weise ist der Verbraucherprozeß aufgebaut:

Verbraucher:

```
WHILE true DO
    :
    P(s_nimm);
    P(s_belegt);
    IF belegt=0
        THEN v_V:=v_V+1; V(s_belegt); P(s_V);
        ELSE V(s_belegt);
    FI;
    nimm(info);
    P(s_belegt);
    IF v_E>0 THEN V(s_E); v_E:=v_E-1; FI;
    belegt:=belegt-1;
    V(s_belegt);
    V(s_nimm);
    verbrauche info;
    :
OD
```

Die Semaphoren **s_gib**, **s_nimm** und **s_belegt**, die zum gegenseitigen Ausschluß eingesetzt werden, sind mit **true** zu initialisieren. Dagegen erhält das Semaphor **s_E** (bzw. **s_V**), das zur Verzögerung eines Erzeugers (bzw. eines Verbrauchers) eingesetzt wird, den Anfangswert **false**. Anhand der Variablen v_E (bzw. v_V), die angibt, ob ein Erzeuger (bzw. Verbraucher) in seinem kritischen Gebiet verzögert ist, werden die Operationen **P(s_E)** und **V(s_E)** (bzw. **P(s_V)** und **V(s_V)**) ausgeführt. Da auch v_E und v_V gemeinsame Variablen sind, ist der Zugriff auf sie durch **s_belegt** geschützt. Ihr Wertebereich ist auf die Werte 0 und 1 begrenzt, wobei v_E=1 (bzw. v_V=1) dem Verbraucher (bzw. dem Erzeuger) anzeigt, daß ein verzögerter Erzeuger (bzw. Verbraucher) anzustoßen ist.

Mit dem obigen Beispiel treten die prinzipiellen Aufgaben der Synchronisierung deutlich zutage:

- Ein Prozeß verzögert sich, wenn seine Fortsetzung die problemspezifischen Konsistenz- und Korrektheitsbedingungen verletzen würden.
- Ein Prozeß stößt einen anderen Prozeß an, wenn bzw. sobald seine Fortsetzung nicht mehr im Widerspruch zu den problemspezifischen Konsistenz- und Korrektheitsbedingungen steht.
- Mit dem Betreten eines kritischen Gebietes grenzt ein Prozeß andere Prozesse aus. Erst mit dem Verlassen des kritischen Gebietes kann ein anderer Prozeß in das kritische Gebiet eintreten.

Die P- und V-Operationen sind mächtig genug, um die prinzipiellen Aufgaben der Synchronisierung zu beherrschen. Ihre Funktion ist in abstrakter Weise erklärt und gilt unabhängig von dem jeweils zugrunde-liegenden Betriebssystem. Aus diesem Grund sind die P- und V-Operationen in einigen höheren Programmiersprachen vertreten (z.B. in PEARL).

Dennoch gelten die Semaphoroperationen nicht als strukturierte Konzepte zur Synchronisierung paralleler Prozesse. Wesentlich hierfür ist die fehlende syntaktische Bindung von P- und V-Operationen und damit verbunden ihre mangelhafte Verifizierbarkeit. Aus der freien und ungebundenen Einsetz-barkeit von P- und V-Operationen ergeben sich Fehlerquellen, für die keine Erkennungsverfahren existieren. Die folgende Aufzählung soll häufige Fehler-quellen deutlich machen.

- **Schreibfehler:**
  Die Verwechselung von P- und V-Operationen kann dazu führen, daß nicht zu jeder P-Operation eine entsprechende V-Operation erfolgt.

- **Abgrenzung kritischer Gebiete:**
  Es ist nicht gewährleistet, daß gemeinsame, nur exklusiv benutzbare Betriebsmittel in entsprechenden kritischen Gebieten verwendet werden.

- **Verklemmungen (Deadlocks):**
  Wird bei der Prozeßausführung nach einer P-Operation wieder eine P-Operation auf ein Semaphor ausgeführt, ohne daß zwischenzeitlich eine entsprechende V-Operation erfolgt ist, so kann dieser Prozeß aus seiner Verzögerung nicht mehr befreit werden. Auch alle anderen Prozesse, die im Anschluß an die erste P-Operation dieses Prozesses, ebenfalls eine P-Operation auf dasselbe Semaphor versuchen, geraten in eine entsprechende Verklemmungssituation. Neben dieser sehr speziellen Situation lassen sich allgemeine Merkmale finden, die die Menge der Deadlocksituationen auszeichnen (vgl. Abschnitt 5.3.)

Die strukturierten Konzepte zur Synchronisierung paralleler Prozesse sollen dafür sorgen, daß Schreibfehler und Verletzungen bei der Abgrenzung kritischer Gebiete allein aufgrund syntaktischer Prüfungen verhindert werden. Daneben sollen sie, wenngleich ein Deadlock meist nicht grundsätzlich auszuschalten ist, zumindest Ansatzpunkte auszeichnen, von denen aus eine systematische Verifikation der Deadlockfreiheit ausgehen kann.

Trotzdem besitzen die P- und V-Operationen eine durchaus ernstzunehmende Bedeutung in Bezug auf die strukturierten Konzepte zur Synchronisierung. Denn vielfach ist die Spezifikation bzw. Implementierung dieser Konzepte auf der Grundlage von Semaphoroperationen erklärt. Insbesondere durch eine Implementierung mit Semaphoroperationen werden die höheren Konzepte betriebssystemunabhängig portierbar.

Abb. 3.2: Implementierungshierarchie:

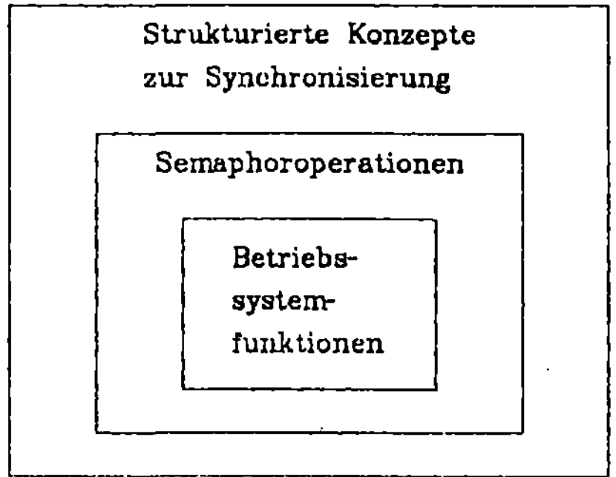

Strukturierte Konzepte können (z.B. durch einen Compiler) leicht auf Semaphore zurückgeführt werden. Semaphoroperationen ihrerseits sind unmittelbar als kurze Programmstücke in Assembler formulierbar oder werden bereits vom Betriebssystem fertig angeboten. Durch diese Zweiteilung werden strukturierte Konzepte leicht implementierbar.

3.2. Synchronisierung mit Pfadausdrücken

Mit der erklärten Absicht, deutlich abgegrenzte und auf einen Blick erfaßbare Formulierungen für die Synchronisierung zu schaffen, sind die Pfadausdrücke angetreten. Von Campbell und Habermann [CamHab 74] stammt der Vorschlag,

- Objekte (z.B. Puffer) in Form von abstrakten Datentypen zu definieren,
- an genau einer Stelle die Benutzung des Objekts durch Pfadausdrücke festzulegen.

Dabei bestehen die Pfadausdrücke aus Operationen auf dem Objekt und Operatoren, die

- die Reihenfolge von Ausführungen,
- die Parallelausführungen und
- die beschränkten Parallelausführungen

der Operationen festlegen.

Das Objekt selbst läßt sich als Typ definieren und besteht aus:

- Initialisierungsteil:
  Dieser wird einmal ausgeführt (z.B. bei der ersten Operation auf dem Objekt). Ab diesem Zeitpunkt ist das Objekt existent.
- Operationen:
  Alle Operationen, die auf dem Objekt zugelassen sind, müssen innerhalb des Objekts algorithmisch festgelegt werden.
- Pfadausdruck:
  Legt fest, in welcher Weise die für dieses Objekt spezifizierten Operatoren angewendet werden dürfen.

       PATH Pfadausdruck END;

Mittels Aufrufen der Form **object.operation(parameter)** lassen sich die Dienste eines deklarierten Objektes zugänglich machen.[3.1]

[3.1] Beachte: Vom Objekt bzw. den Operationen aus läßt sich nicht erkennen, welche Prozesse die Dienste des Objektes in Anspruch nehmen.

Bsp. 3.5: Für das Erzeuger–Verbraucher–Problem stellt der Erzeuger mit der Operation **gib** Informationen bereit, die der Verbraucher mit der Operation **nimm** aufnehmen kann. Dazwischen steht das Objekt **puffer**, daß nur N Informationseinheiten aufnehmen kann.

```
TYPE puffer = OBJECT;
    :
TYPE erzeuger(p:puffer) = PROCESS;
    VAR x:info;
    WHILE true DO;
        -- erzeuge Information x
        p.gib(x)
    OD
END erzeuger;
TYPE verbraucher(p:puffer) = PROCESS;
    VAR x:info;
    WHILE true DO;
        p.nimm(x)
        -- verbrauche Information x
    OD
END verbraucher;
    :
VAR p:puffer;
    e1,e2:erzeuger;
    v1,v2,v3:verbraucher;
    :
PARBEGIN
    e1(p); e2(p);
    v1(p); v2(p); v3(p);
PAREND;
    :
```

Eine Pfadliste dient nun dazu, die Verwendung von **gib** und **nimm** einzugrenzen.

3.2.1. Spezifikation von Pfadausdrücken

Die Definition von Pfadausdrücken ist induktiv. So ist jede Operation auf Objekten bereits ein Pfadausdruck. Seien a, a_1, a_2 Pfadausdrücke. Dann ist festgelegt:

Jede Operation ist ein Pfadausdruck. Die folgenden Operatoren lassen sich auf Pfadausdrücke anwenden:

$a_1;a_2$ Zunächst sind die Operationen des Ausdrucks a_1 und dann die des Ausdrucks a_2 auszuführen

a_1,a_2 Die Operationen von a_1 und a_2 können parallel ausgeführt werden.

[a]   Die Operationen von a werden solange ausgeführt bis alle abgearbeitet sind und keine neuen mehr anstehen.

$n:(a)$ Maximal n Operationen in a können parallel ausgeführt werden.

Durch diese Konstruktionsregeln sowie durch die Klammerung von Teilausdrücken läßt sich die Menge aller Pfadausdrücke erzeugen. Die Vielfalt ihrer Anwendbarkeit wird anhand besonderer Pfadausdrücke deutlich.

Bsp. 3.6: Pfadausdrücke auf den Operationen a, b und c:

PATH a,b END;

Beliebig viele Operationen a und b können parallel ausgeführt werden.

PATH a;b END;

Beliebig viele Operationen a und b können gleichzeitig erfolgen, wobei gilt, daß die Gesamtzahl der beendeten Operationen a nicht kleiner als die der begonnenen Operationen b ist.

PATH (a;b), c END;

Es gilt, daß die Gesamtzahl der beendeten Operationen a nicht kleiner ist, als die der begonnenen Operationen b. Parallel dazu sind beliebig viele Operationen c erlaubt.

PATH 1:(a), 1:(b) END;

Die Operation a und b stellen kritische Gebiete dar. Günstigstenfalls kann je eine Operation a und b parallel ablaufen.

PATH 1:(a,b) END;

Es kann entweder eine Operation a oder eine Operation b stattfinden.

PATH 2:(a,b) END;

> Höchstens zwei Operationen können parallel ausgeführt werden. Um welche der Operationen a und b es sich handelt, spielt keine Rolle.

PATH 2:(a;b) END;

> Höchstens zwei Operationen können parallel ausgeführt werden. Dabei darf die Anzahl der angefangenen Operationen a maximal um 2 größer sein, als die Anzahl der beendeten Operationen b. Gleichzeitig darf die Anzahl der beendeten Operationen a nicht kleiner sein als die Zahl der begonnenen Operationen b.

PATH N:(1:(a);1:(b)) END;

> Die a-Operationen (bzw. b-Operationen) schließen sich untereinander aus. Zu jeder a-Operation gibt es eine b-Operation. Dabei darf die Zahl der beendeten a-Operationen die Zahl der angefangenen b-Operationen höchstens um N überschreiten (vgl. Bsp. 3.7)

PATH 8:(5:(a), 6:(b), 2:(c)) END;

> Die Höchstzahl parallel ausführbarer Operationen ist auf acht begrenzt. Unter Beachtung dieser äußeren Bedingungen können maximal fünf Operationen a, sechs Operationen b und zwei Operationen c ausgeführt werden.

PATH 1:([a],[b]) END;

> Die Operationen [a] und [b] schließen sich gegenseitig aus. Wenn nun [a] (bzw. [b]) an der Reihe ist, dann werden solange Operationen a (bzw. b) ausgeführt, bis alle Operationen a (bzw. b) abgearbeitet worden sind. Dazu zählen auch diejenigen, die erst später hinzugekommen sind, auch wenn sie später als bereits wartende b-Operationen eingetroffen sind. Anschaulich ist der folgende Ablauf von z.B. vier parallelen Prozessen denkbar, wobei jeder die Operationen a und b benutzen möchte.

Abb. 3.3: Möglicher Ablauf zum obigen Pfadausdruck:

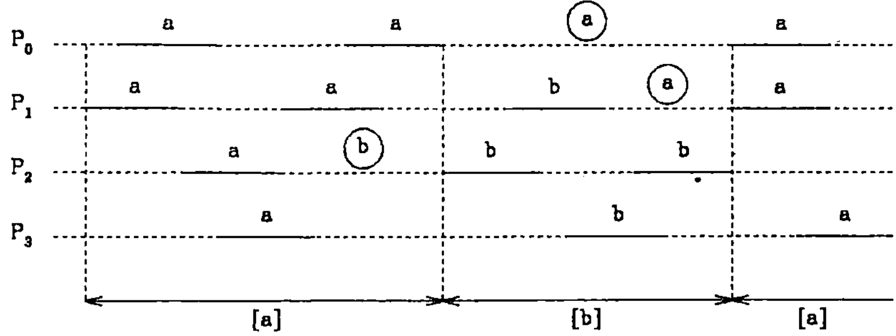

Die eingekreisten Operationsbezeichner markieren den Zeitpunkt, zu dem ein Prozeß eine z.Zt. unverträgliche Operation ausführen will. Erst wenn ein Zeitpunkt erreicht ist, zu dem alle vorangegangenen Operationen beendet sind, können die dazu unverträglichen Operationen ausgeführt werden.

Syntaktisch bildet der Pfadausdruck den Einstieg in ein Objekt. Die Operationen, die den Pfadausdruck aufbauen, sind im Inneren des Objektes deklariert.

Bsp. 3.7: Definition des Objektes Puffer:

```
TYPE puffer = OBJECT;
PATH n:(1:(gib);1:(nimm)) END;
VAR schlange:ARRAY [0..n-1] OF info;
    kopf,schwanz:0..n-1;
PROCEDURE gib(IN x:info);
BEGIN
    schlange[kopf]:=x;
    kopf:=(kopf+1) MOD n
END;
PROCEDURE nimm(OUT x:info);
BEGIN
    x:=schlange[schwanz];
    schwanz:=(schwanz+1) MOD n
END;
BEGIN -- Initialisierungsphase des Objekts puffer
    kopf:=0; schwanz:=0
END.
```

Die Initialisierungsphase wird einmalig durchlaufen und zwar bei der ersten Ausführung einer der Operationen. Mit diesem Pfadausdruck

PATH n:(1:(gib);1:(nimm)) END

wird folgendes festgelegt:

* Zu einer Zeit kann nur eine **nimm**-Operation ausgeführt werden.
* Jeder angefangenen **nimm**-Operation geht eine beendete **gib**-Operation voraus.
* Die Anzahl der ausgeführten **gib**-Operationen kann höchstens um n größer sein als die Anzahl der ausgeführten **nimm**-Operationen.

Damit garantiert der Pfadausdruck, daß gleichzeitig Informationen erzeugt und verbraucht werden können, wenn **gib** 0 bis n-mal öfter ausgeführt wurde als **nimm**. Ein Pufferunterlauf und ein Pufferüberlauf sowie Zugriffe auf gleiche Pufferelemente sind ausgeschlossen.

Was hat die Implementierung bei Pfadausdrücken zu leisten?

- Annahme des Aufrufs **objekt.operation(parameter)**.
- Überprüfung, ob mit dieser Operation z.Zt. ein Pfadausdruck begonnen oder verlängert werden kann.
    - ▫ Wenn ja, dann führe die Operation aus.
    - ▫ Wenn nein, dann reihe den anrufenden Prozeß in eine Warteschlange für **objekt** ein.
- Beendet ein Prozeß eine Operation, dann suche Prozesse, die auf **objekt** warten und prüfe ob, ihre Operation einen Pfadausdruck beginnen oder verlängern kann. Wenn ja, dann führe sie aus.

Pfadausdrücke schränken von vorn herein die Benutzung von Operationen auf Objekten ein. Sie bestehen aus der direkten Formulierung der Bedingungen, unter denen parallele Prozesse zusammenarbeiten können. Das kommt der Beweisführung zugute, da nur eine exakt abgegrenzte und an einer Stelle festgelegte Menge von Konstellationen zwischen Prozessen berücksichtigt werden muß.

3.2.2. Pfadausdrücke in Path Pascal

Path Pascal ist eine höhere Programmiersprache, bei der die Synchronisierung paralleler Prozesse durch Pfadausdrücke geregelt wird. Die sequentielle Programmiersprache Pascal, die bereits wesentliche Aspekte der strukturierten Programmierung verwirklicht, wurde orthogonal um wenige Sprachelemente für Prozesse, Objekte und Pfadausdrücke erweitert. Diese Vorgehensweise der aufwärtskompatiblen Spracherweiterung bietet die Vorteile, daß

- der Zugang zu den Spracherweiterungen für diejenigen, die die Kernsprache (hier Pascal) bereits beherrschen, deutlich erleichtert wird,
- im wesentlichen nur noch die Implementierung der Spracherweiterung erforderlich ist.

Umgekehrt bringt die Bindung an eine existierende Programmiersprache auch Einschränkungen mit sich, die auf eine Anpassung auf syntaktischer wie semantischer Ebene hinauslaufen.

Der zentrale Begriff für die Parallelverarbeitung in Path Pascal ist der des Objektes. Objekte sind bildlich als Datenkapseln aufzufassen, die Daten und Operationen auf diesen Daten in sich vereinigen. Die Ausführung der Operationen wird den Regeln unterworfen, die direkt am Anfang der Objektdefinition in Form der Pfadausdrücke angegeben sind.

Bsp. 3.8: Die Syntax der Pfade (in EBNF):

```
path_decl        ::= PATH list END
list             ::= sequence { , sequence }
sequence         ::= item { ; item }
item             ::= [bound :] (list)
                     [list]
                     identifier
bound            ::= unsigned_integer
                     | constant_identifier
```

Mit den Pfadausdrücken wird nun festgelegt, wie die asynchron eintreffenden Anforderungen der Operationsausführung koordiniert werden. Die Zugriffsberechtigung auf die Operationen ist damit noch nicht abgehandelt. Zunächst gilt, daß die Operationen innerhalb des Objektes, in dem sie definiert werden, auch zur Verfügung stehen. Darüber hinaus sind sie ausdrücklich mit dem Schlüsselwort **ENTRY** zu markieren, damit sie auch von außerhalb des Objektes benutzt werden können.

Bsp. 3.9: Auszug aus der Syntax zur Definition von Objekten in Path Pascal (in EBNF):

```
obj_type         ::= OBJECT
                     path_decl_part
                     const_def_part
                     obj_typedef_part
                     var_decl_part
                     operation_part
                     END
operation_part   ::= { routine ; }
                     | { routine ; } INIT ; block { routine ; }
routine          ::= op_decl
                     | ENTRY op_decl
```

An Operationen können anstelle von **op_decl** neben Prozeduren und Funktionen auch Prozesse und insbesondere interruptgesteuerte Prozesse deklariert werden.

Von einem Objekttyp dürfen beliebig viele Variablen deklariert werden. Jedes so erzeugte Objekt besitzt einen eigenen Speicherbereich und eigene interne Verwaltungsdaten über den aktuellen Zustand der Synchronisierung. Mit dem Betreten des Blockes, indem die Objektvariable deklariert ist, wird auch der Initialisierungsblock, sofern einer spezifiziert wurde, ausgeführt. Danach ist das Objekt initialisiert und bietet seine Dienste d.h. seine Operationen anderen Prozessen an. Zur Laufzeit lassen sich mit **NEW** dynamisch weitere Objekte erzeugen. Dazu werden Zeiger auf Objekttypen benötigt.

Bsp. 3.10: Dynamische Erzeugung von Objekten des Typs **puffer**:

```
TYPE auf_puffer - ↑puffer;
     puffer - OBJECT

           :

         END;
VAR viele_puffer ARRAY [0..9] OF auf_puffer;
BEGIN

     :

   NEW (viele_puffer [7]);

     :

END;
```

Objekte lassen sich in Path-Pascal beliebig ineinander schachteln. Jedoch sind Rekursionen bei den Operationsaufrufen untersagt. Mit der Schachtelungstiefe der Objekte ist in Path-Pascal eine Priorisierung der Prozesse erreicht. Danach gilt, daß die Objekte eine umso höhere Priorität erhalten, je tiefer ihre Deklaration in der Hierarchie der Blockschachtelung angesiedelt sind. Das bedeutet für die Operationen die ausgeführt werden, daß das Laufzeitsystem jeweils von den inneren zu den äußeren Blöcken hin nach ausführbaren Operationen sucht und diese zur Ausführung bringt. Diese Art der Priorisierung stellt ein äußerst gefährliches Mittel dar, um die Ausführung von Operationen gegeneinander zu manipulieren. Die Hierarchisierung, die aus Pascal-Philosophie der schrittweisen Verfeinerung dient, gewinnt in Path Pascal eine weitere Bedeutung. Priorisierung und Strukturierung sind in ihrer Zielsetzung orthogonal zueinander und verlangen eine sprachliche Trennung. Somit ist in Path Pascal bei der Schachtelung von Objekten Vorsicht geboten. Als Faustregel für die Programmierung kann hierbei gelten, daß immer wieder Zeitspannen vorzusehen sind, zu denen keine der inneren Operationen aktiv sein können. Andernfalls können die Operationen auf äußeren Schachtelungsebenen weder begonnen noch fortgesetzt werden.

Path Pascal läßt Operationen zu, die selbst wieder Prozesse sind. Ein Prozeß wird dynamisch erzeugt und terminiert, wenn der zugehörige Programmcode abgearbeitet ist.

Bsp. 3.11: Erzeugung von zehn Prozessen vom Typ **zelle**:

```
VAR i : integer
PROCESS zelle(i : integer);
      :
END;
      :
FOR i:=0 TO 9 DO zelle(i)
      :
```

Syntaktisch ist die Erzeugung eines Prozesses nicht von einem Prozeduraufruf zu unterscheiden. Jedoch werden im Unterschied zu einer Prozedur **zelle** im obigen Beispiel zehn Prozesse erzeugt, die gleichzeitig mit dem umgebenden Block zur Ausführung anstehen.

Als anwendungsorientierte Erweiterung gibt es in Path Pascal zusätzlich Interruptprozesse, die es erlauben Prozesse von außen, z.B. durch den Interrupt eines Tastendrucks, anzustoßen. Dazu ist eine physikalische Speicheradresse vom Typ **VECTOR** anzugeben, von wo aus der Interruptprozeß ausgelöst wird. Mit der Anweisung **DOIO** ist der Prozeß solange passiv, bis der Interrupt erfolgt.

Bsp. 3.12: Ein Interrupt in Path Pascal:

```
INTERRUPT PROCESS taste [VECTOR = #1000];
      :
BEGIN
   REPEAT
      DOIO
         :
         : -- Aktionen, die dem Interrupt folgen sollen.
         :
   UNTIL false;
END
```

Ist ein Interrupt abgearbeitet, so stellt sich der Prozeß **taste** an den Anfang der Schleife zurück und wartet mit **DOIO** auf den nächsten Interrupt.

Zum Abschluß soll die Strukturiertheit und Offensichtlichkeit von Path Pascal und insbesondere der Pfadausdrücke an einem abgeschlossenen Beispiel veranschaulicht werden. Dazu dient ein Standardproblem der parallelen Programmierung: das Fünf-Philosophen-Problem *[Dij 68]*.

Der beobachtbare Alltag dieser Philosophen ist schrecklich eintönig und besteht lediglich aus dem ständigen Wechsel von Essen und Denken. Nachdem ein Philosoph eine unbestimmte Zeit nachgedacht hat, regt sich sein Magen und er möchte essen. Dazu nimmt er seinen Platz an einem runden Tisch ein und findet einen Teller mit Spaghetti vor. Die Spaghetti sind jedoch so lang, daß für ihren kultivierten Verzehr zwei Gabeln benötigt werden. Die Gemeinheit besteht nun darin, daß je eine der beiden Gabeln, die zum Verzehr der Mahlzeit notwendig sind, vom jeweils rechten bzw. linken Nachbarn benutzt werden kann. Deshalb ist eine Koordination der Philosophen erforderlich, die den Zugriff auf die Gabeln regelt. Gelingt es einem der Philosophen, zwei Gabeln zu besitzen, so kann er seinen Hunger stillen, um im Anschluß daran die Gabeln wieder freizugeben und wieder seiner eigentlichen Aufgabe als Philosoph nachzugehen.

Eine angemessene Lösung zu diesen Problemen sieht vor, ein gemeinsames Objekt **tisch** zu erzeugen, auf dem die fünf Objekte **gabel(0)** bis **gabel(4)** liegen. Die fünf Philosophen werden durch die Prozesse **philosoph(0)** bis **philosoph(4)** verkörpert, deren Zugang zum Tisch und zu den Gabeln durch Pfadausdrücke geregelt wird.

Abb. 3.4: Die räumliche Darstellung gibt eine räumliche Vorstellung von der Anordnung der Objekte und Prozesse:

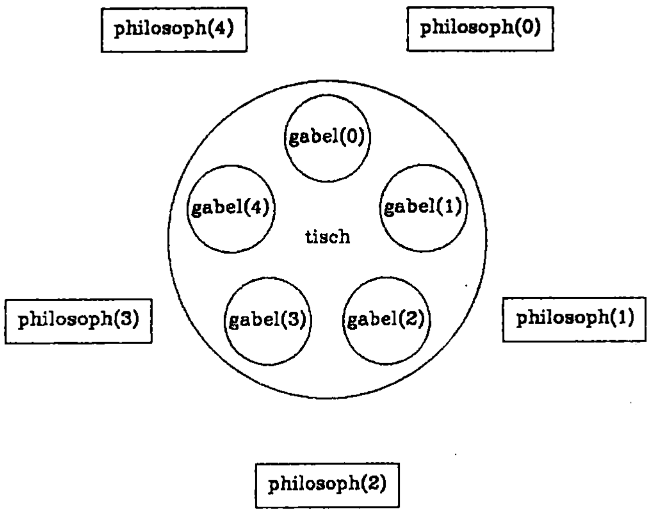

Bsp. 3.13: Das Path-Pascal Programm zum Fünf-Philosophen-Problem:

```
CONST n = 5;        -- Zahl der Philosophen
      max_n = 4;  -- Maximalzahl der Personen am Tisch
TYPE alle = 0..max_n;
VAR i : alle;
    tisch : OBJECT
        PATH max_n : (will_essen; will_denken) END;
        VAR gabel : ARRAY [alle] OF
                OBJECT
                    PATH 1 : (belegen; freigeben) END;
                    ENTRY PROCEDURE belegen; BEGIN END;
                    ENTRY PROCEDURE freigeben; BEGIN END;
                END;
        ENTRY PROCEDURE will_essen(i : alle);
            BEGIN
                gabel[i].belegen;
                gabel[(i+1) MOD n].belegen
            END;
```

```
ENTRY PROCEDURE will_denken(i : alle);
   BEGIN
       gabel[i].freigeben;
       gabel[(i+1) MOD n].freigeben
   END;
END;
PROCESS philosoph(ich : alle);
   BEGIN
      WHILE true DO
         -- denken
         tisch.will_essen(ich);
         -- essen
         tisch.will_denken(ich)
      END;
   END;
BEGIN
   FOR i := 0 TO max_n DO philosoph(i)
END;
```

Der äußere Pfadausdruck, der zu dem Objekt **tisch** gehört, läßt höchstens
vier Philosophen an den Tisch. Jeder dieser Philosophen versucht nun seine
rechte und dann seine linke Gabel zu erhalten. Daß eine Gabel nur im Besitz
eines Philosophen sein kann, wird durch den inneren Pfadausdruck sicher-
gestellt.

Im Initialisierungsteil werden alle fünf Philosphen gestartet. Von da an
sind die zugehörigen Prozesse nur noch mit Essen und Denken beschäftigt.
Dazwischen erfolgt die Kooperation mittels der Operationen **will_essen(ich)**
und **will_denken(ich)** auf dem Objekt **tisch**. Die Beschränkung auf vier
Philosophen, die gleichzeitig die Operationen **(will_essen, will_denken)**
ausführen dürfen, sichert zu, daß es unter diesen immer einen Philosophen
gibt, der in den Besitz beider Gabeln gelangt und Essen kann. Dieser
Philosoph wird damit irgendwann fertig sein und seine Gabeln für die Nach-
barprozesse zur Verfügung stellen. Fehlt diese Beschränkung auf vier
Philosophen, so zeigt sich, daß eine Verklemmung (Deadlock) bei der
Prozeßausführung möglich wird (vgl. Abschnitt 5.3.).

3.2.3 Pfadausdrücke in EPOS-S

Aufgrund ihrer Übersichtlichkeit und Unmittelbarkeit eignen sich Pfadausdrücke für den Entwurf paralleler Software. Im Rahmen großer Projekte dienen Pfadausdrücke als planerische Festlegung, die direkt und sichtbar für alle Projektbeteiligten vorschreibt, welchen Restriktionen die Benutzung eines Objektes unterliegt. Nach dieser Feststellung kann nun unter Berücksichtigung des Pfadausdrucks weitgehend unabhängig das Objekt und die Operationen darauf im Detail entwickelt werden. Das Entwicklungssystem EPOS[3.2] , das vorwiegend im Bereich der Echtzeit-programmierung eingesetzt wird, stützt sich u.a. auf Pfadausdrücke. Die in EPOS enthaltene Spezifikationssprache EPOS-S *[Göh 81]* unterscheidet zwischen aktiven und passiven Objekten. Die aktiven Objekte, wie Aktionen und Ereignisse, kooperieren mittels expliziter Synchronisationsoperationen miteinander und sind in diesem Zusammenhang nicht von Interesse.

Die passiven Objekte sind Betriebsmittel (Geräte oder Datenbereiche), bei denen Pfadausdrücke die zulässigen Operationen festlegen. Dazu dienen die folgenden Operatoren:

$Op_1//Op_2$

Operation Op_1 und Op_2 werden parallel ausgeführt.

$Op_1->Op_2$

Operation Op_1 wird vor Op_2 ausgeführt.

Op_1+Op_2

Operation Op_1 und Op_2 schließen sich gegenseitig aus.

$Op*$

Operation Op wird beliebig oft wiederholt.

Daneben gibt es einige pragmatische Konstrukte, die sich in der Praxis als nützlich erwiesen haben:

Op PRIO   Kann zu einem Zeitpunkt eine von mehreren Operationen ausgeführt werden, so ist zunächst **Op** auszuwählen.

[3.2]   EPOS = <u>E</u>ntwicklungs- und <u>P</u>rojektmanagement- <u>o</u>rientiertes <u>S</u>pezifikationssystem

Op REENTRANT   Die Operation **Op** kann von mehreren Prozessen zur gleichen Zeit ausgeführt werden. Mit dem Operator **REENTRANT** wird eigentlich nur eine Voraussetzung für diese Ausführungsform genannt. Denn der Code für **Op** muß mehrfach verwendbar (reentrant) sein.

Operationen lassen sich durch Klammerung zu neuen Operationen (Ausdrücken) zusammenfassen.

Mittels Pfadausdrücken und den pragmatischen Ergänzungen **PRIO** und **REENTRANT** läßt sich ein in vielen Varianten immer wieder auftretendes Standardproblem der parallelen Programmierung in eleganter Weise ausdrücken. Das Leser-Schreiber-Problem *[CouHeyPar 71]* unterscheidet zwei Arten von Prozessen, die auf einem gemeinsamen Datenbereich zusammenarbeiten. Als erste Aktion liefert ein Schreiber die Ausgangsdaten. Von da an können Prozesse in beliebiger Reihenfolge auf dem Datenbereich arbeiten, solange sie sich nicht stören. Konflikte gibt es, wenn Leser und Schreiber bzw. mehrere Schreiber gleichzeitig an den Daten arbeiten wollen.

Abb. 3.5: Konfliktbeziehung bei zwei Schreibern (s_0, s_1) und drei Lesern (l_0, l_1, l_2) dargestellt durch ungerichtete Kanten:

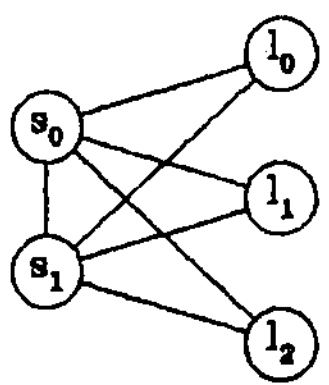

Konflikte dieser Art sind von vorn herein zu verhindern. Dazu muß im Pfadausdruck dafür gesorgt werden, daß entweder beliebig viele Leser oder höchstens ein Schreiber auf dem Datenbereich aktiv sein kann.

Bsp. 3.14: Spezifikation eines Datenbereiches in EPOS-S:

```
DATA datenbereich
    :
OPERATION : schreiben -> (lesen REENTRANT + schreiben PRIO)*
    :
DATAEND.
```

Mit der Priorisierung der Operation **schreiben** wurde der Situation vorgebeugt, daß jeweils immer gerade Leser vorhanden sind und verhindern, daß ein Schreiber zum Zug kommt. Mit dieser Maßnahme wird ausgeschlossen, daß das zufällige oder abgesprochene Leserverhalten die Schreiber unbegrenzt lange verzögern kann. Ohne **PRIO** wäre es nicht auszuschließen, daß wartende Schreiber aufgrund rechenwilliger Leser beliebig lange verzögert werden.

3.2.4. Mächtigkeit von Pfadausdrücken

Mit Pfadausdrücken werden die erlaubten Parallelausführungen von Operationen auf Objekten festgelegt. Als Parameter der Pfadausdrücke dienen die Bezeichner der Operationen. Somit steht der Grad an Parallelität und die Bedingungen der Synchronisierung bereits zur Compilezeit fest. Dieser Aufbau beeinträchtigt die Ausdrucksmöglichkeiten in erheblichen Maße. Die Synchronisierungsbeziehungen auf der Grundlage von Pfadausdrücken sind in hohem Maße statisch, d.h. sie sind unabhängig von den Eingabedaten und der aktuellen Berechnung.

Selbst die pragmatischen Erweiterungen, wie in EPOS-S durch **PRIO** und **REENTRANT** bringen keine grundsätzlichen Erweiterungen der generativen Mächtigkeit. Als vergleichbares Darstellungsprinzip zu den Pfadausdrücken können die regulären Ausdrücke herangezogen werden. Um diesen Zusammenhang herzustellen, wird jedem regulären Ausdruck eine formale Sprache über dem Alphabet der Operationsbezeichner zugeordnet. Jeder String, der als Folge angefangener oder beendeter Operationen entsteht, wird als Spur (genauer in Abschnitt 5.1.) der Berechnung bezeichnet. Die Menge aller Spuren, die ein Pfadausdruck zuläßt, bildet die formale Sprache eines Pfadausdrucks.

Bsp. 3.15: Eine datenabhängige Synchronisierungsbeziehung: Mit Pfadausdrücken ist es unmöglich, eine **gib**-Operation zu spezifizieren, die solche Informationen **info** herausfiltert, für die das datenabhängige Prädikat ¬**filter(info)** erfüllt ist. Die korrespondierende **nimm**-Operation darf jedoch nicht öfter erfolgen, wie tatsächlich Informationen in den Puffer gelegt wurden. Als Pfadausdruck für einen solchen Filterpuffer wäre also zu formulieren, daß die Anzahl der **nimm**-Operation nicht größer ist als die Anzahl der **gib**-Operationen mit ¬**filter(info)=true**.

Bsp. 3.16: Die formale Sprache des Pfadausdrucks:

    PATH 2:(a;b) END;

Mit $\alpha'a$ bzw. $\alpha'b$ wird die Anzahl der angefangenen Operationen a bzw. b bezeichnet. Entsprechend bezeichnet $\omega'a$ bzw. $\omega'a$ die Anzahl der beendeten. Für den obigen Pfadausdruck gelten die folgenden Ungleichungen:

$$\alpha'b \leq \omega'a$$
$$\alpha'a \leq \omega'b+2$$
$$\alpha'a \geq \omega'a$$
$$\alpha'b \geq \omega'b$$

Daraus ergibt sich insbesondere:

$$\omega'a \geq \omega'b$$
$$\omega'b+2 \geq \omega'a$$

Die möglichen Strings beendeter Operationen a und b werden durch einen endlichen Automaten mit drei Zuständen einfach darstellbar. Der Zustand 1 ist Anfangszustand und jeder Zustand ist Endzustand.

Abb. 3.6: Endlicher Automat zu den möglichen Strings:

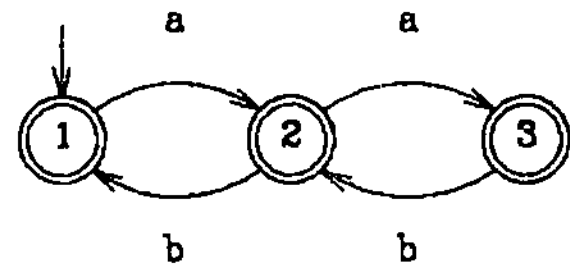

Der zugehörige reguläre Ausdruck lautet:

$$(a(ab)^x b)^x \cup a((ab)^x \cup (ba)^x)^x \cup a(ba)^x a(b(ba)^x a)^x$$

Eine Vorschrift zur Bildung der formalen Sprache L_A zum Pfadausdruck A sieht so aus:

- Das leere Wort ε ist aus L_A.

- Sei bereits $w \in L_A$ und a eine im Anschluß an w mögliche Operation, dann ist auch $w^\wedge a \in L_A$ [3.3)]

Zur Diskretisierung dieser Definition wird kurzerhand eine Operation mit ihrem Anfang bzw. mit ihrem Ende gleichgesetzt. Mit der Forderung, daß nicht zwei solcher Operationen zu einem Zeitpunkt stattfinden können, wird jedem Pfadausdruck eindeutig eine formale Sprache zugeordnet.

Die so erzeugte Sprachmenge ist bis auf Ausnahmen in die regulären Sprachen einbettbar. Das gilt insbesondere für alle beschränkten Pfadausdrücke der Form:

N : (A)

Bei unbeschränkten Pfadausdrücken mit dem Operator ';' kann die Menge der regulären Ausdrücke überschritten werden.

Bsp. 3.17: Ein Pfadausdruck, dem kein regulärer Ausdruck zugeordnet ist:

PATH a;b END;

Die zugehörige Sprache ist eine Teilmenge von $(a \cup b)^x$, wobei in Bezug auf die beendeten Operationen gilt, $\omega' a \geq \omega' b$. Zur Erzeugung von $L_{a;b}$ ist unbeschränktes Zählen der noch ausstehenden Operationen b nötig. Dazu sind jedoch bereits kontextfreie Grammatiken erforderlich.

Als Ergebnis bleibt festzuhalten, daß die Ausdrucksfähigkeit bis auf unbeschränkte Zähleigenschaften im Bereich der regulären Ausdrücke liegt. Deswegen genügen die Synchronisierungsbeziehungen, die unmittelbar mit Pfadausdrücken beschrieben werden können, nicht immer den Aufgabenstellungen. Erst mit verschachtelten Objekten und bedingten Operationsaufrufen läßt sich die programmiertechnische Mächtigkeit erweitern. Diese Vorgehensweise ist jedoch nicht im Sinne des Konzeptes der Pfadausdrücke. Als Wechselwirkung zu dem Gewinn an Mächtigkeit, geht die Offensichtlichkeit der Darstellung verloren, da die Synchronisierungsbeziehungen nicht mehr allein aufgrund der Pfadausdrücke festgelegt sind.

[3.3)] Mit $^\wedge$ wird der Konkatenationsoperator für Strings einer formalen Sprache dargestellt. Für $w^\wedge a$ schreiben wird auch wa, falls der Zusammenhang klar ist.

Bsp. 3.18: Der Filterpuffer in Path Pascal: Um datenunabhängige Operations-
aufrufe koordinieren zu können, werden Objekte verschachtelt   und
Operationsaufrufe unter Bedingung gestellt. Als inneres Objekt sei das
Objekt **puffer** mit den Operationen **gib** und **nimm** wie in Bsp. 3.7 definiert.

```
TYPE filterpuffer = OBJECT
    PATH f_put, f_get END
    VAR puffer OBJECT
        : -- Objekt mit den Operationen gib und nimm
    END;
    ENTRY PROCEDURE f_put (IN x : info);
    BEGIN
        IF ¬filter(x) THEN puffer.gib(x)
    END;
    ENTRY PROCEDURE f_get (OUT x : info);
    BEGIN
        puffer.nimm(x)
    END
END;
```

3.3. Synchronisierung mit Monitoren

Monitore und Pfadausdrücke sind in vergleichbare programmiersprachliche Konzepte eingebettet. Beide dienen dazu, Objekte, bzw. in dem Fall Monitore, als abstrakte Datentypen zu definieren und spezielle Formen von Parallelität auf dem Objekt zuzulassen. Dabei werden bei Monitoren die Beziehungen zwischen parallelen Prozessen durch spezielle Anweisungen zur Synchronisierung formuliert. Diese Anweisungen können an beliebigen Stellen innerhalb derjenigen Prozeduren stehen, die die Monitoroperationen bilden. Im Vergleich zum Konzept der Pfadausdrücke ist damit sicherlich ein Verlust an Offensichtlichkeit verbunden. Demgegenüber steht ein Gewinn an Ausdruckskraft, der darin besteht, datenabhängige und berechnungsabhängige Parallelausführungen formulieren zu können.

Zu einem Monitor gehören Daten und Operationen auf diesen Daten. Den Kern des von Brinch Hansen *[Bri 73]* und Hoare *[Hoa 74]* vorgeschlagenen Monitorkonzepts bildet der gegenseitige Ausschluß. Nur höchstens ein Prozeß kann in einem Monitor aktiv sein. Die Kooperation von Prozessen erfolgt mittels Synchronisierungsoperationen, die nur innerhalb eines Monitors angewendet werden dürfen. Aus programmiertechnischer und beweistechnischer Sicht ist die Handhabbarkeit des Monitorkonzeptes darin begründet, daß sich ein aktiver Prozeß zwischen zwei Synchronisierungsoperationen wie ein sequentieller Prozeß verhält.

Die Diskussion des Monitorkonzeptes führt zunächst zu den Operationen, die innerhalb von Monitoren für die Synchronisierung von Prozessen bereitstehen (Abschnitt 3.3.1.). Dabei stechen charakteristische Beobachtungspunkte hervor, die unmittelbar an die Synchronisierungsoperationen gekoppelt sind. Die problemspezifischen Bedingungen, die zu diesen Beobachtungszeitpunkten gelten, lassen sich unmittelbar für die Programmverifikation nutzen. Anhand des Filterpuffers werden zwei Korrektheitsbeweise mit unterschiedlicher Aussagekraft geführt (Abschnitt 3.3.2.). Im Anschluß daran wird dargelegt, in welcher Weise das Monitorkonzept bei den Programmiersprachen Modula-2 und CHILL realisiert worden ist (Abschnitt 3.3.3. und 3.3.4.).

3.3.1. Operationen in Monitoren

Von nun an wird unterschieden zwischen Operationen zur Synchronisierung in Monitoren und den Operationen Op_i , die die Prozesse auf Monitoren ausführen können. Die letzteren machen jeden Monitor zu einem problemspezifischen Datentyp, während die Synchronisierungsoperationen innerhalb jedes Monitors zur Verfügung stehen, um die problemspezifischen Abhängigkeiten bei der Ausführung der Monitoroperationen zu formulieren.

Ein Monitor ist selbst ein kritisches Gebiet. Das bedeutet, in einem Monitor kann es höchstens einen aktiven Prozeß geben. Mit dem prozedurähnlichen Aufruf `monitorname.Op`$_i$`(aktuelleParameter)` der Operation Op_i wird ein Monitor betreten, wenn sich noch kein Prozeß darin aufhält. Andernfalls wird der aufrufende Prozeß in eine Warteschlange eingereiht.

Abb. 3.7: Ein Prozeß (angedeutet durch die von oben kommende Schlangenlinie) reiht sich in der Warteschlange **Mon** für den Monitor ein. (Man denke sich von links nach rechts eine Zeitachse.) Wenn das Ereignis eintritt, daß der Monitor offen (⊄Monitor offen[3.4]) wird, kann ein Prozeß die Warteschlange **Mon** verlassen und seine Arbeit im Monitor aufnehmen.

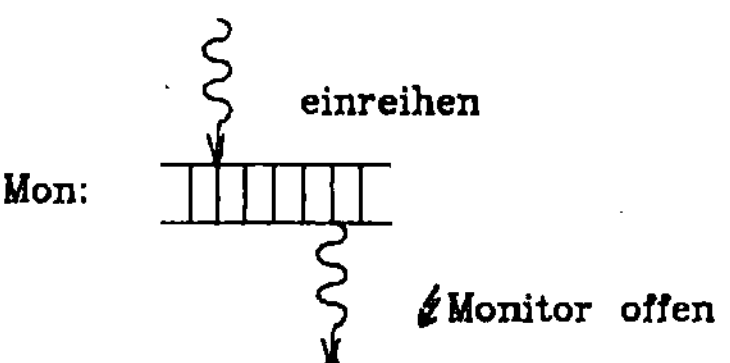

Hiernach ist der Prozeß im Monitor aktiv und damit beschäftigt, die Monitoroperation Op_i auszuführen. Erst wenn die letzte Anweisung von Op_i abgearbeitet ist, verläßt der Prozeß den Monitor wieder.

[3.4]   "⊄" kennzeichnet im Folgenden externe Ereignisse, die nicht vom Prozeß selbst ausgelöst werden, die ihn aber in seinem Ablauf beeinflussen. ⊄Monitor offen ist ein Synonym dafür, daß sich zur Zeit kein aktiver Prozeß im Monitor befindet.

Abb. 3.8: Ein Prozeß verläßt den Monitor und kann seinerseits anzeigen (signalisieren), daß der Monitor offen ist (∮Monitor offen).

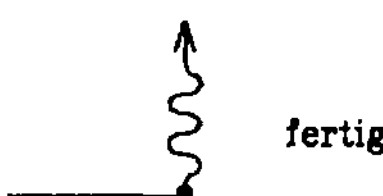

Zur Synchronisierung der Prozesse, die bei der Ausführung von Monitoroperationen untereinander kooperieren, sind gemeinsame Zeichen zu vereinbaren. Dem Vorschlag von Hoare *[Hoa 74]* folgend stellen Monitoren den Datentyp **CONDITION** bereit. Eine Variable c von Typ **CONDITION** kann grundsätzlich in zwei Synchronisierungsoperationen Verwendung finden. Es handelt sich dabei um die miteinander korrespondierenden Operationen **WAIT** und **SIGNAL**:

- Die **WAIT**-Operation:
  Führt ein Prozeß c.**WAIT** aus, so wird er angehalten und wartet auf c, d.h. er wird in eine Schlange für c eingereiht.

  Abb. 3.9: Wenn ein Prozeß die Anweisung c.**WAIT** ausführt, reiht er sich in die Warteschlange für c ein und kann diese nur durch ein c.**SIGNAL** eines anderen Prozesses wieder verlassen.

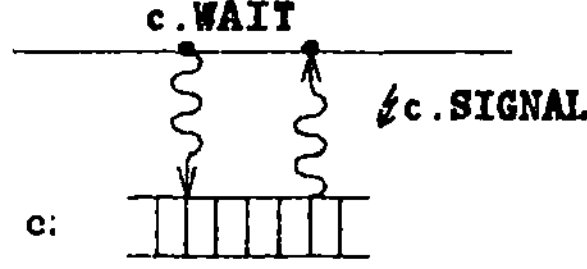

- Die **SIGNAL**-Operation:
  Führt ein Prozeß c.**SIGNAL** aus, so hat diese Anweisung keine Wirkung, wenn es keinen Prozeß gibt, der auf ein c.**SIGNAL** wartet. Andernfalls wird einer der auf c.**SIGNAL** wartenden Prozesse hinter seinem c.**WAIT** fortgesetzt. Damit trifft der geweckte Prozeß auf den Zustand des Monitors, der bei der Ausführung von c.**SIGNAL** vorgelegen hat. Der signalisierende Prozeß kann erst weiterarbeiten, wenn kein Prozeß mehr im Monitor aktiv ist, d.h. das Ereignis ∮Monitor offen eingetreten ist. Gleichzeitig wird er vor allen Prozessen bevorzugt, die den Monitor betreten wollen. Dieses kann z.B. dadurch realisiert sein, daß sich der Prozeß vorne in die Warteschlange für den Monitor **Mon** einreiht.

Abb. 3.10: Wenn ein Prozeß die Anweisung c.SIGNAL ausführt, um einen anderen Prozeß zu "wecken", reiht er sich dabei selbst in die Warteschlange für den Monitor **Mon** ein und wird erst wieder "geweckt", wenn ein anderer Prozeß den Monitor verläßt.

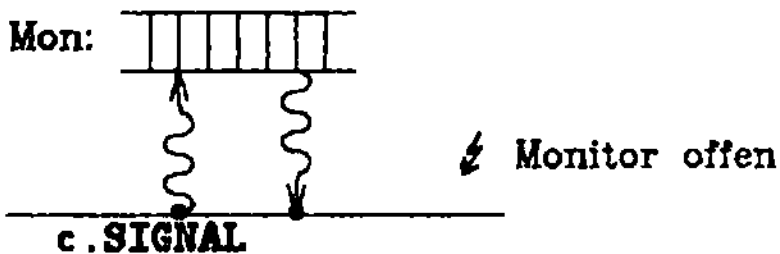

Die Prozesse, die sich in einem Monitor aufhalten, können aktiv oder passiv sein. Ein aktiver Prozeß ist bei der Ausführung einer Monitoroperation und damit der einzige aktive Prozeß im Monitor. Dafür, daß ein Prozeß im Monitor passiv wird, gibt es verschiedene Gründe:

- **WAIT-passiv:**
  Der Prozeß ist durch c.WAIT passiv geworden und kann nur durch ein c.SIGNAL wieder aktiv werden.
- **SIGNAL-passiv:**
  Ein Prozeß ist durch c.SIGNAL passiv geworden und kann nur dadurch wieder aktiv werden, daß der Monitor wieder offen wird.

Damit setzt sich ein Prozeß immer selbst in einen passiven, wartenden Zustand, während er von anderen Prozessen geweckt, d.h. in einen aktiven Zustand versetzt wird.

Abb. 3.11: Zustandsübergänge für Prozesse im Monitor:
Die Kanten des Zustandsgraphen sind mit den Synchronisierungsoperationen bzw. denjenigen auslösenden Ereignissen (∮) markiert, die den jeweiligen Zustandsübergang bewirken.

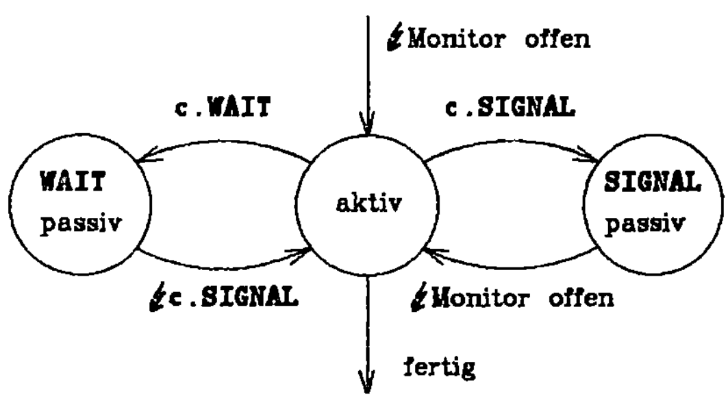

Für die implementierungstechnische Verwaltung der Monitore sind verschiedene Schlangen vorzusehen, in die die wartenden Prozesse einzureihen sind. So ist für jede **CONDITION**-Variable eine Schlange anzulegen und zwei Schlangen für den Monitor selbst. Bei den beiden letzteren handelt es sich um

(a)　die Schlange der Prozesse, die den Monitor betreten wollen,

(b)　die Schlange der mit **SIGNAL** im Monitor passiv gewordenen Prozesse.

Prozesse aus beiden Schlangen gelangen mit dem Ereignis, ≠ Monitor offen, in den Monitor. Dabei gilt jedoch, daß nur dann ein Prozeß aus (a) in den Monitor gelangen kann, wenn die Schlange (b) leer ist.

Abb. 3.12: Zusammenfassung der möglichen Synchronisierungsoperationen und Ereignisse am Beispiel eines hypothetischen Ablaufs: **Par** bezeichnet dabei die Menge der vielen parallelen Prozesse außerhalb des Monitors und **Seq** bezeichnet den jeweils rechnenden Prozeß im Monitor, der alle Eigenschaften eines sequentiellen Prozesses besitzt.

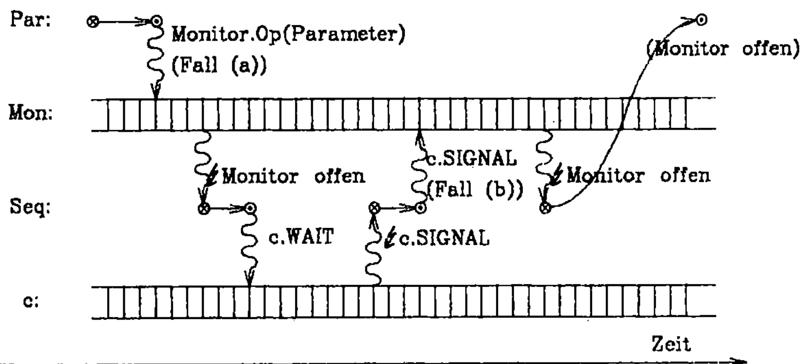

Die interne Schlangenverwaltung ist durch das Monitorkonzept nicht festgelegt. Das bedeutet, es ist nicht bestimmt, welcher in der Schlange wartender Prozesse zu wecken ist. Es ist jedoch sinnvoll und im natürlichen Verständnis fair (vgl. Abschnitt 5.2.), alle Schlangen wie den Datentyp **puffer** zu betreiben. D.h., der jeweils am längsten wartende Prozeß wird geweckt. (FIFO[3.5] -Pinzip) Es wird sich zeigen, daß die Art der internen Schlangenverwaltung erheblichen Einfluß auf die Bedeutung eines Programms mit Monitoren ausüben kann (Abschnitt 3.3.2.).

[3.5]　　　First In First Out

Bsp. 3.19: Auf der Grundlage von **SIGNAL** und **WAIT** läßt sich auch das modifizierte Erzeuger-Verbraucher-Problem (aus Kapitel 3.2) lösen.

```
MONITOR filterpuffer;
VAR schlange : ARRAY [0..n-1] OF info;
    kopf,schwanz : 0..n-1;
    belegt : 0..n;
    leer,voll : CONDITION;
FUNCTION filter(IN x : info):boolean;
    -- Filterfunktion
PROCEDURE gib(OUT x : info);
BEGIN
    IF ¬filter(x) THEN
        IF belegt=n THEN voll.WAIT FI;
        schlange[kopf]:=x;
        kopf:=(kopf+1) MOD n;
        belegt:=belegt+1;
        leer.SIGNAL;
    FI;
END;
PROCEDURE nimm(IN x : info);
BEGIN
    IF belegt=0 THEN leer.WAIT FI;
    x:=schlange[schwanz];
    schwanz:=(schwanz+1) MOD n;
    belegt:=belegt-1;
    voll.SIGNAL;
END;
BEGIN -- Initialisierung
    belegt:=0;
    schwanz:=0;
    kopf:=0;
END;
```

3.3.2. Verifikation von Monitoren

Aus beweistechnischer Sicht sind folgende Zeitpunkte von besonderem Interesse:
- Betreten des Monitors
- Verlassen des Monitors
- Anhalten durch **WAIT** (passiv werden)

- Anhalten durch **SIGNAL** (passiv werden)
- Fortsetzen durch ∤offen gewordenen Monitor (aktiv werden)
- Fortsetzen durch ∤**SIGNAL** (aktiv werden).

Eine strukturierte Programmierung sieht vor, daß zu diesen Zeitpunkten charakteristische, problemspezifische Bedingungen erfüllt sind. D.h., daß die sogenannte (Monitor-)Invariante gilt. Natürlichsprachlich lautet diese für einen einfachen Puffer etwa so:

> "Die **gib**-Operation darf zwischen 0- und n-mal mehr ein Pufferelement abgelegt haben, als durch die **nimm**-Operation entnommen wurden. Dabei werden die Nachrichten in der Reihenfolge abgeholt, in der sie in den Puffer eingetragen wurden (FIFO-Prinzip)."

Die Invariante für den **filterpuffer** ist nur unwesentlich abgeändert:

Abb. 3.13: Die Abläufe der Operationen **gib** und **nimm** im Monitor **filterpuffer** lassen sich durch Flußdiagramme andeuten. Mit "•" sind die Stellen markiert, an denen Prozesse den Monitor betreten, verlassen oder im Monitor passiv bzw. aktiv werden. An diesen Stellen soll die Invariante gelten.

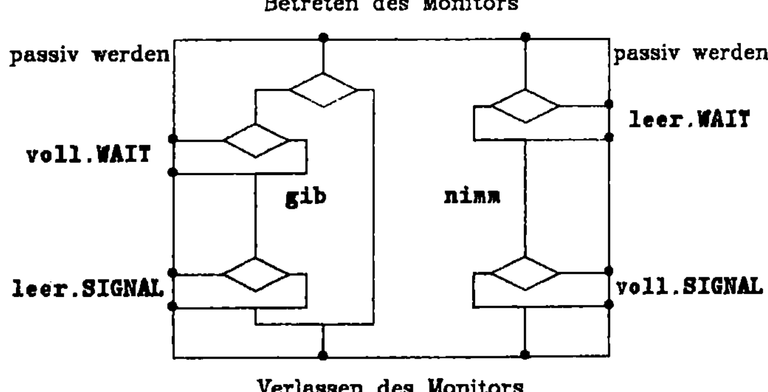

Bsp. 3.20: Bei der Formulierung und dem Nachweis der Invarianten für **filterpuffer** dienen die formalen Sprachen als Beschreibungskalkül. Dazu seien die Pufferelemente x Elemente des endlichen Alphabets Σ_{info}.

$$\Sigma_f := \{ x \mid x \in \Sigma_{info} \land \neg filter(x) \}$$

Damit enthält Σ_f alle Zeichen, die nicht herausgefiltert werden. Für Worte $w \in \Sigma_{info}^*$ wird ein Filteroperator definiert:

$$w|_{\Sigma_f} \;=\; a_1 \ldots a_k \;\mid\; \exists b_1,\ldots,b_k : w = a_1 b_1 \ldots a_k b_k \text{ mit}$$
$$a_i \in \Sigma_f^* \text{ und } b_i \in (\Sigma_{info} - \Sigma_f)^* \; i \in \{1,\ldots,k\}$$

Die bisherigen Ausführungen der Operationen **gib** und **nimm** sowie der Inhalt von **schlange** wird durch den Vektor der Worte

$$\vec{w} \;=\; (w_{gib}, w_{nimm}, w_{schlange})$$

dargestellt. Dann lautet eine Invariante *[How 76]*:

$$I \;\equiv\; (w_{gib}|_{\Sigma_f} \;=\; w_{nimm} {}^{\wedge} w_{schlange}) \;\wedge\; w_{gib} \in \Sigma_{info}^*$$
$$\wedge \; 0 \le |w_{schlange}| \le n \;\wedge\; w_{nimm}, w_{schlange} \in \Sigma_f^*$$

Durch die Invariante I wird ausgedrückt, daß
- die Werte x aus **schlange** entnommen werden, wie sie auch abgespeichert wurden,
- alle Werte x, die mit **gib** eingebracht wurden und für die $\neg$**filter(x)** gilt, bereits entweder mit **nimm** abgeholt wurden oder sich noch in **schlange** aufhalten,
- **schlange** zwischen 0 und n Werte aufnehmen kann.

Nachweis der Invarianten I:

(a) I ist zu Anfang, d.h. nach der Initialisierung erfüllt.

(b) I möge bereits gelten für
$$\vec{w} = (w_{gib}, w_{nimm}, w_{schlange}).$$
Alle Änderungen, die ein Prozeß in seiner aktiven Phase auslöst, werden in $\vec{v}$ protokolliert. I ist eine Invariante, falls I am Ende jeder der möglichen Abläufe erfüllt ist.

D.h.: Um nachzuweisen, daß I eine Invariante ist, muß man zeigen, daß zu Beginn jeder aktiven Phase I($\vec{w}$) gilt und am Ende I($\vec{v}$).

(c) Für die Operation **gib** gilt:

(c1) Ein Prozeß betritt den Monitor:

(c11) $x \in \Sigma_f$ und $|w_{schlange}| < n$:
$$v_{gib} = w_{gib} {}^{\wedge} x$$
$$v_{nimm} = w_{nimm}$$
$$v_{schlange} = w_{schlange} {}^{\wedge} x$$
In diesem Zustand verläßt der Prozeß den Monitor (**leer.SIGNAL** ist wirkungslos), oder der Prozeß wird verzögert, indem ein Prozeß, der mit **leer.WAIT** wartet, durch **leer.SIGNAL** angestoßen wird (siehe d21).

(c12) $x \in \Sigma_f$ und $|w_{schlange}| = n$:
$$\vec{v} = \vec{w}$$
Der Prozeß wird mit **voll.WAIT** verzögert.

(c13) $x \notin \Sigma_f$:
$$v_{gib} = w_{gib} \char`^ x \quad \text{aber:} \quad v_{gib}|_{\Sigma_f} = w_{gib}|_{\Sigma_f}$$
$$v_{gib} = w_{gib}$$
$$v_{nimm} = w_{nimm}$$

(c2) Ein Prozeß wird im Monitor fortgesetzt:

(c21) Nach **voll.WAIT** gilt (siehe d11):
$$|w_{schlange}| < n$$
Die weitere Verarbeitung ist identisch mit c11.

(c22) Nach **leer.SIGNAL** gilt die Nachbedingung von d21:
$$\vec{v} = \vec{w}$$
Der Prozeß verläßt den Monitor.

(d) Für die Operation **nimm** gilt:

(d1) Ein Prozeß betritt den Monitor:

(d11) $|w_{schlange}| > 0$:
$$v_{gib} = w_{gib}$$
$$v_{nimm} = w_{nimm} \char`^ x$$
$$x \char`^ v_{schlange} = w_{schlange}$$
In diesem Zustand verläßt der Prozeß den Monitor (**voll.SIGNAL** ist wirkungslos), oder der Prozeß wird verzögert, indem ein Prozeß, der mit **voll.WAIT** wartet, durch **voll.SIGNAL** angestoßen wird (siehe c21).

(d12) $|w_{schlange}| = 0$:
$$\vec{v} = \vec{w}$$
Der Prozeß wird mit **leer.WAIT** verzögert.

(d2) Ein Prozeß wird im Monitor fortgesetzt:

(d21) Nach **leer.WAIT** gilt (siehe c11):
$$|w_{schlange}| > 0$$
Die weitere Verarbeitung ist identisch mit d11.

(d22) Nach **voll.SIGNAL** gilt die Nachbedingung von c21:
$$\vec{v} = \vec{w}$$

Vor und nach jedem der betrachteten Fälle ist I erfüllt.

Aber, wie gut kann der Beweis eigentlich sein? Und welche Aussage wird mit dem Vektor $\vec{w}$ verknüpft? Nun, es werden Zustände betrachtet, bei denen sich maximal ein Prozeß im Monitor befindet, unabhängig davon, ob dieser aktiv ist oder wartet.

Abb. 3.14: Die Positionen, an denen die Monitor-Invariante gilt, sind gekennzeichet.

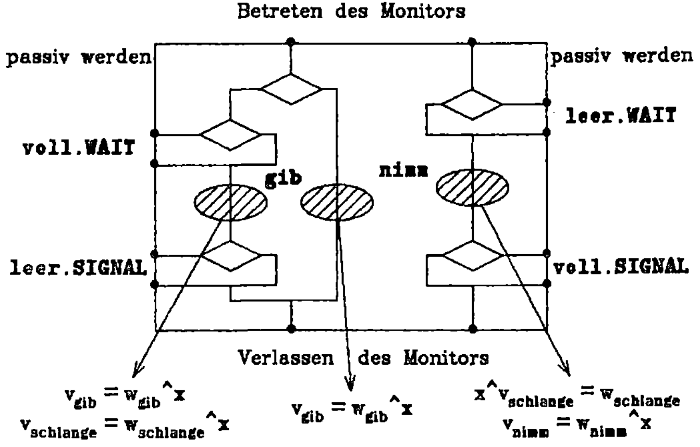

$$v_{gib} = w_{gib} {}^\wedge x$$
$$v_{schlange} = w_{schlange} {}^\wedge x$$

$$v_{gib} = w_{gib} {}^\wedge x$$

$$x {}^\wedge v_{schlange} = w_{schlange}$$
$$v_{nimm} = w_{nimm} {}^\wedge x$$

Wenn nun mehrere Verbraucher im Monitor zugange sind, dann stellt sich bzgl. der Invariante folgende Frage: Ist es garantiert, und kann es der Beweis aufzeigen, daß Echtzeitreihenfolgen gewahrt bleiben? D.h.:

- Werden die Erzeugerprozesse in der Reihenfolge ihrer Monitoraufrufe fertig?
- Analoges für die Verbraucherprozesse.
- Werden die Werte x in derselben Reihenfolge der Monitoraufrufe abgeholt wie abgelegt?

Voraussetzung: Alle Schlangen des Monitors werden in FIFO betrieben und nie umsortiert, also auch nicht aufgrund von Prioritäten.

Eine genauere Invariante benötigt die folgenden Größen $(x \in \Sigma)$:

wB_{op} $:=$ Folge der x durch das Betreten des Monitors bei der Operation **op**.

wV_{op} $:=$ Folge der x durch das Verlassen des Monitors bei der Operation **op**.

wS_c $:=$ Folge der x durch die Verzögerung des Prozesses bei der Operation **c.SIGNAL**.

wW_c $:=$ Folge der x durch die Verzögerung des Prozesses bei der Operation **c.WAIT**.

$w_{schlange}$ $:=$ Folge der x in **schlange**.

Invariante: $I = I_1 \wedge I_2 \wedge I_3 \wedge I_4 \wedge I_5$

$$I_1 \equiv wB_{gib}|_{\Sigma_f} = wB_{nimm}{}^{\wedge}wS_{voll}{}^{\wedge}w_{schlange}{}^{\wedge}wW_{voll}$$

I_1 beschreibt die Echtzeitkonsistenz von **gib** und **nimm**.

$$I_2 \equiv wB_{gib}|_{\Sigma_f} = wV_{gib}|_{\Sigma_f}{}^{\wedge}wS_{leer}{}^{\wedge}wW_{voll}$$

I_2 beschreibt die Echtzeitkonsistenz für **gib**.

$$I_3 \equiv wB_{nimm} = wV_{nimm}{}^{\wedge}wS_{voll}{}^{\wedge}wW_{leer}$$

I_3 beschreibt die Echtzeitkonsistenz für **nimm**.

$$I_4 \equiv 0 \leq |w_{schlange}| \leq n$$

$$I_5 \equiv wB_{nimm}, wV_{nimm}, v_{schlange}, wS_{leer}, wS_{voll}, wW_{leer}, wW_{voll} \in \Sigma_f^*$$

Nachweis der Invarianten I:

(a) I ist zu Anfang erfüllt.

(b) I möge bereits gelten für

$$\vec{w} = (wB_{gib}, wV_{gib}, wB_{nimm}, wV_{nimm}, w_{schlange}, wS_{voll}, wS_{leer}, wW_{voll}, wW_{voll}).$$

Alle Änderungen, die ein Prozeß in seiner aktiven Phase auslöst, werden in $\vec{v}$ protokolliert. I ist eine Invariante, falls I am Ende jeder der möglichen Abläufe erfüllt ist.

D.h.: Um nachzuweisen, daß I eine Invariante ist, muß man zeigen, daß zu Beginn jeder aktiven Phase $I(\vec{w})$ gilt und am Ende $I(\vec{v})$.

(c) Für die Operation **gib(x)** gilt:

(c1) Ein Prozeß betritt den Monitor $(wS_{voll} = wS_{leer} = \varepsilon)$:

(c11) $|w_{schlange}| < n \ \wedge \ wW_{leer} = \varepsilon \ \wedge \ x \in \Sigma_f$:

$$vB_{gib} = wB_{gib}{}^{\wedge}x$$
$$v_{schlange} = w_{schlange}{}^{\wedge}x$$
$$vV_{gib} = wV_{gib}{}^{\wedge}x$$

Der Prozeß verläßt den Monitor.

(c12) $|w_{schlange}| < n \ \wedge \ wW_{leer} \neq \varepsilon \ \wedge \ x \in \Sigma_f$:

$$vB_{gib} = wB_{gib}{}^{\wedge}x$$
$$v_{schlange} = w_{schlange}{}^{\wedge}x$$
$$vS_{leer} = wS_{leer}{}^{\wedge}x$$

Der Prozeß wird durch **leer.SIGNAL** verzögert.

(c13) $|w_{schlange}| = n \;\wedge\; x \in \Sigma_f$:

$$vB_{gib} = wB_{gib}{}^{\wedge}x$$
$$vW_{voll} = wW_{voll}{}^{\wedge}x$$

Der Prozeß wird durch **voll.WAIT** verzögert.

(c14) $x \notin \Sigma_f$:

$$vB_{gib} = wB_{gib}{}^{\wedge}x \text{ aber: } vB_{gib}|_{\Sigma_f} = wB_{gib}|_{\Sigma_f}$$
$$vV_{gib} = wV_{gib}{}^{\wedge}x \text{ aber: } vV_{gib}|_{\Sigma_f} = wV_{gib}|_{\Sigma_f}$$

(c2)   Ein Prozeß wird im Monitor fortgesetzt

(c21)   Nach **voll.WAIT** (siehe d12) gilt:

$$|w_{schlange}| < n$$
$$x^{\wedge}vW_{voll} = wW_{voll}$$

Dann bis auf $vB_{gib} = wB_{gib}{}^{\wedge}x$ (statt dessen gilt $vB_{gib} = wB_{gib}$) identisch
mit c11 (für $wW_{leer} = \varepsilon$) oder c12 (für $wW_{leer} \neq \varepsilon$).

(c22)   Nach **leer.SIGNAL** gilt :

$$x^{\wedge}vS_{leer} = wS_{leer}$$
$$vV_{gib} = wV_{gib}{}^{\wedge}x$$

Der Prozeß verläßt den Monitor.

(d)   Für die Operation **nimm(x)** gilt:

(d1)   Ein Prozeß betritt den Monitor $(wS_{voll} = wS_{leer} = \varepsilon)$:

(d11) $|w_{schlange}| > 0 \;\wedge\; wW_{voll} = \varepsilon$:

$$vB_{nimm} = wB_{nimm}{}^{\wedge}x$$
$$x^{\wedge}v_{schlange} = w_{schlange}$$
$$vV_{nimm} = wV_{nimm}{}^{\wedge}x$$

Der Prozeß verläßt den Monitor.

(d12) $|w_{schlange}| > 0 \;\wedge\; wW_{voll} \neq \varepsilon$:

$$vB_{nimm} = wB_{nimm}{}^{\wedge}x$$
$$x^{\wedge}v_{schlange} = w_{schlange}$$
$$vS_{voll} = wS_{voll}{}^{\wedge}x$$

Der Prozeß wird durch **voll.SIGNAL** verzögert.

(d13) $|w_{schlange}| = 0$:

$$vB_{nimm} = wB_{nimm}{}^{\wedge}x$$
$$vW_{leer} = wW_{leer}{}^{\wedge}x$$

Der Prozeß wird durch **leer.WAIT** verzögert.

(d2) Ein Prozeß wird im Monitor fortgesetzt:

(d21) Nach **leer.WAIT** (siehe c12) gilt:

$$|w_{schlange}| > 0$$
$$x^\wedge vW_{leer} = wW_{leer}$$

Dann bis auf $vB_{nimm} = wB_{nimm}^\wedge x$ (statt dessen gilt $vB_{nimm} = wB_{nimm}$) identisch mit d11 (für $wW_{voll} = \varepsilon$) oder d12 (für $wW_{voll} \neq \varepsilon$).

(d22) Nach **voll.SIGNAL** gilt :

$$x^\wedge vS_{voll} = wS_{voll}$$
$$vV_{nimm} = wV_{nimm}^\wedge x$$

Der Prozeß verläßt den Monitor.

Vor und nach jedem der betrachteten Fälle ist I erfüllt.

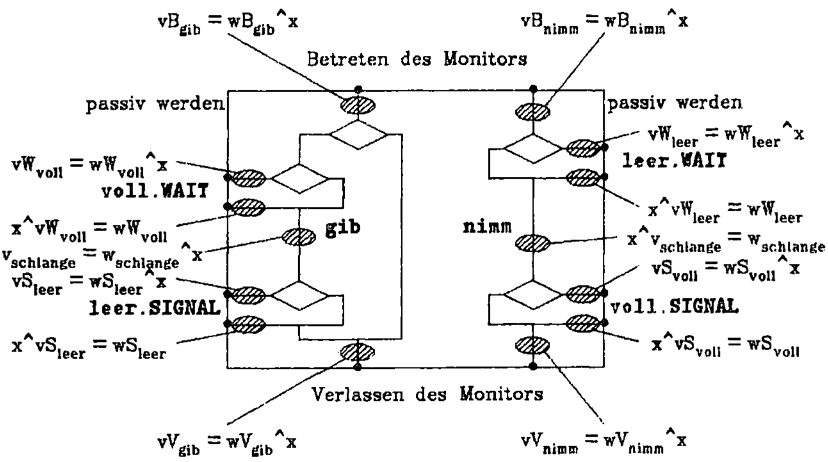

Abb. 3.15: Die Positionen, an denen die Monitor-Invariante gilt, sind gekennzeichet.

Im Unterschied zur ersten Invariante berücksichtigt die neue und genauere Invariante die Schlangenverwaltung des Monitors in besonderer Weise. Dadurch ist es möglich alle Synchronisierungsoperationen mit in die Invariante aufzunehmen und somit zu zeigen, daß die Echtzeitreihenfolgen gewahrt werden. Durch solche Voraussetzungen (wie: Schlangenverwaltung nach FIFO-Prinzip) kann die Invariante weitergehende Aussagen liefern. Das geht sicherlich immer mit einem Verlust an Einfachheit und Offensichtlichkeit

einher. Umgekehrt ist es jedoch möglich von der komplexeren Invariante auf
die vorhergehende einfachere Invariante zu abstrahieren. Die einfachere
Invariante ist zwar nicht so speziell, gilt aber dafür für jeden Monitor,
unabhängig von der Art der Schlangenverwaltung.

3.3.3. Monitore in Modula-2

Wie aus dem Namen schon hervorgeht, ist die Modularisierung das
wichtigste Konzept der Programmiersprache Modula-2. Mit der Einführung
dieser Sprache setzt Wirth *[Wir 82]* den mit Pascal eingeschlagenen Weg fort
und dehnt die Konzepte der strukturierten Programmierung auf ein
erweitertes Anwendungsfeld aus. Die Module sind programmiertechnische
Einheiten bestehend aus einer Ansammlung von Daten und Prozeduren. Eine
Exportliste gibt an, welche Daten und Prozeduren des Moduls für
übergeordnete Module zur Verfügung stehen. Umgekehrt wird in einer
Importliste notiert, welche Daten und Prozeduren ein Modul von
übergeordneten Modulen benötigt. Organisatorisch ist ein Modul zweigeteilt:
Ein Definitionsteil, der die sichtbaren und für andere Module verfügbaren
Daten und Prozeduren präsentiert und einen Implementierungsteil, wo für
den Anwender des Moduls nicht sichtbar die Daten und Prozeduren
algorithmisch festgelegt sind. Die Trennung in sichtbare und unsichtbare
Teile des Moduls ist ein herausragendes Merkmal der strukturierten
Programmierung und unverzichtbar bei der Entwicklung großer Programm-
systeme.

Modula-2 eignet sich insbesondere für die Programmierung paralleler
Prozesse. Dazu werden einige Datenstrukturen und Grundoperationen von
dem Modul **SYSTEM** angeboten. Diese sind selbst nicht in Modula-2 geschrieben
und bilden den Kern des Laufzeitsystems. Zu ihnen zählen:

Der Typ **PROCESS**:
> Dieser Typ ist als Verweis in eine Prozeßumgebung aufzufassen.

Die Prozedur **NEWPROCESS**:
> Sie dient dazu, eine Prozedur als Prozeßobjekt zu erzeugen. In ihrer
> Parameterliste

> **NEWPROCESS(pname:PROC; a:ADRESS; n:CARDINAL; VAR p:PROCESS);**

> stehen drei Eingabeparameter:

> **pname**   Angabe der Prozedur, die als Prozeß erzeugt wird.
>
> **a**   Adresse des Speicherbereiches, der für den Prozeßcode der Prozedur verwendet werden kann.
>
> **n**   Anzahl der Speicherworte für den Prozeßcode.
>
> Zurückgeliefert wird in **p** der Verweis auf die Prozeßumgebung.

Die Prozedur **TRANSFER**:

> Sie dient zur expliziten Umschaltung der Prozeßausführung von Prozeß **a** auf Prozeß **b** und insbesondere zur Umschaltung der Prozeßausführung auf einen Prozeß, der gerade mit **NEWPROCESS** erzeugt wurde.
>
> **TRANSFER (VAR a, b:PROCESS);**

Die Implementierung der Grundoperationen ist abhängig von dem jeweiligen Zielsystem und bleibt dem Programmierer verborgen. Entscheidend für ihn ist die Form von Parallelität, die durch diese wenigen Grundoperationen vorgegeben ist. Denn es handelt sich um ein Koroutinen-Konzept, ähnlich wie es mit der Sprache SIMULA eingeführt wurde, und ist eine besondere Form der Parallelität auf einem Prozessor. Sie zeichnet sich dadurch aus, daß die Umschaltung von einem Prozeß zum anderen nur durch explizite Ausführung der Prozedur **TRANSFER** erfolgt.

Abb. 3.16: Seien **p0, p1** und **p2** vom Typ **PROCESS** die parallelen Prozesse, die bislang erzeugt und gestartet wurden:

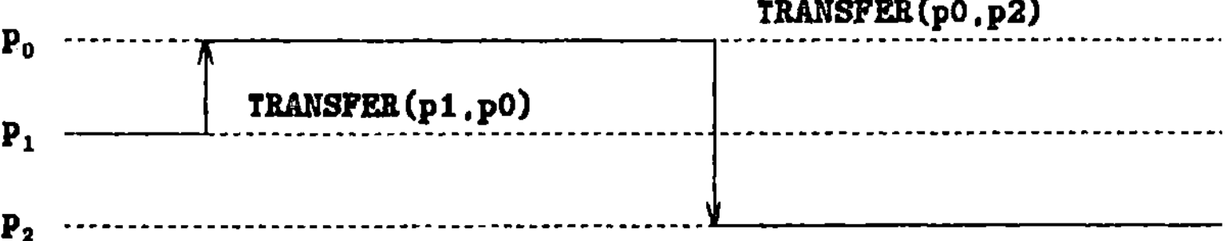

Bei Wirth *[Wir 82]* wird diese Form der Kooperation als "lose Kopplung" von Prozessen bezeichnet. Anders als im Time-Sharing-Betrieb kann einem Prozeß nicht aufgrund äußerer, vom Prozeß selbst nicht beeinflußbarer Ereignisse (z.B. Ablauf einer Zeitscheibe) der Prozessor entzogen werden. Erst mit der zusätzlichen Grundoperation **IOTRANSFER** läßt sich in Modula-2 von außen in den Ablauf eines Prozesses eingreifen.

IOTRANSFER (VAR a, b:PROCESS; int_nr:CARDINAL);

Der äußere Anstoß kommt dabei als Interrupt von der Speicheradresse int_nr und hat die Wirkung, daß der mit **b** bezeichnete, zur Zeit aktive Prozeß die Operation **TRANSFER(b,a)** einschiebt und damit den Prozessor an Prozeß **a** abgibt.

Bsp. 3.21: Gegeben sei der Prozeß **haupt** und der von · Interrupts angetriebene Prozeß **uhr**, der jede Sekunde auf der Adresse **1234** einen Interrupt auffangen und verarbeiten soll. Der Prozeßtyp **uhr_typ** möge folgende Gestalt haben:

```
PROCEDURE uhr_typ;
VAR sec : CARDINAL;
BEGIN
    LOOP
        IOTRANSFER(uhr,haupt,1234);
        sec:=sec+1;
        -- Bereitstellung global verfügbarer Zeitangaben
    END
END;
```

Das Prozeßobjekt **uhr** sei vom Prozeßtyp **uhr_typ**. Hat **uhr** den Interrupt verarbeitet und ist wieder bei **IOTRANSFER** angelangt, so wird an dieser Stelle die Operation **TRANSFER(uhr,haupt)** ausgeführt und der Prozeß **haupt** fortgesetzt, während **uhr** auf den nächsten Interrupt wartet.

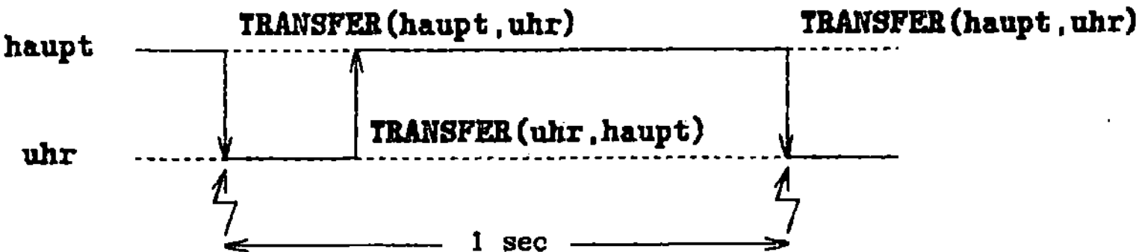

Mit diesen Grundoperationen ließe sich in Modula-2 leicht eine Prozeßverwaltung, wie sie für das Multiprocessing erforderlich ist, aufbauen. Dazu wäre ein Modul **scheduler** zu entwerfen, das nach Ablauf jeder Zeitscheibe aktiv wird. So möge der Scheduler in einer verketteten Liste alle vorhandenen Prozeßobjekte (vgl. Bsp. 2.10) verwalten und jedesmal, wenn er aktiv wird, einen Prozeß auswählen und ihm den Prozessor mit der Prozedur **TRANSFER** zuteilen. Diese gedankliche Skizze verdeutlicht, daß sich auch auf der Grundlage des Koroutinenkonzepts andere Formen der Parallelität, wie z.B. das Time-Sharing oder das Multiprocessing, verwirklichen lassen.

In methodisch vergleichbarer Weise läßt sich in Modula-2 das Monitorkonzept verwirklichen. Dazu existiert ein bereits vordefiniertes Modul **PROCESSES**, das ganz in Modula-2 geschrieben ist und die Datenstruktur **PROCESS** sowie die Grundoperationen **NEWPROCESS** und **TRANSFER** benutzt.

Ein Modul wird zum Monitor, wenn es mit einer Prioritätsangabe versehen wird, die Synchronisierungsoperationen aus dem Modul **PROCESSES** importiert und die Monitoroperationen exportiert.

Bsp. 3.22: Der Rahmen des Monitors **l_s** für das Leser-Schreiber_Problem: In diesem Zusammenhang genügt die Prioritätsangabe [1] für die Auszeichnung als Monitor.

```
MODULE l_s [1];
IMPORT SIGNAL, SEND, WAIT, Init, Awaited;
    : -- Definitionen und Deklarationen
    : -- Monitoroperationen
    : -- Initialisierung
END.
```

Die Datenstrukturen und Operationen, die durch das Modul **PROCESSES** angeboten werden, sind durch das folgende Definitionsmodul sichtbar gemacht.[3.6)]

```
DEFINITION MODULE PROCESSES;
    EXPORT QUALIFIED SIGNAL, Start_Process,
        SEND, WAIT, Awaited, Init;
    TYPE SIGNAL;
    PROCEDURE Start_Process(P:PROC; n:CARDINAL);
        -- Starten der Prozedur P als Prozeß.
        -- Für P steht ein Speicherbereich der Größe n bereit.
    PROCEDURE SEND(VAR s:SIGNAL);
        -- Falls Prozesse auf s warten, wird einer unmittelbar
        -- fortgesetzt. Ansonsten ist die Operation wirkungslos.
    PROCEDURE WAIT(VAR s:SIGNAL);
        -- Der Prozeß wartet auf s.
```

[3.6)] Leider sind die Bezeichnungen, die in Modula-2 vergeben wurden, nicht konsistent zu denen der einschlägigen Literatur zum Monitorkonzept. So bezeichnet **SIGNAL** in Modula-2 den Datentyp **CONDITION** und **SEND** entspricht der Synchronisierungsoperation **SIGNAL**.

```
PROCEDURE Awaited(s:SIGNAL):BOOLEAN;
    -- Liefert den Wert true, falls es einen Prozeß gibt,
    -- der auf s wartet.
PROCEDURE Init(s:SIGNAL);
    -- Unverzichtbare Initialisierung der SIGNAL-Variablen.
END PROCESSES.
```

Nun wird eine Anwendung der Modula-2 Monitoren auf der Grundlage des Koroutinenkonzeptes betrachtet. Unter diesem Konzept ist ein Prozeß solange aktiv, wie er nicht von sich aus die Kontrolle (d.h. den Prozessor) abgibt, d.h. durch die Operation **TRANSFER** bzw. in Monitoren durch die Synchronisierungsoperationen **SEND** und **WAIT**. Als Anwendung wird später der Monitor **datenbereich** entwickelt, auf den nach den Regeln des Leser-Schreiber-Problems die Leserprozesse 1_0, 1_1, 1_2 und die Schreiberprozesse s_0, s_1 zugreifen dürfen. Alle Prozesse, die Leser und die Schreiber, halten sich im Wechsel innerhalb und außerhalb des Zugriffs auf den Datenbereich auf.

Bsp. 3.23: Struktur der Leserprozesse:

```
WHILE true DO
    :
    1_s.lies_anf;
    : -- lesender Zugriff auf den Datenbereich
    1_s.lies_end;
    :
OD;
```

In analoger Weise sind die Schreiberprozesse aufgebaut:

```
WHILE true DO
    :
    1_s.schreib_anf;
    : -- schreibender Zugriff auf den Datenbereich
    1_s.schreib_end;
    :
OD;
```

Aus Gründen einer fairen Prozessorzuteilung ist es im Sinne des Koroutinenkonzeptes erforderlich, daß jeder Prozeß von sich aus die Kontrolle abgibt, sobald eine begrenzte Aktionsfolge abgearbeitet ist. Insbesondere sind auch innerhalb des lesenden und schreibenden Zugriffs auf den Datenbereich solche Prozeßumschaltungen vorzusehen.

Bsp. 3.24: Das Leser-Schreiber-Problem auf dem Monitor l_s:

```
MODULE l_s [1];
    FROM PROCESSES IMPORT SIGNAL, SEND, WAIT, Awaited, Init;
    VAR modus: (frei, lesend, schreibend);
        anz_leser : CARDINAL;
        darf_lesen, darf_schreiben : SIGNAL;
    PROCEDURE lies_anf;
    BEGIN
        IF (modus=scheibend) OR Awaited(darf_schreiben)
            THEN WAIT(darf_lesen)
        END;
        IF anz_leser=0 THEN modus:=lesend END;
        anz_leser := anz_leser+1;
        SEND(darf_lesen)
    END;
    PROCEDURE lies_end;
    BEGIN
        anz_leser := anz_leser-1;
        IF anz_leser=0 THEN modus := frei; SEND(darf_schreiben) END;
    END;
    PROCEDURE schreib_anf;
    BEGIN
        IF modus <> frei THEN WAIT(darf_schreiben) END;
        modus := schreibend;
    END;
    PROCEDURE schreib_end;
    BEGIN
        modus := frei;
        IF Awaited(darf_schreiben) -- sind Schreiber da?
            THEN SEND(darf_schreiben)
            ELSE SEND(darf_lesen);
            END;
    END;
BEGIN
    modus := frei;
    anz_leser := 0;
    Init(darf_lesen);
    Init(darf_schreiben);
END l_s;
```

Die typischen Randbedingungen des Leser-Schreiber-Problems sind durch geeignete Synchronisierungsoperationen und die Abfrage, ob wartende Schreiber vorhanden sind, verwirklicht worden:

- Leser erhalten keinen Zugriff zum Datenbereich mehr, sobald es einen wartenden Schreiber gibt.
- Da Leser nie auf Leser warten, versucht der letzte Leser bei der Aufgabe seines Zugriffs einen Schreiber zu wecken.
- Der Schreiber versucht bei Aufgabe seines Zugriffs, einen Schreiber zu wecken. Nur dann, wenn kein wartender Schreiber vorhanden ist, wird versucht einen Leser zu wecken.
- Ein Schreiber weckt höchstens einen der wartenden Leser. Alle übrigen werden nacheinander von Lesern geweckt, sodaß der zuletzt geweckte Leser als erster lesenden Zugriff auf den Datenbereich erhält.

Die Dienste des Moduls l_s werden durch ein Definitionsmodul für andere Module zugänglich.

Bsp. 3.25: Das Definitionsmodul l_s:

```
DEFINITION MODULE l_s;
    FROM PROCESSES IMPORT SIGNAL, SEND, Awaited, Init;
    EXPORT QUALIFIED lies_anf, lies_end, schreib_anf, schreib_end;
    PROCEDURE lies_anf;
    PROCEDURE lies_end;
    PROCEDURE schreib_anf;
    PROCEDURE schreib-end;
END datenbereich.
```

Durch eine Hierarchisierung lassen sich in Modula-2 Benutzerebenen erzeugen, die die Dienste darunterliegender Ebenen in Anspruch nehmen und ihre eigenen Dienste für Module höherer Ebenen bereitstellen.

Abb. 3.17: Hierarchie von Modulen:

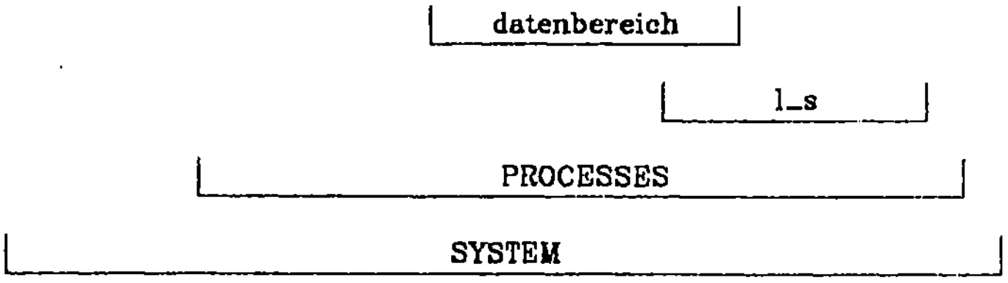

```
                              |   datenbereich   |

                                    |      l_s      |

              |              PROCESSES              |
        |                    SYSTEM                    |
```

Bsp. 3.26: Das Modul **datenbereich** importiert Dienste der Module **PROCESSES** und **l_s.** In Anlehnung an Bsp. 3.21 mögen das Hauptprogramm sowie alle Leser und Schreiber im Multiprocessing zusammenarbeiten:

```
MODULE datenbereich;
    FROM PROCESSES IMPORT Start_Process;
    FROM l_s IMPORT lies_anf, lies_end, schreib_anf, schreib_end;
        :
    VAR daten : ARRAY [1..100000] OF info;
    PROCEDURE l(n : CARDINAL);
        : -- Synchronisierung der Lesersprozesse mit
        : -- den Diensten lies_anf und lies_end
    END l;
    PROCEDURE s(n : CARDINAL);
        : -- Synchronierung der Schreiber mit
        : -- den Diensten schreib_anf und schreib_end
    END s;
BEGIN
    : -- Initialisierung von Datenbereich
    Start_Process(l(0),5000);
    Start_Process(l(1),5000);
    Start_Process(l(2),5000);
    Start_Process(s(0),3000);
    Start_Process(s(1),3000);
END.
```

3.3.4. Monitore in CHILL

Die Programmiersprache CHILL hat ihren Ursprung in einem Vorschlag, der im Oktober 1968 auf der Hauptversammlung des CCITT (Comité Consultativ International Télégraphique et Téléphonique) eingebracht wurde. Darin wurde angeregt, Methoden zur Spezifikation von Programmen zu untersuchen, um prozessor-orientierte Vermittlungssysteme zu programmieren. Das Ziel war es, durch die Unterteilung der Vermittlungssysteme in einen Hardwareteil und einen Softwareteil von der rasanten Entwicklung der Computertechnik zu profitieren. Dieser Anregung kam dem Wunsch entgegen, Fehrmeldedienste teilweise oder ganz zu automatisieren, weil Computer leistungsfähiger, vielseitiger und wirtschaftlicher sind, als elektromechanische Geräte. Nach mehreren Phasen der Forschung und Entwicklung legte das CCITT im Februar 1977 mit dem "blue document" einen Vorschlag für eine Programmiersprache vor, die wenig später den Namen CHILL (CCITT High Level Language) bekam. Durch die darauf beginnende Entwicklung von CHILL-Compilern wurden einige daraus resultierende Erfahrungen in Änderungen der Sprachdefinition umgesetzt. Im Februar 1980 gab das CCITT das "brown document" als überarbeitete CHILL-Version heraus, die im Mai 1984 in überarbeiteter Form vom CCITT als Standardprogrammiersprache für elektronische Vermittlungssysteme verabschiedet wurde.

CHILL stellt jedoch keine Programmiersprache dar, die nur auf Nachrichtensysteme ausgelegt ist, sondern ist allgemein und geräteunabhängig und kann für alle Probleme herangezogen werden. Damit stellt CHILL eine Hochsprache dar, die den gleichen Stellenwert beansprucht, wie z.B. Modula-2 oder Ada.

So kann CHILL[3.7] auch zur Lösung von Problemen der parallelen Programmierung herangezogen werden. Gerade der Besitz dieser Fähigkeit war Grundvoraussetzung bei der Entwicklung von CHILL, denn auch Telephonnetze sollten programmierbar sein, und diese stellen mit ihren Vermittlungsstellen (Knoten) und Leitungen (Kanten) in unmittelbarer Weise einen Nachrichtengraphen bestehend aus verteilten Prozessen dar.

[3.7]   Es darf sich übrigens jeder Compiler CHILL-Compiler nennen, auch wenn er nur eine Teilmenge der CHILL--Sprachbeschreibung versteht. Somit ist auch ein CHILL-Compiler ohne Parallelität und Synchronisierung immer noch ein CHILL-Compiler.

Der reichhaltige Sprachumfang zur Synchronisierung paralleler Prozesse umfaßt Monitore (**REGION**), Ereignisse (**EVENT**), Signale (**SIGNAL**) und Puffer (**BUFFER**). Diese Mittel gehören alle zur Sprachdefinition von CHILL unmittelbar dazu und müssen dem Compiler nicht erst, wie z.B. in Modula-2 oder C, durch Prozedurpakete bekannt gemacht werden. Davon werden die Signale und Puffer in Abschnitt 3.4.2.1 im Rahmen der asynchronen Nachrichtenübertragung erörtert.

Ein Monitor heißt in CHILL **REGION**, wird meist durch **name:REGION** eingeleitet und endet mit **END name.** Dazwischen stehen u.a. Anweisungen zur Sichtbarkeit, die mit **GRANT** Typen, Variablen und Operationen bereitstellen bzw. mit **SEIZE** für diesen Monitor zugänglich machen. Die genaue Syntax ist die folgende:

```
region          ::= ( [context] remote_region
                | [context]
                [region_name]:REGION
                        {( grant_statement
                        | seize_statement
                        | synonym_definition_statement
                        | synmode_definition_statement
                        | newmode_definition_statement
                        | declaration_statement
                        | signal_definition_statement
                        | procedure_definition_statement
                        | process_definition_statement
                        )}
                END [exception_handler] [region_name]
                );
```

Die Namensgebung ist mit **REGION** leider etwas unglücklich, weil sie zu Verwechslungen mit dem Regionkonzept[3.8) von Hoare *[Hoa 72]* bzw. Brinch Hansen *[Bri 72]* führen kann.

[3.8)] Beim Regionkonzept kann eine Anweisungsfolge s ausgeführt werden, sobald eine Menge von Betriebsmitteln **bm** zur Verfügung steht und wenn dann der boolesche Ausdruck **b** wahr ist.

REGION bm WHEN b DO s END;

Während sich ein Prozeß zwischen **DO** und **END** befindet, besitzt kein anderer Prozeß die Betriebsmittel **bm.**

Ein Prozeß wird in CHILL explizit mit **START** erzeugt und terminiert, wenn er das Ende seines Codes erreicht. Dazwischen kann sich der Prozeß im Zustand rechnend befinden. Innerhalb eines Monitors in CHILL kann höchstens ein Prozeß rechnend sein.

Abb. 3.18: Vereinfachter Lebenszyklus eines einzelnen Prozesses:

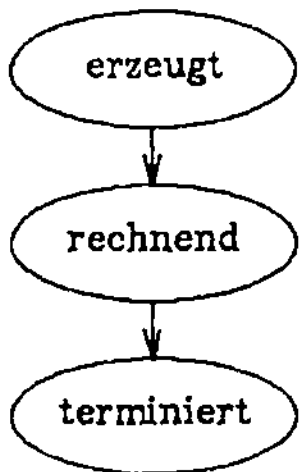

Möchte ein Prozeß einen Monitor betreten, in dem ein anderer Prozeß rechnend ist, dann geht er solange in den Zustand bereit über, bis kein Prozeß im Monitor rechnend ist und er aus der Menge der bereiten Prozesse in den Zustand rechnend überführt wird. Ein bereiter Prozeß ist also rechenwillig und wartet lediglich darauf, daß ihm der freie Monitor zugeteilt wird.

Abb. 3.19: Beim Eintritt in einen Monitor kann der Prozeßzustand bereit auftreten:

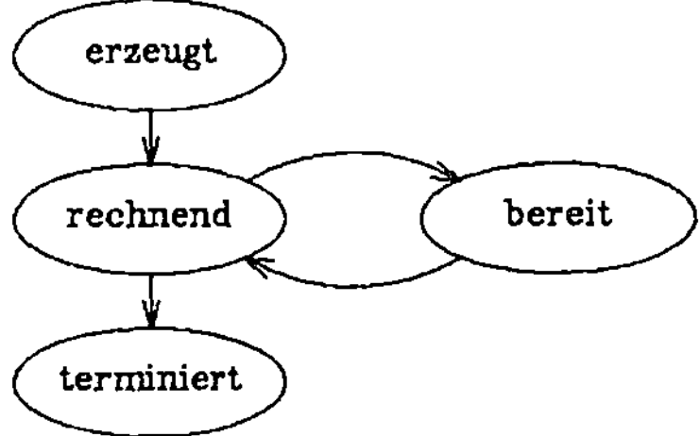

Mit Abb. 3.19 sind jedoch noch nicht alle Zustände erfaßt. Es gibt auch in CHILL die Möglichkeit auf Ereignisse zu warten. Dazu bietet CHILL den Datentyp **EVENT** (ähnlich dem Datentyp **CONDITION** aus Abschnitt 3.3.1.) und die Operationen **DELAY** und **CONTINUE** auf diesen Datentyp an.

```
priority           ::= PRIORITY integer_expression
delay_statement ::= ( DELAY event_location [priority]
                    | DELAY CASE (SET instance_location [priority];
                               | [priority ;])
                          (event_location_list): statement_sequence
                          { (event_location_list): statement_sequence }
                    ESAC)
event_location_list  ::= event_location { , event_location }
continue_statement   ::= CONTINUE event_location
```

Jede Instanz des Datentyps **EVENT** entspricht einer Warteschlange, die
Prozesse aufnehmen kann, die auf ein Ereigniss warten. Sei **frei** als Variable
von Typ **EVENT** definiert:

>   **DCL frei EVENT;**

Mit

>   **DELAY frei;**

reiht sich ein Prozeß in die Warteschlange für **frei** ein. Er befindet sich
dann im Prozeßzustand wartend.

Abb. 3.20: Ein Prozeß, der auf ein Ereignis wartet, befindet sich im Prozeßzustand wartend. Nur rechnende Prozesse können in diesen Zustand
übergehen.

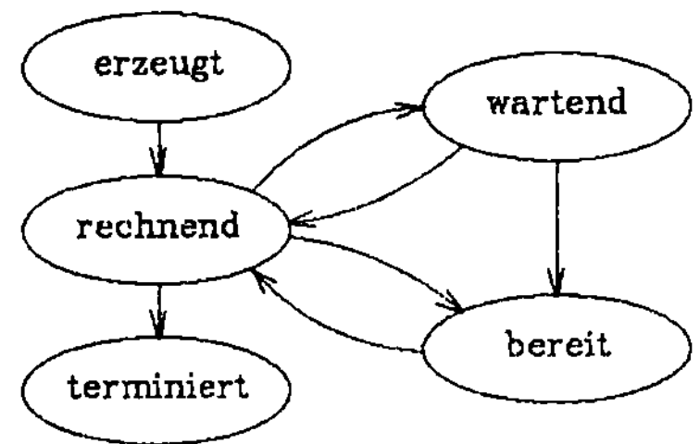

Mit

>   **CONTINUE frei;**

überführt ein rechnender Prozeß einen auf **frei** wartenden Prozeß in den
Zustand bereit. Dabei behält der rechnende Prozeß das exklusive
Nutzungsrecht des Monitors (falls er sich im Monitor befindet) und bleibt im
Zustand rechnend. Wenn kein Prozeß auf **frei** wartet, ist die Anweisung

CONTINUE frei wirkungslos. Insbesondere sind keine zukünftigen **DELAY frei** -Anweisungen betroffen. D.h., das **DELAY** eines Prozesses kann nicht im voraus durch ein zeitlich früher eingetroffenes **CONTINUE** aufgehoben werden. Wenn kein Prozeß im Monitor rechnend ist und wenn es Prozesse gibt, die bereit sind, dann wird derjenige Prozeß rechnend, der die höchste Priorität hat. Haben mehrere Prozesse die gleiche Priorität, so wird implementierungs-abhängig einer ausgewählt.

Bsp. 3.27: Wenn die Angabe der Priorität fehlt, wird automatisch die kleinste Priorität, das ist 0, angenommen.

        DELAY frei PRIORITY 10;

An der Funktionsweise von **CONTINUE** wird ein entscheidender Unterschied zum ursprünglichen Monitorkonzept deutlich. Während dort mit der Monitoroperation **SIGNAL** unmittelbar ein wartender Prozeß für den signalisierenden den Monitor betritt, behält der Prozeß, der **CONTINUE** ausführt, die Kontrolle des Monitors, bis er sie mit dem Verlassen oder mit **DELAY** ausdrücklich abgibt. In CHILL bewirkt das Wecken eines Prozesses somit nur, daß sein Zustand auf bereit vorrückt, so daß er rechnend gesetzt werden kann, sofern der Monitor irgendwann frei ist. Diese Unbestimmtheit hat zur Folge, daß der mit **CONTINUE** geweckte Prozeß nicht notwendigerweise den Zustand des Monitors antrifft, der zum Zeitpunkt der **CONTINUE**-Operation gegolten hat. Da die Verifikation entscheidend von der Gleichheit der Zustände ausgeht, die der weckende Prozeß im Monitor hinterläßt und der geweckte vorfindet, wird die Beweisbarkeit von CHILL-Programmen erheblich erschwert.

An einigen pragmatischen Ergänzungen zu den bekannten Datenstrukturen und Operationen bei Monitoren äußert sich der starke Praxisbezug von CHILL. Beispielsweise kann die Maximalzahl der gleichzeitig auf ein Ereignis wartenden Prozesse beschränkt werden. Wird diese Zahl überschritten, so wird eine **DELAYFAIL**-Ausnahme erzeugt.

Bsp. 3.28: Es können maximal fünf Prozesse gleichzeitig auf **ereignis** warten. Ein sechster Prozeß erzeugt eine **DELAYFAIL**-Ausnahme.

        DCL ereignis EVENT(5);

Des weiteren kann auch auf mehrere Ereignisse alternativ gewartet werden. Dabei darf ein Ereignis in mehreren Alternativen auftreten. Die entsprechende Alternative wird dann implementierungsabhängig ausgewählt.

Bsp. 3.29: Alternatives Erwarten von Ereignissen: Je nach Ereignis und implementierungsabhängiger Auswahl hat i den Wert 1, 2 oder 3. Trifft z.B. Signal **a** ein, dann gilt **i=1**, bei Signal **b** kann **i** den Wert 1 oder 2 annehmen.

```
DCL i INT,
    a, b, c EVENT;
:
DELAY CASE
    (a,b) : i:=1;
    (b,c) : i:=2;
    (c)   : i:=3;
ESAC;
```

Ereignisvariablen dürfen auch außerhalb von Monitoren verwendet werden. Weil jedoch nur exklusiv auf sie zugegriffen werden darf, ist eine ausschließliche Verwendung in Monitoren zu empfehlen.

Bsp. 3.30: Ein typisches Problem der parallelen Programmierung ist das Schützen kritischer Gebiete. In solchen Gebieten darf für gewöhnlich ein Betriebsmittel zu einem Zeitpunkt nur von einem Prozeß benutzt werden. Dieses kann sein: Drucker, Datenleitung, Speicher, aber auch z.B. Telefonleitung, Telefonzelle, Rundfunkfrequenz usw.. Ein solches kritisches Gebiet soll im folgenden in CHILL programmiert werden. Dabei kommt man mit **hinein** in das Gebiet, welches einem Prozeß dann ganz allein gehören soll, und mit **heraus** wird das Gebiet für mögliche andere Prozesse wieder freigegeben.

```
exklusiv:REGION
    GRANT -- GRANT macht Objekte nach außen sichtbar
        hinein, heraus;
    DCL belegt BOOL := false,
        frei EVENT;
    hinein:PROC();
        IF belegt THEN DELAY frei; FI;
        belegt:=true;
    END hinein;
    heraus:PROC();
        belegt:=false;
        CONTINUE frei;
    END heraus;
END exklusiv;
```

Ein Prozeß **P** hat somit exklusives Recht in einem kritischen Gebiet mit

```
   :
hinein();
-- kritische Anweisungen
heraus();
   :
```

vorausgesetzt, die Implementierung zieht geweckte Prozesse den neu
ankommenden Prozessen vor. Wenn das nicht der Fall ist, kann es
passieren, daß ein Prozeß mit **CONTINUE** bereit wird, aber erst rechnend,
nachdem ein anderer Prozeß das nun freie kritische Gebiet betreten hat,
sich aber bereits nicht mehr im Monitor befindet. Dann wird die Variable
belegt jedoch nicht mehr von den geweckten Prozeß abgefragt und es
sind zwei Prozesse im kritischen Gebiet. Das darf natürlich nicht sein und
hat seine Ursache darin, daß man hinter dem **DELAY** vermutet, man sei
gerade erst geweckt worden und das kritische Gebiet sei frei. Weil das
nicht uneingeschränkt stimmt, muß die Prozedur **hinein** wie folgt
abgeändert werden:

```
hinein:PROC()
    DO WHILE belegt DELAY frei OD;
    belegt:=true;
END hinein;
```

An diesem Beispiel wird der erwähnte Unterschied zwischen **CONTINUE**
auf **EVENT**-Variablen und der ursprünglichen Monitoroperation **SIGNAL** auf
CONDITION-Variablen besonders deutlich. Nach einem **CONTINUE** bleibt ein
Prozeß rechnend, ganz unabhängig davon, ob jemand auf das Ereignis
wartete oder nicht. Bei **SIGNAL** dagegen wird der weckende Prozeß bereit
und der geweckte Prozeß rechnend. Dadurch findet der geweckte Prozeß
klar definierte und besser vorhersagbare Zustände vor, so daß die
intuitiv uneinsichtige **WHILE**-Schleife bei **SIGNAL** nicht nötig gewesen wäre.
In CHILL jedoch ist der Systemzustand zum Zeitpunkt des **CONTINUE** des
weckenden Prozesses nicht der gleiche, wie unmittelbar nach dem
dazugehörigen **DELAY**. Daher werden invariante Bedingungen sicherlich
umfangreicher und Beweise von Invarianten schwieriger werden.

3.4. Synchronisierung durch Nachrichtenübertragung

Die bis hierhin eingeführten Objekte, wie Objekte auf Pfadausdrücken oder Monitoren, sind ihrem Wesen nach passiv und eignen sich hervorragend zur Verwaltung von Betriebsmitteln. Erst von außen können aktive Phasen ausgelöst werden. Vergleichbar mit einem Prozeduraufruf wird ein Prozeß im Objekt zwischenzeitlich beheimatet. Verläßt der letzte Prozeß das Objekt, so fällt es in seine Passivität zurück.

Abb. 3.21: Die Prozeßausführung wird ins Objekt verlagert. Für die Ausführung einer Operation können Prozesse Eingabeparameter einbringen und Ausgabeparameter mit nach außen nehmen.

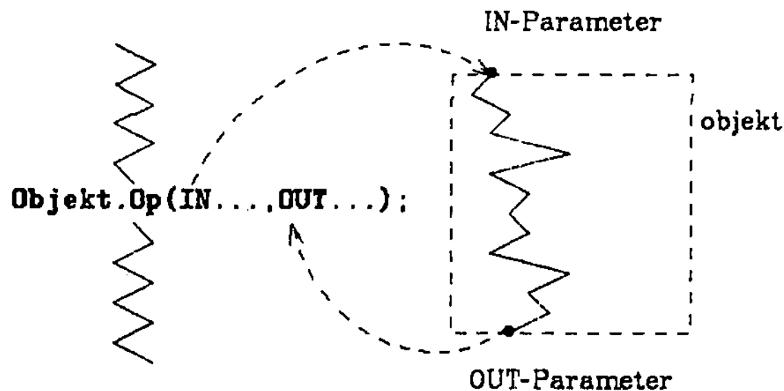

Der Gegensatz zwischen aktiven und passiven Elementen, also Prozessen und Objekten läßt sich durch eine homogene Konzeption überwinden. Dabei wird jedem Prozeß immer auch ein Objekt zugeordnet, d.h. ein Prozeß beherrscht ein Objekt. Ein System besteht dann nur noch aus Prozessen.

Abb. 3.22: Generelle Prozeßstruktur für terminierende und nicht terminierende Prozesse.

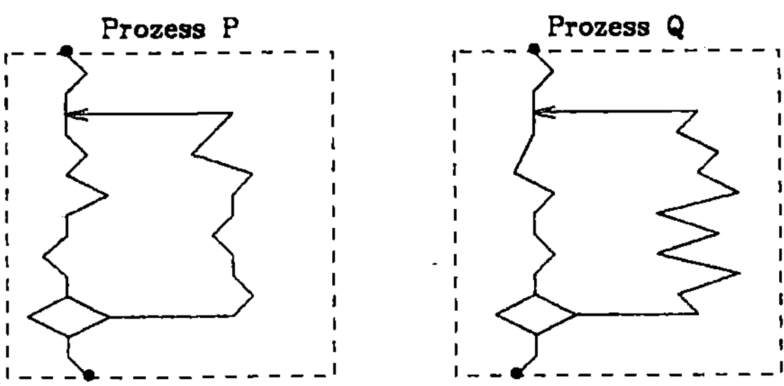

Im Zuge der Zusammenführung der Begriffe Prozeß und Objekte fehlen die passiven Elemente (Betriebsmittel, Puffer, Variablen), über die bisher die Kooperation zwischen Prozessen abgewickelt wurde. An ihre Stelle tritt die Technik der Nachrichtenübertragung (engl. message passing). Darin enthalten ist der abstrakte Begriff der Nachricht, dessen Bedeutung anhand seiner wesentlichen Aufgaben erkennbar wird.

- Bereitstellung von Information durch die Nachrichtenübertragung von einem Senderprozeß an einen Empfängerprozeß (bzw. mehrere Empfängerprozesse)
- Synchronisierung zwischen den Prozessen, die an einer Nachrichtenübertragung beteiligt sind.

Notwendige Voraussetzung für die Nachrichtenübertragung ist ein Kommunikationssystem, das für den Anwender unsichtbar ist und den eigentlichen Transport der Nachricht erledigt. In seiner einfachsten Form und für eine einführende Diskussion vollkommen ausreichend besteht ein Kommunikationssystem aus direkten Verbindungen, den sogenannten Kanälen. Sie verbinden Paare von Prozessen und sind auf der programmiersprachlichen Ebene durch eine Sendeoperation

Prozeßname!Ausdruck

und eine Empfangeoperation

Prozeßname?Variable

verfügbar.

Abb. 3.23: Mit **verbraucher!x** sendet der Erzeuger den Wert **x** an den Verbraucher, der ihn mit **erzeuger?y** in seiner Variablen **y** empfängt. Der Kanal zwischen Erzeuger und Verbraucher wird durch eine Kabelverbindung angedeutet und soll deutlich machen, daß Erzeuger und Verbraucher nur aufgrund von Nachrichten miteinander in Beziehung treten können.

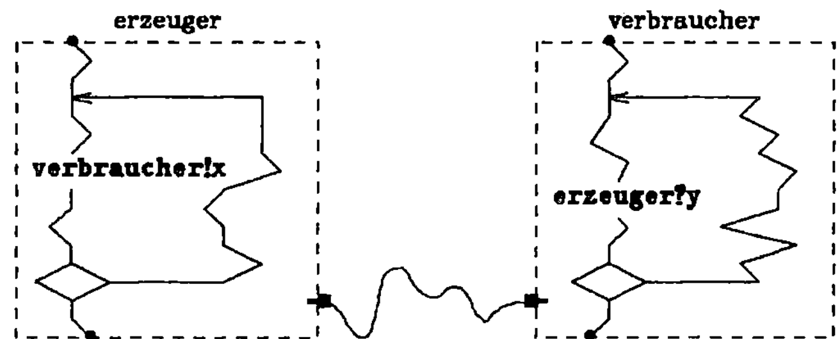

Die Beschränkung auf die Nachrichtenübertragung, als einzigem Prinzip der Kooperation von Prozessen, zeichnet eine spezielle Klasse von Rechensystemen aus: die verteilten Systeme (engl. distributed systems). Aus technischer Sicht fallen hierunter u.a. Rechnerverbundsysteme, lokale Netze sowie Netze gekoppelter Prozessoren (MIMD-Maschinen[3.9]). Zum Aufgabengebiet der parallelen Programmierung zählt deshalb auch, die programmiertechnischen Möglichkeiten zu schaffen, um solche verteilten Systeme als Ganzes programmieren zu können. Die Anwendung von Konzepten, die die Synchronisierung und den Datenaustausch zwischen Prozessoren bzw. Prozessen auf die Nachrichtenübertragung aufbauen, wird unter dem Begriff der verteilten Programmierung (engl. distributed programming) zusammengefaßt.

[3.9] MIMD steht für multiple instruction, multiple data. MIMD-Maschinen bestehen aus einer Menge von Prozessoren mit eigenem Speicher, die in der Lage sind, unabhängig voneinander eigene Programme auszuführen.

Abgesehen von der Nachrichtenübertragung bilden die Prozesse abgeschlossene Einheiten, die begierig danach sind, ihre Aufgabe zu erfüllen. Aus dieser Sichtweise ergibt sich eine natürliche Verwandtschaft zu den Zielsetzungen der objektorientierten Programmierung. Dies gilt insbesondere, wenn der Empfang einer Nachricht als ein Auftrag an einen Prozeß verstanden wird.

Im Verständnis der Objektorientierung findet die Problemlösung in einem uniformen System von Objekten statt, die gemeinsam eine Modellwelt bilden, zu der jedes Objekt seine Fähigkeit beisteuert (vgl. *[Ren 82]*). Dabei wird der Begriff der Fähigkeit als das nach außen hin sichtbare Verhalten des Objektes verstanden. Fähigkeiten können von Objekt zu Objekt vererbt, verfeinert und verdeckt werden. Jedes Objekt trägt somit Fähigkeiten, die in Form von Gemeinsamkeiten und Unterschieden mit anderen Objekten in Beziehung stehen. Mit seinem Namen steht ein Objekt für die von ihm verkörperte Fähigkeit, so auch für die Fähigkeit, die vorhandenen Fähigkeiten zu verändern und zu entwickeln, sofern vom Objekt heraus die Bereitschaft dazu existiert.

Für den Anstoß von Berechnungen sowie für die Bereitstellung der dazu notwendigen Daten, stehen einzig und allein die Nachrichten zur Verfügung. Ein Objekt bringt seine Fähigkeiten oder Teile davon ein, wenn es dazu aufgefordert wird. Das aufgeforderte Objekt kann selbst wieder Aufforderungen an andere Objekte richten. Die so erzeugte Beziehung zwischen dem sendenden Objekt und dem empfangenden Objekt ist asymmetrisch und weist deutliche Unterschiede zu einem Unterprogrammaufruf auf. Während dort der aufrufende aus programmiertechnischer Sicht die Kontrolle behält, verliert hier das sendende Objekt seinen Bezug zum Empfänger, sobald der Auftrag erteilt ist und noch ehe die Nachricht beim empfangenden Objekt eingegangen ist.

Die Nachrichtenübertragung bildet eine tragfähige Brücke zur objektorientierten Programmierung. So gibt es Programmiersprachen und Modelle, die ausdrücklich Konzepte der objektorientierten Programmierung mit denen der parallelen Programmierung verknüpfen (vgl. Actor-Modell in Abschnitt 3.4.2.2.). Ansonsten fehlt den parallelen Programmiersprachen ein ausgeprägter Vererbungsmechanismus, der für die Objektorientierung ein wesentliches und nicht zu vernachlässigendes Merkmal darstellt. Dennoch kann es auch für die Problemlösung mit diesen Sprachen günstig sein, die Objektorientierung als Mittel der Abstraktion zu verstehen und einzusetzen.

Der Charakterisierung der Nachrichtenübertragung und dem knappen Exkurs in die objektorientierte Programmierung folgt nun eine Übersicht über die Beziehungen zwischen Prozessen, die mit Nachrichten untereinander verkehren (Abschnitt 3.4.1.). Zwei wesentliche und für die Programmierung entscheidende Synchronisierungsbeziehungen, die der asynchronen und die synchronen Nachrichtenübertragung, werden im Anschluß daran unterschieden (Abschnitte 3.4.2. und 3.4.3.) und im Zusammenhang mit verschiedenen Programmiersprachen und Modellen betrachtet.

3.4.1. Prinzipien der Nachrichtenübertragung

Kommunikationssysteme bilden die technische Voraussetzung für die Nachrichtenübertragung. Zur Anwenderseite hin, besonders unter dem programmiertechnischen Aspekt, werden von einem Kommunikationssystem zwei wesentliche Eigenschaften verlangt:

- <u>Homogenität:</u>
  Alle Anwender sollen in gleicher Weise in dem Genuß der Möglichkeiten stehen, die das Kommunikationssystem anbietet.

- <u>Transparenz:</u>
  Ein Anwender sollte nicht wahrnehmen, daß ein bzw. welches Kommunikationssystem zwischen sich und anderen Anwendern liegt.

Zur Erfüllung dieser Eigenschaften durch die technische Seite sind abhängig vom Zielsystem, auf dem das Kommunikationssystem zu installieren ist, eine ganze Reihe von Hürden zu nehmen. Typische Zielsysteme können sein:

- gewöhnliche Rechner im Multiprocessing-Betrieb (z.B. Time-Sharing Betrieb), bei denen Nachrichten zwischen Prozessen bzw. zwischen Prozessen und peripheren Einheiten zu transportieren sind.

- Systeme direkt gekoppelter Prozessoren (MIMD-Maschinen, z.B. vernetzte Transputer *[INMOS 86a]*), bei denen die Prozesse eines Prozessors nur mit den Prozessen unmittelbar benachbarter Prozessoren verkehren können.

- Systeme mit mehreren Prozessoren und einem gemeinsamen Speicherbereich, der zur Pufferung von Nachrichten genutzt wird.

- heterogenen Rechnerverbundsysteme (WAN's[3.10]) und lokale Netz-
  werke (LAN's[3.11]), bei denen verschiedene Rechnertypen in einer
  freien topologischen Anordnung aufgebaut sind.

Spezielle technische Aufgabenstellungen, die von Kommunikationssystemen
zu lösen sind, betreffen beispielsweise die Quittierung von empfangenen
Nachrichten, die Behandlung von Übertragungsfehlern oder auch die
Wegesteuerung und werden durch Kommunikationsprotokolle erledigt, die zur
Anwenderseite hin entsprechende Dienste anbieten.

Abb. 3.24: Prinzip der logischen und technischen Ebenen einer Nachrichtenübertragung:

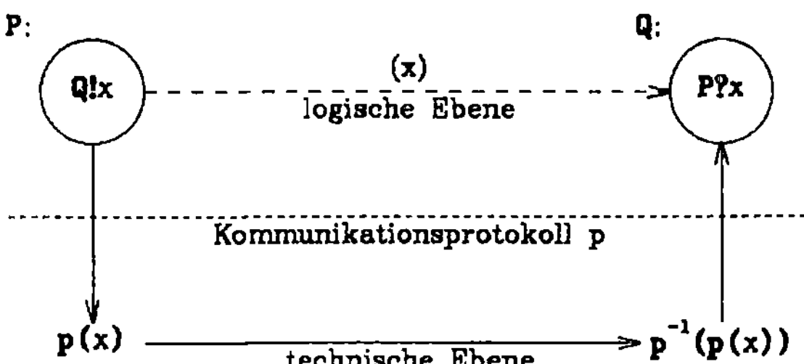

Den verschiedenen Abstraktionsgraden entsprechend, die sich im
praktischen Einsatz als zweckmäßig erwiesen haben, gibt es im
ISO-Schichtenmodell sogar sieben nach dem obigen Prinzip aufgebaute
Ebenen der Kommunikation.

Transparenz und Homogenität des Kommunikationssystems erlauben es,
allein die logische Ebene der Nachrichtenübertragung zu betrachten. Auf
dieser Ebene lassen sich nun wiederum programmiertechnisch geeignete
Beziehungen zwischen Sendern und Empfängen festlegen.

Eine besonders einfache Form der Koppelung wurde mit den Kanälen
bereits erwähnt. Für zwei bekannte Prozesse P und Q wird in P mit der
Anweisung

    Q!ausdruck

eine Nachricht an den Prozeß Q gesendet, der dort die Nachricht mit

    P?variable

3.10)   WAN = Wide Area Networks

3.11)   LAN = Local Area Networks

annimmt. Bei dieser Schreibweise wird der Kanal nicht erwähnt, existiert jedoch in Form des Tupels (P,Q). Dementsprechend wäre eine entsprechende Schreibweise

(P,Q)!ausdruck

in **P** und

(P,Q)?variable

in **Q** denkbar. Charakteristisch für Kanäle ist ihre statische Zuordnung zu geordneten Prozeßpaaren sowie ihre Gedächtnislosigkeit, indem sie Nachrichten zwar übertragen aber nicht speichern können. Diese Eigenschaften bedingt die Notwendigkeit zur gleichzeitigen Bereitschaft von Sender und Empfänger zur Nachrichtenübertragung.

Im Gegensatz zu dem statischen Kommunikationssystem auf der Grundlage von Kanälen lassen sich Prozesse mit Hilfe eines Briefkastensystems weitaus freier koppeln. Grundelement eines solchen Systems ist die Mailbox, in die eine Nachricht abgelegt bzw. aus der eine Nachricht entnommen werden kann. Das Mailbox-Konzept erfordert eine Ansammlung von Mailboxen und ein Verfahren, das die Kooperation von Sendern und Empfängern regelt. Ein Puffer, auf dem jeder Prozeß als Erzeuger und Verbraucher aktiv sein darf, kann als spezieller Typ eines Mailboxsystems aufgefaßt werden.

Abb. 3.25: Ein Puffer als Mailboxsystem:

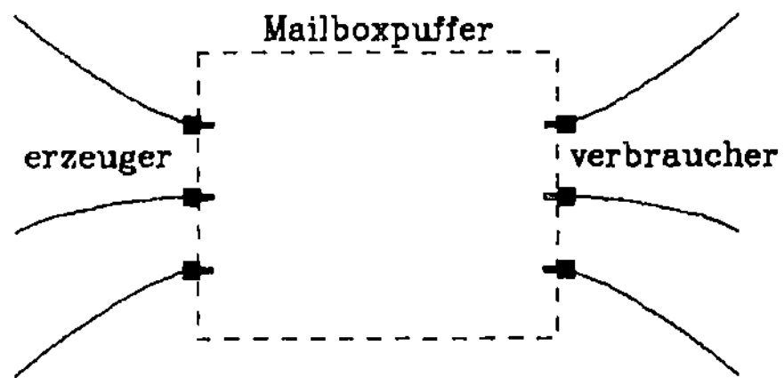

Das Mailboxsystem selbst ist in Form eines Prozesses zu realisieren, der die erhaltenen Nachrichten verwaltet. Als sinnvolle Identifizierung gehört zu jeder Nachricht zumindest der Name des Empfängerprozesses bzw. die Namen der Empfängerprozesse. Das erfordert die gleichzeitige Verwaltung einer globalen Namensliste der aktuell vorhandenen Prozesse. Jeder Start und jedes Ende eines Prozesses ist mittels einer Nachricht abzuwickeln, die beim Mailboxsystem zu einer Aktualisierung der Namensliste führt. Unter diesen Voraussetzungen eignet sich ein Mailbox-System für Programmiersprachen, mit dynamischer Prozeßzahl und direkter Namensgebung (z.B. Actor-Modell). Diese Dynamik hat jedoch auch ihren Preis, indem jede Nachrichtenübertragung über die Mailbox abzuwickeln ist und so bei starkem Verkehr zum Flaschenhals für den Durchsatz wird.

Als Zwischenstufe im Spektrum von Kanälen und Mailboxen ist das Port-Konzept anzusiedeln. Es zielt auf eine relativ freie Beziehung von Prozessen untereinander bei gleichzeitiger Eignung für verteilte System. Dabei ist ein Port im technische Sinne eine bidirektionale Schnittstelle, die einem Prozeß gehört und auf die anderen Prozesse zugreifen können. Diese Asymmetrie der Besitzverhältnisse bildet das eigentliche Charakteristikum des Port-Konzeptes. Einem Vorschlag von Silberschatz *[Sil 83]* folgend sind die Besitzverhältnisse durch eine Portliste und eine Benutzerliste festzulegen. So gibt beispielsweise ein Prozeß **P** seine eigenen Ports mit

port1, port5, port7 : PORT;

an. Entsprechend verlangt Prozeß **Q** mit

USE port0, port5, port19;

unter anderem ein Zugangsrecht (Autorisierung) zum Port **port5** des Prozesses **P.** Dem Prozeß **P** bleiben die Benutzer der eigenen Ports verborgen.

Im Sinne der programmiertechnischen Anwendung eignet sich das Port-Konzept zur Herstellung einer Kunde-Bediener-Beziehung zwischen Prozessen. Dazu übernimmt ein Prozeß die Aufgabe des Bedieners und nimmt Aufträge von autorisierten Prozessen, in dem Fall den Kunden, an und führt einen Dienst aus.

Abb. 3.26: Kunde-Bediener-Beziehung auf der Grundlage des Port-Konzeptes:

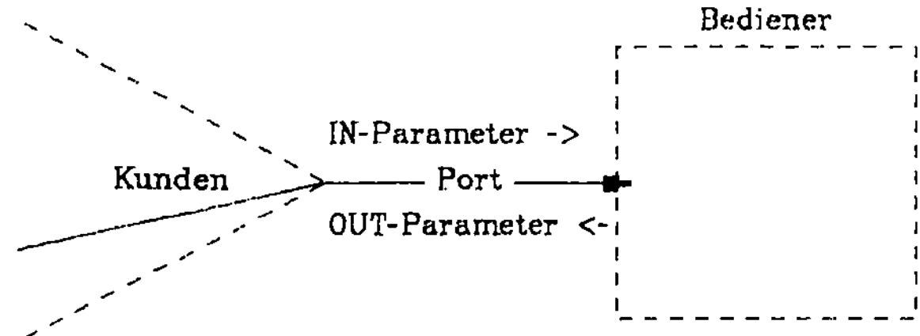

Als programmiertechnisches Konzept eignet sich ein Bedienauftrag in Form eines Prozeduraufrufs:

bediener.dienst (aktuelle Parameter)

Für die Ausführung des Dienstes durch den Bediener ist eine Synchronisierung des Bedieners und des Kunden notwendig, da im allgemeinen ein Nachrichtenaustausch erforderlich ist. Der Kunde stellt Eingabedaten bereit und erwartet Ausgabedaten zurück. Aus diesem Grunde muß der Kunde zumindest für die gesamte Bedienzeit warten. Für derartige Prozeduraufrufe, die sich mittels Nachrichtenübertragung an einen gegebenenfalls räumlich entfernten Prozessor bzw. Prozeß richten, hat sich die Bezeichnung Remote Procedure Call eingebürgert.

Abb. 3.27: Remote Procedure Call eines Kunden an einen Bediener in der Programmiersprache Ada:

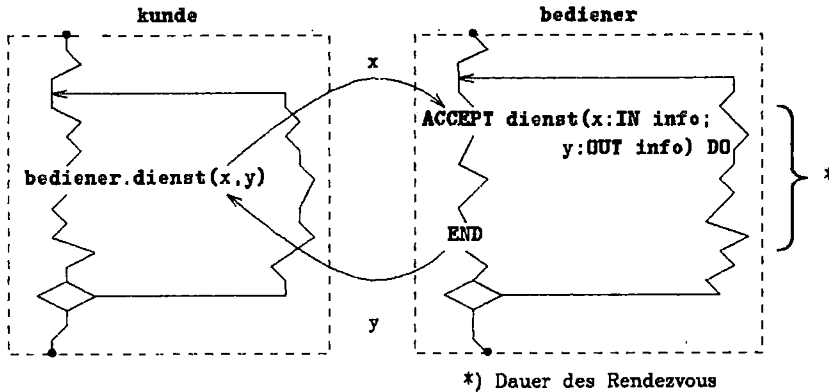

*) Dauer des Rendezvous

Der Zeitraum der Bedienung wird durch die **ACCEPT**-Verbundanweisung eingegrenzt. Für diese Dauer (in Ada auch Rendezvous genannt) treffen sich beide Prozesse, indem der Kunde seinen Auftrag beim Bediener durchführt. Um den Kunden so wenig wie möglich zu verzögern, ist nur das nötigste in der **ACCEPT**-Verbundanweisung auszuführen.

Bsp. 3.31: Minimierung der Verzögerung eines Kunden im Rendezvous: Im Zusammenhang mit dem Erzeuger-Verbraucher-Problem soll der Puffer in Rendezvous nur die Information eines Erzeugers annehmen. Alle verwaltungstechnischen Aufgaben bzw. die Filterfunktion soll erst im Anschluß daran ausgeführt werden.

```
:
ACCEPT gib(IN x:info) DO
    schlange(kopf):=x;
END;
IF ¬filter(schlange(kopf))
    THEN kopf:=(kopf+1) MOD n;
END IF;
:
```

Ein wesentliches, aber bislang nicht erwähntes Klassifikationsmerkmal zwischen Sender- und Empfängerprozessen betrifft ihre Synchronisierungsbeziehungen. Dementsprechend wird unterschieden zwischen
* synchroner Nachrichtenübertragung
* asynchroner Nachrichtenübertragung

Diese Unterscheidung ist von so grundlegender und wegweisender Bedeutung, daß die weitere Diskussion ausdrücklich darauf eingeht, indem zunächst die asynchrone (Abschnitt 3.4.2.) und dann die synchrone Nachrichtenübertragung (Abschnitt 3.4.3.) ausführlich behandelt wird.

3.4.2. Asynchrone Nachrichtenübertragung

Die einzige Synchronisierungsbeziehung, die bei der asynchronen Nachrichtenübertragung gilt, besagt, daß das Empfangen einer Nachricht nicht vor ihrem Versenden stattfinden kann. Dem Sender bleibt verborgen, was mit der abgeschickten Nachricht geschehen wird. Er erfährt nicht, ob und wann sie den Empfänger erreichen wird. Insbesondere kann daraus die Situation erwachsen, daß unbegrenzt viele Nachrichten unterwegs sind, d.h. abgeschickt wurden aber noch nicht eingetroffen sind. Deshalb müßte ein ideales System für die asynchrone Nachrichtenübertragung über einen unbegrenzten Pufferbereich verfügen.

Die Praxis der parallelen Programmierung muß jedoch mit einem begrenzten Pufferbereich auskommen. Eine besonders zweckmäßige Konzeption, die gleichzeitig eine eindrucksvolle Vorstellung für die asynchrone Nachrichtenübertragung vermittelt, sieht vor, jedem Prozeß P einen eigenen Puffer zuzuordnen. Dieser hat die Aufgabe, alle eintreffenden Nachrichten anzunehmen und an P weiterzuleiten, sobald P bereit ist eine Nachricht anzunehmen.

Abb. 3.28: Unter P' und Q' sind die Systemumgebungen von P und Q zu verstehen, d.h. diejenigen zusammengesetzten Prozesse, um Nachrichten puffern zu können.

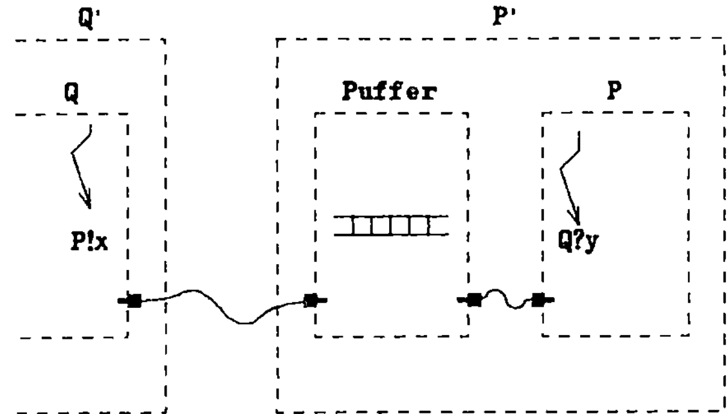

Die Prozesse in ihrer Ausführung bleiben nur solange unabhängig voneinander, wie sie keine Nachrichten benötigen, um weiterarbeiten zu können. In diesem Fall wird es notwendig, im Puffer zu prüfen, ob eine entsprechende Nachricht vorhanden ist. Wenn das nicht der Fall ist, so muß der Prozeß warten. Andernfalls ist eine der möglichen (nicht notwendigerweise nach dem FIFO-Prinzip) Nachrichten auszuwählen und vom Puffer an den Prozeß zu übergeben. Aus diesem Grunde ist es sinnvoll, in der Konzeption einen Eingangspuffer vorzusehen, der in direktem Kontakt zum empfangenden Prozeß steht.

Wenn der Empfänger die Nachricht annimmt, ist nichts außer der Nachricht über den Sender bekannt. Jener kann bereits beliebig weit in seinen Ausführungen fortgeschritten sein.

Abb. 3.29: Synchronisierungsbeziehungen aufgrund der asynchronen Nachrichtenübertragung:

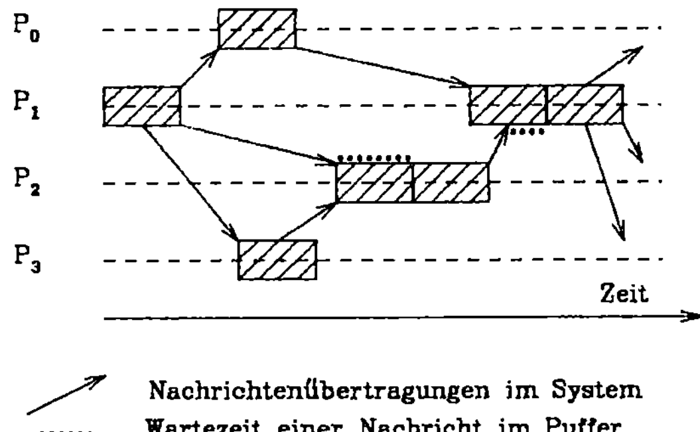

Die schwache Synchronisierungsbeziehung zwischen Sender und Empfänger macht es nicht gerade leicht, allgemeingültige Aussagen über den Sender- und den Empfängerprozeß abzuleiten. Denn für die Phase zwischen dem Senden der Nachricht und ihrem Empfang ergibt sich eine nur schwer eingrenzbare Anzahl von Zustandskombinationen, in denen sich die Kommunikationspartner aufhalten können. Man kann sich vorstellen, daß es keine leichte Aufgabe ist, diese Phase beispielsweise prädikativ in Form einer aussagekräftigen Invariante beschreiben zu wollen. Trotz dieses wichtigen Kritikpunktes, der in erster Linie die Spezifikation und Verifikation betrifft, wird die asynchrone Nachrichtenübertragung vorwiegend dort bevorzugt, wo methodische Freizügigkeit und unmittelbare technische Umsetzbarkeit im Vordergrund stehen.

Zwei sehr unterschiedliche Einsatzfelder für die asynchrone Nachrichtenübertragung werden im Zuge der Programmiersprache CHILL (Abschnitt 3.4.2.1.) sowie mit dem Sprachmodell Actors (Abschnitt 3.4.2.2.) eröffnet. Während bei CHILL gerade die erwähnte Freiheit und Unmittelbarkeit im Vordergrund steht, werden bei dem Actor-Modell durch ein objekt--orientiertes Programmierkonzept neue methodologische Restriktionen wirksam.

3.4.2.1. Asynchrone Nachrichten in CHILL

In CHILL gibt es zwei grundsätzlich verschiedene Varianten, Informationen auszutausschen. Die eine Variante benutzt Speicher, auf den die Prozesse gemeinsam aber nicht gleichzeitig zugreifen dürfen. Dazu benötigt man Monitore (**REGION**) und Ereignisvariablen (**EVENT**) (vgl. Abschnitt 3.3.4.). Die andere Variante benutzt asynchrone Nachrichten, die als Signale (**SIGNAL**) verschickt oder durch Puffer (**BUFFER**) geschickt werden.

Signale dienen der asynchronen Kommunikation zwischen Prozessen. Diese Signale werden dabei von einer Prozeßinstanz (=Prozeßobjekt) mit **SEND** geschickt und von genau einer Prozeßinstanz mit **RECEIVE** empfangen. Die zugehörige Syntax hat folgende Gestalt:

```
priority          ::= PRIORITY integer_expression
signal_definition_statement ::=
        SIGNAL defining_occurence [=(mode_list)] TO process_name
              { , defining_occurence [=(mode_list)] TO process_name };
signal_send_statement ::=
        SEND signal_location [(value { , value })]
              [TO instance_value] [priority]
signal_receive_statement ::=
        RECEIVE CASE [SET instance_location;]
            ' signal_receive_alternative : statement_sequence
            { signal_receive_alternative : statement_sequence }
            [ELSE statement_sequence]
        ESAC
signal_receive_alternative ::=
        (signal_name [IN defining_occurrence_list])
```

Dabei gibt es folgende Möglichkeiten:
- (a) Der Sender gibt bei der Sendeoperation explizit diejenige Prozeßinstanz mit an, die das Signal empfangen soll.
- (b) Das Signal kann nur an eine Menge von Prozeßinstanzen gesendet werden, die aus derselben Prozeßdefinition erzeugt sein müssen, d.h. im Typ identisch sind. Dabei muß diese Prozeßdefinition bei der Definition des Signals mit angegeben werden.
- (c) Das Signal kann von jeder beliebigen Prozeßinstanz empfangen werden.

Der Sender wartet jedoch nicht, bis ein Empfänger das Signal empfangen hat, sondern rechnet sofort weiter.

Bsp. 3.32: Im folgenden Programmausschnitt werden die drei unterschiedlichen Arten, Signale zu versenden, verdeutlicht.

```
SIGNAL s TO p,
        t;
DCL p1, p2, q1, q2 INSTANCE;
p:PROCESS();
    :
END p;
q:PROCESS();
    :
END q;
p1 := START p;
p2 := START p;
q1 := START q;
q2 := START q;
-- Ab dieser Stelle gelten die oben abgebildeten Beziehungen.
SEND t TO p1;  -- Fall (a).
SEND t;        -- Fall (c). Das Signal kann von allen
               -- vier Prozessen empfangen werden.
SEND s TO p1;  -- Fall (a).
SEND s;        -- Fall (b). Das Signal kann nur
               -- von p1 oder p2 empfangen werden.
SEND s to q1;  -- Fehler; löst SENDFAIL-Ausnahme aus.
```

Die Abbildung veranschaulicht, welche Nachrichten an welche Prozesse geschickt werden können.

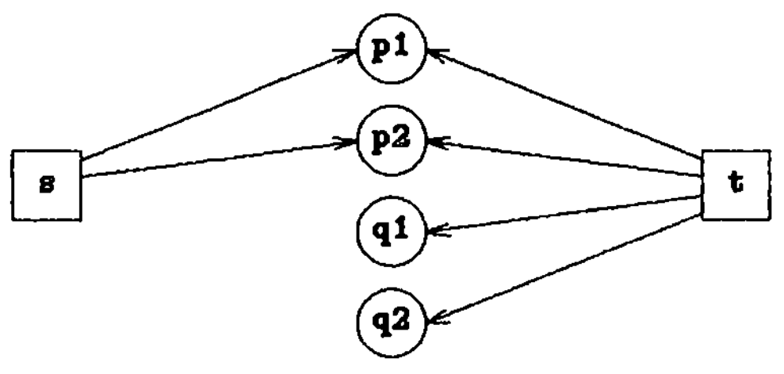

"darf gesendet werden"

Beim Senden kann eine Priorität mit angegeben werden. Fehlt die Angabe einer Priorität, so wird mit Null die kleinste Priorität angenommen.

SEND s TO p PRIORITY 5;

Beim Empfangen wird das Signal mit der höchsten Priorität ausgewählt. Gibt es mehrere Signale mit derselben höchsten Priorität, so wird implementierungsabhängig ein Signal ausgewählt.

Signale dürfen mit und ohne Werte gesendet werden. Die Werte dürfen dabei einen beliebig komplexen Typ (Typen heißen in CHILL mode) haben.

Bsp. 3.33: Definition von fünf verschiedenen Signalen:

```
SIGNAL s,
       t = (BOOL),
       u = (INT),
       v = (INT,INT),  -- x und y Koordinate
       w = (CHAR(80),INT);  -- Zeichenkette und signifikante Länge
```

Das Signal s ist ohne Wert definiert, die Signale t bzw. u bestehen aus einem Wert vom Typ **BOOL** bzw. **INT** und mit den Signalen v bzw. w kann man Koordinaten bzw. Zeichenketten verschicken.

Das Empfangen von Signalen ist nur mit der **RECEIVE-CASE**-Anweisung möglich.

Bsp. 3.34: Es wird alternativ auf einige der oben definierten Signale gewartet.

```
     :
DCL sender INSTANCE,
    x, y INT,
    b BOOL:=true;
RECEIVE CASE SET sender
    (s) : b:=NOT b;
    (t IN b) : ;  -- leere Anweisung
    (v IN x, y) : IF b THEN ausgabe(x,y); FI;
    ELSE b:=false;
ESAC;
     :
```

In der obigen **RECEIVE-CASE**-Anweisung werden die Signale s, t und v berücksichtigt. Dabei darf jedes Signal in höchstens einer Alternativen stehen, im Gegensatz zur **DELAY**-Anweisung bei Ereignissen (Abschnitt 3.3.4.) und zur **RECEIVE-CASE**-Anweisung bei Puffern (im Anschluß an die Signale). Mit **SET sender** kann optional festgestellt werden, von wem das Signal stammt, das empfangen wurde, indem der Instanzwert des Senders in der angegebenen Instanzvariablen (hier **sender**) abgespeichert wird. Ebenfalls alternativ ist der **ELSE**-Zweig. Wenn es keine empfangbare Nachricht gibt, so wird dieser **ELSE**-Zweig ausgeführt. Gibt es keinen **ELSE**-Zweig, so verharrt der Prozeß solange im Zustand wartend, bis eine Nachricht eintrifft.

Eine **SEND**-Anweisung kann drei verschiedene Ausnahmen (engl. exceptions) auslösen:

- **SENDFAIL:** Die **TO**-Option der **SEND**-Anweisung bezeichnet eine Prozeßinstanz, die der **TO**-Option der Signaldefinition widerspricht.
- **EMPTY:** Ein Signal wird an eine Prozeßinstanz geschickt, deren Instanzwert **NULL** ist. **NULL** ist der leere Prozeß.
- **EXTINCT:** Ein Signal wird an eine Prozeßinstanz geschickt, die es nicht mehr gibt ,weil sie z.B. terminiert ist.

Bsp. 3.35: Ausnahmen bei **SEND**:

```
SIGNAL s to p;
DCL p1 INSTANCE := NULL,
    p2 INSTANCE := NULL,
    q1 INSTANCE := NULL;
p:PROCESS();
END p;
q:PROCESS();
    : -- Anweisungen von Prozeß q.
END q;
p2 := START p;
q1 := START q;
SEND s TO q1; -- SENDFAIL-Ausnahme.
SEND s TO p1; -- EMPTY-Ausnahme.
SEND s TO p2; -- EXTINCT-Ausnahme, falls p2 bereits terminiert ist
```

Der andere Mechanismus, in CHILL asynchron Nachrichten zu übertragen, geschieht durch Puffer (**BUFFER**). Ein Puffer speichert Werte, die mit **SEND** in ihn hineingelegt werden, und löscht Werte, die mit **RECEIVE** aus ihm herausgeholt wurden.

Bsp. 3.36: Deklariert wird ein Puffer wie eine Variable:

```
DCL a BUFFER INT,
    b BUFFER BOOL(5),
    c BUFFER CHAR(0);
```

Ein Puffer in CHILL kann immer nur Werte eines Typs aufnehmen, aber davon beliebig viele. Wenn ein Puffer mit einer Größenangabe ($\geq$ 0) versehen ist, dann kann er höchsten soviele Werte des Typs aufnehmen, wie angegeben sind. Sollte z.B. ein sechster Wert in den Puffer **b** geschrieben werden, dann muß der Schreiber warten, weil der Puffer nur fünf Werte aufnehmen kann und somit voll ist. Der Schreiber muß nun warten bis ein Platz im Puffer frei wird. Der Extremfall hierzu ist Puffer **c**. Hier muß jeder Sender warten, bis sich ein Empfänger gefunden hat, der die Nachricht direkt entgegen nimmt, weil der Puffer keinen Wert aufnehmen kann. Das entspricht der synchronen Nachrichtenübertragung. Der Übergang von der asynchronen zur synchronen Nachrichtenübertragung ist bei CHILL-Puffern also fließend. Gesendet werden darf ähnlich wie bei Signalen:

```
buffer_send_statement ::=
        SEND buffer_location(value) [priority]
```

Bsp. 3.37: Senden von Werten in die oben deklarierten Puffer:

```
SEND a(10);

SEND b(true) PRIORITY 5;
```

Auch hier gilt: Die Angabe keiner Priorität entspricht der kleinsten Priorität, und das ist Null.

Das Empfangen von Nachrichten aus einem Puffer ist etwas vielseitiger, als das Empfangen von Signalen. Man unterscheidet unterscheidet hier zwischen **RECEIVE**-Ausdruck und **RECEIVE-CASE**-Anweisung.

```
buffer_receive_expression ::=
        RECEIVE buffer_location
buffer_receive_statement ::=
        RECEIVE CASE [SET instance_location;]
                buffer_receive_alternative : statement_sequence
                { buffer_receive_alternative : statement_sequence }
                [ELSE statement_sequence]
        ESAC
buffer_receive_alternative ::=
        (buffer_location IN defining_occurrence)
```

Der **RECEIVE**-Ausdruck darf direkt in Rechnungen verwendet werden:

    x := 2*(RECEIVE a)+1;

Die **RECEIVE-CASE**-Anweisung ist dagegen eine ganz gewöhnliche Anweisung, und der **RECEIVE-CASE**-Anweisung bei Signalen sehr ähnlich.

Bsp. 3.38: Alternatives Empfangen einer Nachricht: Wird aus dem Puffer **a** gelesen, so wird i implementierungsabhängig entweder um j erhöht oder um j erniedrigt. Wird jedoch aus Puffer **b** ein boolescher Wert gelesen, so wird i negiert, falls die zugehörige Variable 1 den Wert **true** besitzt. Sollten alle Puffer leer sein, so wird i=0 gesetzt.

```
        :
DCL sender INSTANCE,
    i,j INT,
    1 BOOL;
RECEIVE CASE SET sender;
    (a IN j)  : i:=i+j;
    (a IN j)  : i:=i-j;
    (b IN 1)  : IF 1 THEN i:=-i; FI;
    ELSE i:=0;
ESAC;
        :
```

Für **SET** und **ELSE** gilt dabei das gleiche wie bei Signalen. Puffernamen dürfen in mehreren Alternativen auftreten. Wenn mehrere Alternativen möglich sind, wird implementierungsabhängig eine Alternative ausgewählt. Erst im Puffer dieser Alternativen spielen die Prioritäten der Nachrichten untereinander eine Rolle. Von den Nachrichten mit derselben höchsten Priorität wird dann implementierungsabhängig eine ausgewählt.

Der große Unterschied zwischen Signalen und Puffern besteht darin, daß eine Nachricht in Form eines Signals gezielt an eine bestimmte Prozeßinstanz oder an eine Gruppe von Prozessen, die derselben Definition entstammen, verschickt werden kann. Der Weg, auf dem die Signale ihr Ziel erreichen, bleibt dem Programmierer dabei verborgen. Des weiteren kann man anhand der Ausnahmen, die bei Signalen auftreten können, Informationen über den Prozeßzustand anderer Prozesse bekommen.

Dagegen kann man bei Puffern nicht festlegen, wer die Nachricht bekommen soll. Dafür können Puffer im Extremfall zur synchronen Nachrichtenübertragung verwendet werden, Signale nicht. Außerdem haben Puffer einen Namen, der von Programmierer festgelegt wird. Dadurch ist es möglich, mit der Angabe dieses Namens, Puffer als Parameter zu übergeben.

Bsp. 3.39: Puffer als Parameter: Daten zweier Puffer **quelle1** und **quelle2** sollen durch die Prozedur **mische** auf einen gemeinsamen Puffer **senke** zusammengeführt werden.

```
DCL quelle1, quelle2, senke BUFFER INT;
    :
mische:PROCESS(q1, q2, s BUFFER INT LOC);
    DCL i INT;
    DO FOR EVER;
        RECEIVE CASE
            (q1 IN i) : SEND s(i);
            (q2 IN i) : SEND s(i);
        ESAC;
    OD;
END mische;
    :
START mische(quelle1, quelle2, senke);
    :
```

Der Prozeß **mische** ist ununterbrochen damit beschäftigt, Nachrichten, die in die Puffer **quelle1** bzw. **quelle2** eintreffen, an den Puffer **senke** weiterzuleiten.

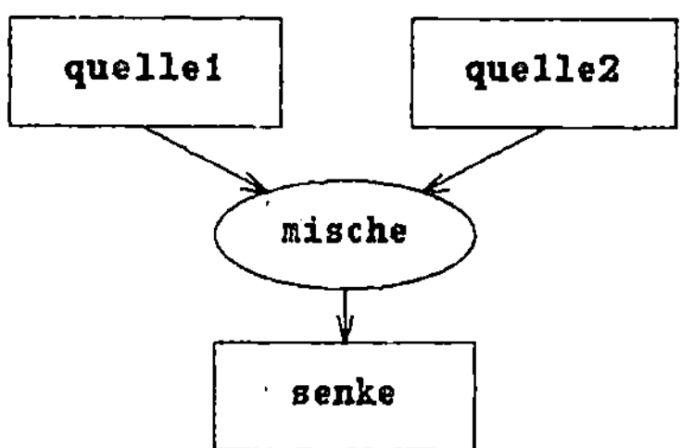

Bsp. 3.40: Varianten bei der Verwendung von Puffern: Abschließend soll in CHILL das Erzeuger-Verbraucher-Problem gelöst werden. Speziell diese Aufgabe stellt in CHILL jedoch kein großes Problem dar, weil sie im Grunde genommen bereits durch die Puffer gelöst ist.

```
erzeuger_verbraucher_problem : MODULE
SYN n= 100;
NEWMODE nachricht = INT,
        kanal1    = BUFFER nachricht,
        kanal2    = BUFFER (n) nachricht,
        kanal3    = BUFFER (0) nachricht;
SYNMODE kanal = kanal1;  -- (*)
```

```
erzeuger : PROCESS(p kanal LOC);
   DCL x nachricht;
   DO FOR EVER
      -- produziere Information x
      SEND p(x);
   OD;
END erzeuger;
verbraucher : PROCESS(p kanal LOC);
   DCL x nachricht;
   DO FOR EVER
      RECEIVE CASE
         (p IN x) : ; -- konsumiere Information x
      ESAC;
   OD;
END verbraucher;
DCL e1, e2, v1 INSTANCE,
   p kanal;
   e1 := START erzeuger(p);
   e2 := START erzeuger(p);
   v1 := START verbraucher(p);
END erzeuger_verbraucher_problem;
```

Eine Schlüsselstellung im Programm nimmt die mit (*) kommentierte
Deklaration ein. Ist **p** über die Definition von **kanal** vom Typ **kanal1**, so
dürfen die Erzeuger dem Verbraucher beliebig weit vorauseilen. Ist **p** vom
Typ **kanal2**, so dürfen die Erzeuger höchstens **n** Informationen
produzieren, die der Verbraucher noch nicht konsumiert hat. Soll der
Verbraucher alle produzierten Informationen sofort konsumieren, so muß **p**
vom Typ **kanal3** sein. Man beachte allerdings, daß dem Puffer die
Reihenfolge der Erzeugung der Nachrichten unbekannt ist. Die einzige
Reihenfolgebeziehung ist über die Vergabe von Prioritäten möglich, die
hier nicht benutzt wurden.

3.4.2.2. Das Actor-Modell

Wie bereits angesprochen wurde, bieten die nachrichtenorientierten
Systeme die besten programmiertechnischen Voraussetzungen für die
objektorientierte Programmierung. Mit der Einführung des Actor-Modells
versucht Carl Hewitt *[Hew 77]*, beide Konzepte zu verbinden, insbesondere
die Parallelverarbeitung direkt im Bereich der objektorientierten
Programmierung nutzbar zu machen. Im Sinne einer abstrakten Systemsicht
besteht die "Welt" aus einer Ansammlung spezieller Objekte, den Aktoren. Sie

stellen innerhalb des Actor-Modells die universelle, programmiertechnische Einheit dar, deren Wirkungsweise mit einem Funktionsaufruf zu vergleichen ist. Darin sind enthalten

- 0-stellige Funktionen, z.B. die Konstante **1000**
- einfache Operatoren wie z.B. * und /
- komplexe Funktionen, wie z.B. **pivot** zum Lösen linearer Gleichungssysteme.

In diesem Zusammenhang werden auch Nachrichten als Aktoren aufgefaßt. Ihnen kommen im Actor-Modell verschiedene Aufgaben zu:

- Zur Kommunikation und Synchronisierung der Aktoren untereinander stehen ausschließlich Nachrichten zur Verfügung. Insbesondere ist es erlaubt, daß sich Aktoren selbst wieder Nachrichten senden, was einem rekusiven Funktionsaufruf entspricht. Rekursionen dieser Art sind grundsätzlich nur auf der Grundlage der asynchronen Nachrichtenübertragung möglich. Im synchronen Fall ergäbe sich sofort ein Deadlock, bzw. der Compiler würde eine solche Beziehung zwischen Sender und Empfänger gar nicht erst zulassen.
- Für die Erzeugung neuer Aktoren sind Nachrichten erforderlich. Die von Aktoren modellierte "Welt" ist dynamisch. Dementsprechend gibt es Nachrichten, um neue Aktoren zu erzeugen, und so das System auf die problemspezifische Größe auszudehnen. Die erzeugten Aktoren haben einen eindeutigen Namen, deren Gültigkeitsbereich durch explizite Namensübergabe zu verwalten ist.
- Zur Modifikation des Verhaltens eines bereits existierenden Aktors dienen Nachrichten. Mit ihrer Hilfe wird ein wesentliches Prinzip der objektorientierten Programmierung verwirklicht. So wird auf diese Weise die Anpassung der Fähigkeiten an aktuelle Gegebenheiten ermöglicht. Im Zuge dieser Verhaltensmodifikation muß die Transparenz der Namen erhalten bleiben, d.h. die Bezeichnung der Aktoren ändert sich nicht.

Zu jedem Aktor gehört ein Programmtext, der sogenannte *script*. Der *script* eines Aktors wird beim Eintreffen einer Nachricht auf diese Nachricht im operationellen Sinn angewendet. Hinsichtlich ihrer Ausführung lassen sich drei Typen von Aktoren unterscheiden:

- <u>primitive Aktoren</u>:
  Sie verkörpern Daten und Grundfunktionen eines Systems, z.B. die Konstante **false** oder die Funktionen * und /.

Abb. 3.30: Ein primitiver Aktor *x*, der den Integer-Wert **12** verkörpert, erhält die Nachricht: "*3 und sende Ergebnis an den Aktor /":

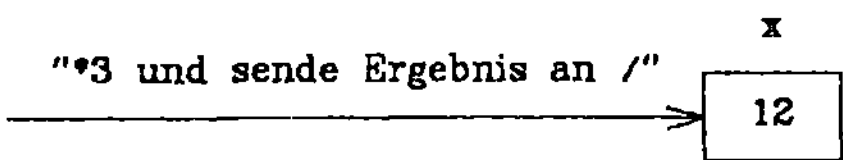

Nach Anwendung des Aktors x auf die Nachricht:

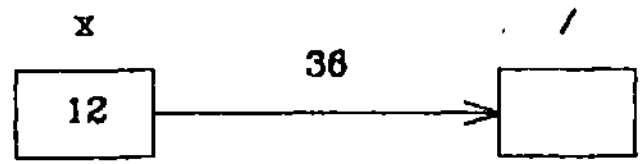

Dabei verkörpert der Aktor x die 0-stellige Funktion (Konstante) **12** und der Aktor **/** die zwei-stellige Funktion Division.

Aufbauend auf die primitiven Aktoren lassen sich unmittelbar weitere Aktoren spezifizieren:

- <u>unserialisierte Aktoren:</u>
  Aktoren dieses Types verhalten sich wie Funktionen und berechnen ein Ergebnis allein aufgrund der Eingabewerte. Gleichzeitig können mehrere Funktionsausführungen auf dem gleichen *script* aktiv sein.

- <u>serialisierte Aktoren:</u>
  Im Gegensatz zu unserialisierten Aktoren verfügen serialisierte über lokale Zustandsinformationen. Agha und Hewitt *[AghHew 85]* geben hier das Beispiel eines Aktors **Bankkontos**, das auf Nachrichten der Form **Einzahlen**, **Auszahlen**, **Kontospiegel** in geeigneter Weise zu handeln hat. Dabei ist für den Aktor **Bankkontos** Speicher vorzusehen, auf dem zu einer Zeit nur eine der Nachrichten angewendet werden kann. In diesem Sinne ist ein serialisierter Aktor mit einem Monitor vergleichbar. Ein serialisierter Aktor arbeitet die Nachrichten nacheinander und vollständig ab.

Die Ausführung eines Aktors erfolgt in einer endlichen Anzahl von Berechnungsschritten. Daraus ergibt sich, daß jeweils nur endlich viele Nachrichten von einem Aktor ausgesendet werden. Trotz dieser Einschränkung, die zum Ziel hat, das System von Aktoren überschaubar zu halten, läßt sich durch die Erzeugung neuer Aktoren, weder die Gesamtzahl der Aktoren noch die der Nachrichten beschränken.

Der Empfang der Nachricht wird für den Aktor zum auslösenden Ereignis, das im Sinne der Synchronisierung eine Beeinflussung der Aktor-Ausführung (=Prozeßausführung) ermöglicht. Für Ereignisse E_1 und E_2 gilt im Rahmen des Actor-Modells (in Anlehnung an *[FilFri 84]*):

- Keine zwei Ereignisse E_1 und E_2 finden gleichzeitig statt.
- Tritt E_1 vor E_2 ein, so liegen zwischen beiden Ereignisse nur endlich viele Berechnungsschritte.

- Jedes Ereignis kann unmittelbar nur endlich viele Ereignisse auslösen.
- Ein Aktor kennt immer nur eine endliche Zahl von Aktoren, denen eine Nachricht gesendet werden kann.

Die mit Nachrichten erreichbaren Aktoren sind entweder durch die Erzeugung des Aktors oder durch den Empfang einer Nachricht mit dem Namen eines Aktors bekannt. Bei der Verschickung von Nachrichten sind die Aktoren, die die Nachrichten erhalten sollen, ausdrücklich beim Namen zu nennen. Auf der implementierungstechnischen Ebene sind alle Namen erzeugter Aktoren bekannt, wobei die versendeten Nachrichten in einem System von Briefkästen verwaltet werden. Alle Nachrichten, die für einen bestimmten Aktor abgeschickt wurden, werden schließlich in dessen private Warteschlange eingereiht. Das jeweils nächste Ereignis für einen Aktor erfolgt durch die nichtdeterministische Auswahl einer der Nachrichten. Als einzige Einengung dieses Nichtdeterminismus gilt hier das Prinzip der schwachen Fairneß, das keine der anstehenden Nachrichten unbegrenzt oft übergeht (vgl. schwache Fairneß in Abschnitt 5.2.).

Bei den existierenden Programmiersprachen und Prototypen von Programmiersprachen, die das Actor-Modell als Grundlage haben (wie z.B. Act, Act3 *[AghHew 85]* oder CSSA *[BeiMat 85]*), wird das Eintreffen eines Ereignisses im Sinne der applikativen Programmierung (z.B. wie in Lisp) aufgenommen und interpretiert. Dazu ist im *script* des Aktors das Muster (engl. pattern) einer Nachricht vorhanden, die als freie Variable innerhalb eines Ausdrucks wieder auftaucht.

Bsp. 3.41: λ-Ausdrücke im Sinne des Actor-Modells:

Der λ-Ausdruck

$$\lambda x.(\lambda y.(/\ x\ y))$$

wird so verstanden, daß die erste eintreffende Nachricht an x, die zweite an y gebunden wird und dann die Division durchgeführt wird.

Durch die Einbindung des Aktorkonzeptes in eine applikative Programmiersprache ergibt sich eine einheitliche Ausführungsstrategie, die folgendes erlaubt:
- Parallelausführungen der Aktoren, soweit die Synchronisierungsbeziehungen das zulassen.
- Parallelausführung der λ-Ausdrücke, soweit die durch Ereignisse zu bindenden Variablen bereits zur Verfügung stehen bzw. zur Auswertung überhaupt notwendig sind.

Wenige programmiertechniche Konstrukte reichen aus, den Kern einer Programmiersprache aufzubauen, aus dem heraus benutzerfreundliche und ausdrucksfähige Konstrukte entwickelt und für Anwendungsprogrammierung mit Aktoren bereitgestellt werden. In Anlehnung an die Kernsprache Act *[AghHew 85]* werden im folgenden wesentliche Konstruktionsprinzipien erläutert.

Der *script* eines Aktors definiert sein Verhalten und wird mit dem Konstrukt

        (DEFINE (id { (WITH id pattern) })
             communication_handler)

eingeleitet. Innerhalb von **communication_handler** wird mit **IS_COMMUNICATION** zunächst die Bindung der freien Variablen des Kommandoteils festgeschrieben. Weitere Bindungen können bei der Erzeugung eines Aktors mit dem Konstrukt

        (NEW (id { (WITH id id) }))

erfolgen. Die Ausführung eines Aktors kann nun soweit fortschreiten, wie die noch ausstehenden Nachrichten für die Auswertung des Kommandoteils nicht erforderlich sind. An weiteren wichtigen Konstrukten sind zu nennen:

Das **LET**-Kommonado:
> bindet einen Bezeichner an einen Ausdruck. Dieses Kommando hat insbesondere die Aufgabe, den Namen eines erzeugten Aktor an einen Bezeichner zu binden, um ihn in diesem Aktor zu nutzen oder an andere Aktoren weiterzureichen (*continuations*).

Das **IF-THEN-ELSE**-Kommando:
> dient zur bedingten Verzweigung.

Das **SEND_TO**-Kommando:
> in seiner Form **SEND_TO expr$_1$ expr$_2$** wird der Ausdruch **expr$_2$** als Nachricht an den durch **expr$_1$** bestimmten Aktor gesendet.

Bsp. 3.42: Berechnung der Fakultät (in freier Anlehnung an *[AghHew 85]*): Dazu wird der *script* eines Aktors **f**, der die rekursive Fakultätsberechnung bewerkstelligt, und der eines Aktors **m**, der Multiplikationen ausführt, beschrieben. Für **f** und **m** gibt es jeweils einen Kunden **kunde**, der einen Eingabewert **eingabe** an den Aktor sendet bzw. bei seiner Erzeugung mitgibt. Die Ausführungsstrategie für **f** sieht nun vor, daß **f** für jede **eingabe** ≥ 1 einen Aktor für die Multipikation erzeugt, und sich selbst dann mit **eingabe=n-1** einen neuen Auftrag erteilt.

```
(DEFINE (f( ))
    (IS_COMMUNICATION (WITH kunde = k)
                      (WITH eingabe = n)
        (IF (- n 0)
            (THEN (SEND_TO k 1))
            (ELSE (LET (x - (NEW m (WITH kunde k)
                                   (WITH eingabe n )))
                       (SEND_TO f (WITH kunde x)
                                  (WITH eingabe n-1)))))))))
(DEFINE (m (WITH kunde = k)
           (WITH eingabe = n))
    (IS_COMMUNICATION (WITH eingabe erg)
        (SEND_TO k n*erg)))
```

Zur Verdeutlichung der Ereignisse und ihrer Wirkung möge ein bereits
existierender Aktor, der Kunde **kd**, dem Aktor **f** die Nachricht **(kd 3)**
schicken. In ihrer Folge werden dreimal Ereignisse für den Aktor **f**
ausgelöst, bei denen für die beiden ersten jeweils ein Aktor m_1 bzw. m_2
erzeugt werden. Obwohl nur ein Aktor **f** vorhanden ist, wird zur
Verdeutlichung entsprechend der Rekursionstiefe f_3, f_2 und f_1
geschrieben.

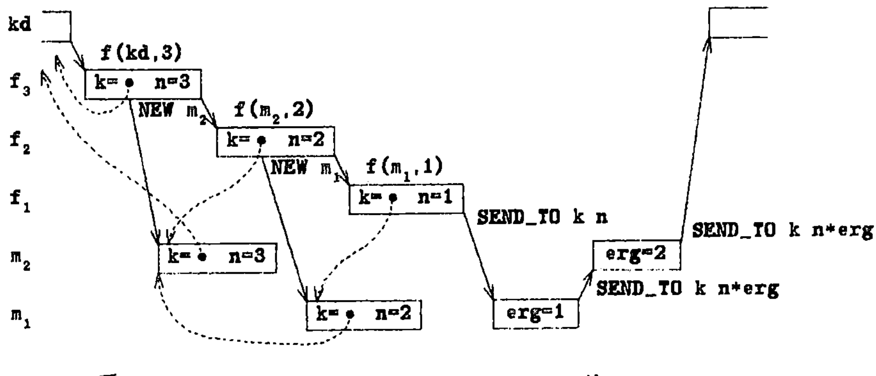

Senden einer Nachricht oder Erzeugen eines Aktors
Bindung der Namen von Aktoren

Das Weiterreichen der Namen von Aktoren (*continuations*) ist für dieses Beispiel von großer Bedeutung und durch die gestrichelten Kanten dargestellt. Sie erfolgt mit Hilfe des Bezeichners **kunde** und dabei insbesondere in der Bindung von x an den jeweiligen Aktor m. So steht für m_1 mit **SEND_TO** k n*erg eindeutig fest, daß m_2 als Empfänger gemeint ist, bzw. für m_2 mit dem gleichen Kommando, daß der Kunde **kd** gemeint ist.

Neben der asynchronen Kommunikationsbeziehung durch **SEND_TO** beim Sender und **IS_COMMUNICATION** beim Empfänger gibt es noch weitere Synchronisierungsmechanismen, die sich aus den Konstrukten von Act aufbauen lassen und in die weiterentwickelte Sprache Act3 aufgenommen wurden. So gibt es das dem Unterprogrammaufruf vergleichbare Konstrukt

```
(CALL id { (WITH id pattern) })
```

bei dem der rufende Aktor der Kunde des gerufenen Aktors wird und schließlich den dort berechneten Wert zurückerhält.

Bsp. 3.43: Berechnung der Fibonacci-Zahlen:

```
(DEFINE (CALL fibo (WITH eingabe = n))
    (IF (= n 0)
        (THEN 0)
        (ELSE (IF (= n 1)
                  (THEN 1)
                  (ELSE (+ (CALL fibo (WITH eingabe n-1))
                           (CALL fibo (WITH eingabe n-2)))))))))
```

Ein Aufruf dieser Art ist aus Effizienzgründen nicht zu empfehlen, da in Abhängigkeit von n exponentiell viele Aktoren **fibo** erzeugt werden. Viel wichtiger im Zusammenhang mit dem spezifizierten Aktor **fibo** ist sein unserialisiertes Verhalten, daß jedwede Überlappung von Ausführungen toleriert:

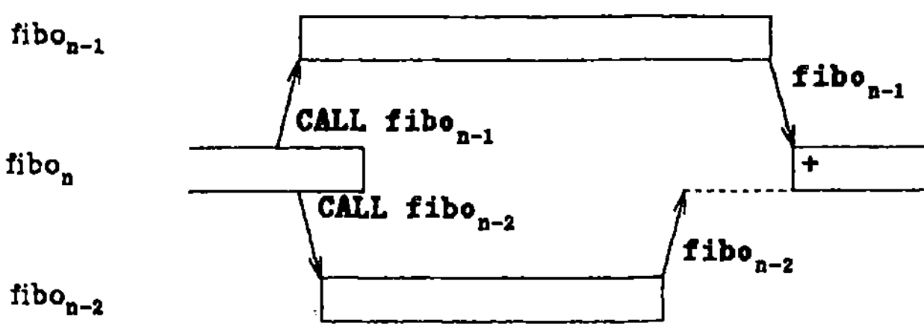

Nach dem Aufruf von **fibo**$_{n-1}$ und **fibo**$_{n-2}$ könnte **fibo**$_n$ parallel dazu weiterarbeiten, wenn nicht die Operation + auszuführen wäre, die die Ergebnisse von **fibo**$_{n-1}$ und **fibo**$_{n-2}$ benötigt.

Durch ihren hohen Abstraktionsgrad verraten Act- bzw. Act3-Programme nichts über das zugrundeliegende Briefkastensystem und die Zuordnung von Prozessen zu Prozessoren. Von grundlegender Bedeutung für das Actor-Modell ist die Dynamik, die sich im Anwachsen und Schrumpfen der Zahl der Aktoren äußert. Eine Implementierung der Sprachen, wie z.B. Act3, ist schwierig und verlangt eine dynamische Lastverteilung (engl. load balancing) der aktiven Aktoren auf die vorhandenen Prozessoren, ein Briefkastensystem mit einem globalen Namensverzeichnis sowie die fortwährende Neuordnung des freien Speicherplatzes (engl. garbage collection), da sich im Laufe einer Berechnung viele "tote" Aktoren ansammeln und den vorhandenen Speicher verstopfen. Bevorzugte Anwendungsgebiete für Sprachen nach dem Actor-Modell liegen in den Bereichen Künstliche Intelligenz, Expertensysteme, Musterkennung und Graphik.

3.4.3. Synchrone Nachrichtenübertragung

Im Gegensatz zur asynchronen Nachrichtenübertragung kann die synchrone als eine gemeinsame Operation von Sender und Empfänger aufgefaßt werden. Sie kommt nur dann zustande, wenn der Senderprozeß und der Empfängerprozeß gleichzeitig bereit sind, eine bestimmte Nachricht zu senden bzw. zu empfangen. Dazu müssen sich die Kommunikationspartner an genau festgelegten Stellen des Programms aufhalten. Sie entsprechen den Kommandos zum Senden bzw. Empfangen einer Nachricht und werden im Zusammenhang mit der synchronen Nachrichtenübertragung als Synchronisierungspunkte bezeichnet.

Abb. 3.31: Die synchrone Nachrichtenübertragung als gemeinsame Operation
der Prozesse **P** und **Q.:**

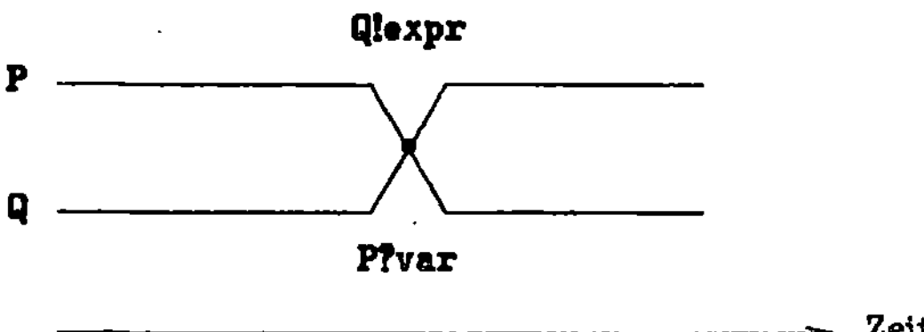

Die Kommandos **Q!expr** und **P?var** stellen einen Synchronisierungspunkt für
die entsprechenden Prozesse Q und Q dar.

Die Betrachtung der Synchronisierungspunkte ist für die Spezifikation und
Verifikation von Programmen von außerordentlicher Bedeutung. Denn an
diesen Programmpunkten lassen sich gemeinsame, gleichzeitig erfüllte Aussagen über Paare von Prozessen gewinnen. Formal betrachtet arbeiten die
Prozesse P und Q bis auf die Synchronisierungspunkte unabhängig
voneinander. Beim Erreichen der Synchronisierungspunkte möge für sie
jeweils die invariante Bedingung I_p bzw. I_q erfüllt sein. Dann gilt unmittelbar
vor der Nachrichtenübertragung die Bedingung

$$I_p \wedge I_q$$

Die Nachrichtenübertragung ist ihrer semantischen Bedeutung nach nicht von
der Zuweisung

var := expr

zu unterscheiden. Wenn vor der Nachrichtenübertragung $I_p \wedge I_q$ gegolten
hat, gilt unmittelbar nach der Nachrichtenübertragung:[3.12)]

$$I_p \wedge I_q \ [var\backslash expr]$$

[3.12)]   Die Notation I_q **[var\expr]** besagt, daß für die Auswertung
von I_q jedes freie Auftreten von **var** durch **expr** zu ersetzen
ist.

Invarianten, die für Paare von Prozessen gelten, lassen sich einsetzen, um Aussagen über die Gesamtheit der parallelen Prozesse zu gewinnen. Es gibt zwei wichtige Methoden für den Einsatz von Invarianten:

- Spezifikation des Problems in Form von Invarianten, aus denen heraus die entsprechenden Programme für die einzelnen Prozesse entwickelt werden.

- Verifikation eines existierenden Programms durch die Ableitung von Invarianten.

Aufgrund der Überholbarkeit von Nachrichten und der Phase zwischen dem Senden und dem Empfangen einer Nachricht lassen sich für die asynchrone Nachrichtenübertragung nicht mit der gleichen Unmittelbarkeit Invarianten ableiten. Erst ganz spezielle asynchrone Kommunikationsprotokolle besitzen selbst wieder die Eigenschaften, die für die synchrone Nachrichtenübertragung gelten. Gleichzeitig weisen sie damit den Weg, wie die synchrone Nachrichtenübertragung zu implementieren ist. Ein solches Protokoll bildet die Kommandofolge

    Q!!expr; Q??ack

für den Prozeß P und

    P??var; P!!ack

für den Prozeß $Q^{3.13)}$. Die ack-Meldung signalisiert dem Prozeß P, daß seine Nachricht tatsächlich beim Prozeß Q angekommen ist.

Abb. 3.32: Die Synchronisierungsbeziehungen durch das Kommunikationsprotokoll: Es sind zwei Fälle zu unterscheiden. Einmal kann es sein, daß Prozeß Q empfangsbereit ist, bevor P die Nachricht sendet. Dann muß Q auf die Beendigung der Operation **P??var** warten (gestrichelte Linie). Ebenso muß später der Prozeß P warten bis die ack-Meldung eingetroffen ist.

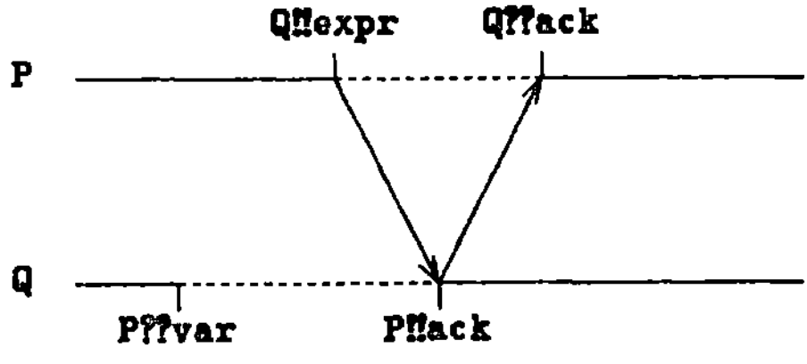

3.13)   Die Zeichen !! und ?? stehen für das asynchrone Senden bzw. Empfangen einer Nachricht.

Umgekehrt ist es möglich, daß Prozeß P bereits sendet, bevor Prozeß Q empfangsbereit ist. Dann ist im Sinne der asynchronen Nachrichtenübertragung die bei Q ankommende Nachricht im Puffer des zusammengesetzten Prozesses Q' (vgl. Abb. 3.28) zwischenzuspeichern. Erst wenn Q für diese Nachricht empfangsbereit wird, kann sie aus dem Puffer entnommen werden.

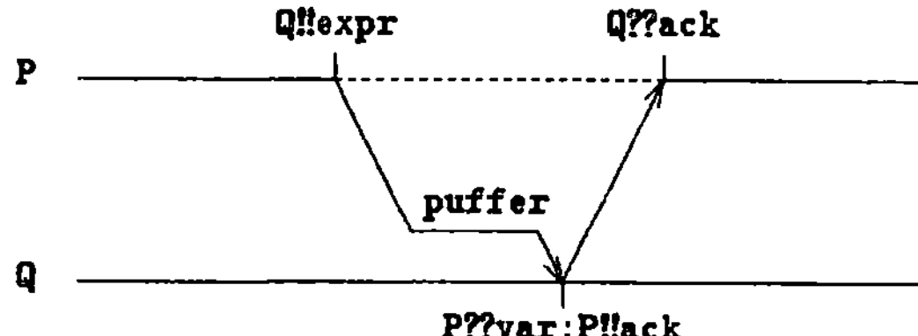

Dieses Kommunikationsprotokoll hat eine günstige implementierungstechnische Eigenschaft. Denn die Auswahl der Nachrichten, die an einen Prozeß P unterwegs sein können, ist durch die Anzahl der Nachbarprozesse von P beschränkt. Als Nachbarprozesse gelten alle diejenigen Prozesse, die Nachrichten an P senden können. In den meisten Programmiersprachen und Modellen, selbst in solchen die ein dynamisches Anwachsen der Gesamtzahl der Prozesse zulassen (z.B. im Actor-Modell), ist die Zahl der Nachbarprozesse eine statische Größe. Daraus folgt, daß die synchrone Nachrichtenübertragung im Gegensatz zur asynchronen prinzipiell mit einer endlichen Pufferung auskommt.

Mit der Festlegung auf die synchrone Nachrichtenübertragung ist eine konzeptuelle Entscheidung getroffen, die dennoch sehr viele Möglichkeiten, besonders in bezug auf die programmiersprachliche Einbettung der Synchronisierungsoperationen, offen läßt. Daneben gibt es verschiedene Zielsetzungen, die bei einer Realisierung im Vordergrund stehen, z.B.:
- hoher Abstraktionsgrad
- programmiertechnische Vielseitigkeit
- implementierungstechnische Einfachheit

Unter diesen Gesichtspunkten werden im folgenden das Sprachmodell CSP (Abschnitt 3.4.3.1) sowie die Programmiersprachen Occam und Ada (Abschnitte 3.4.3.2 und 3.4.3.3) untersucht.

3.4.3.1. Das CSP-Modell

Die Kommunizierenden Sequentiellen Prozesse (CSP = Communicating Sequential Processes), die C.A.R. Hoare *[Hoa 78]* mit dem Ziel einer effektiven programmiertechnischen Ausnutzung eines aus vielen Komponenten aufgebauten Rechnersystems entworfen hat, haben die Theorie und die Praxis der Programmierung nachhaltig beeinflußt. Das betrifft sowohl die Synchronisierungsoperationen der Programmiersprachen Occam und Ada als auch die durch weitere Abstraktionen erzeugten Sprachen, die nur noch aus dem Kern von CSP bestehen und dazu dienen, ein mathematisches Modell für die Berechnungen von parallelen Prozessen zu entwickeln (z.B. TCSP in *[Hoa 85]*, *[OldHoa 86]*). Durch die ausdrückliche Konzipierung als Sprachrahmen eignet sich CSP für derartige Modifikationen und Weiterentwicklungen. Auch für die nun folgende Einführung in CSP wird nicht die Hoare'sche Urversion zugrunde gelegt. Vielmehr entspricht das hier vorgestellte CSP im wesentlichen denjenigen Dialekten, die in der Fachliteratur zur Spezifikation von parallelen Anwendungs- bzw. Kontrollalgorithmen verwendet werden.

Wenige syntaktische und semantische Regeln reichen aus, um das Sprachmodell CSP zu umreißen. Die Sprachdefinition zielt dabei lediglich auf die Festlegung der Konstrukte zur parallelen Programmierung. Die im Sinne der sequentiellen Programmierung wichtigen Kontrollanweisungen und Datenstrukturen sind nicht Teil des Sprachmodells CSP. Wird CSP zum Zwecke der Spezifikation eingesetzt, so reicht es aus, das Sprachmodell in Anlehnung an bekannte sequentielle Programmiersprachen (wie z.B. Pascal) zu erweitern. Aus Gründen der Kürze und Prägnanz gilt zudem die Konvention, das erste textuelle Auftreten einer Variablen als ihre Deklaration anzusehen. Aus der nun folgenden EBNF-Grammatik für CSP geht hervor, welcher syntaktische Zusammenhang zwischen den für die parallele Programmierung wichtigen Konstrukten besteht.

```
program          ::= parallel_cmd { sub_cmd }

parallel_cmd     ::= [ process { || process }]

sub_cmd          ::= process_id :: process

process          ::= process_id
                   | { declaration ; } cmd_list

cmd_list         ::= cmd { ; cmd }

cmd              ::= simple_cmd
                   | structured_cmd
```

```
simple_cmd        ::= SKIP
                    | assignment_cmd
                    | input_cmd
                    | output_cmd

structured_cmd    ::= alternative_cmd
                    | repetitive_cmd
                    | parallel_cmd

alternative_cmd   ::= [guarded_cmd {□ guarded_cmd}]

repetitive_cmd    ::= * [guarded_cmd {□ guarded_cmd}]

guarded_cmd       ::= guard → cmd_list

guard             ::= guard_list
                    | input_cmd
                    | guard_list ; input_cmd

guard_list        ::= bool_expr { ; bool_expr }

input_cmd         ::= process_id ? (vars)

output_cmd        ::= process_id ! (exprs)

assignment_cmd    ::= var := expr
```

Aus der Syntax heraus wird bereits deutlich, daß die Zahl der Prozesse, die in einem CSP-Programm enthalten sind, wegen der statischen Struktur der Parallelanweisung bereits zur Compilezeit feststeht. Zwischen Prozessen gibt es keine gemeinsame Variablen. Statt dessen kennen sich die Prozesse einer Parallelanweisung untereinander und können sich durch das Senden und Empfangen von Nachrichten miteinander verständigen. Dazu führt der Senderprozeß P das Ausgabekommando

Q!(exprs)

und der Empfängerprozeß Q das Eingabekommando

P?(vars)

aus. Das Paar von Ein- und Ausgabekommandos heißt korrespondierend, falls die Folge von Ausdrücken (exprs) und die Folge von Variablen (vars) in der Anzahl und komponentenweise im Typ übereinstimmen. Eine Nachrichtenübertragung von P nach Q findet statt, wenn beide Prozesse gleichzeitig dazu bereit sind, d.h. vor der Ausführung korrespondierender Ein- und Ausgabekommandos stehen. Die Synchronität der Nachrichtenübertragung verbietet insbesondere, daß P an sich selbst Nachrichten schickt, bzw. von sich selbst Nachrichten empfängt (im Gegensatz zum Actor-Modell).

Mit **Q!()** und **P?()** wird eine Nachricht ohne Inhalt, im folgenden als Signal bezeichnet, übertragen. Signale dienen einzig und allein zur Synchronisierung von Prozessen. Werden unterscheidbare Signale benötigt, so soll die Konvention gelten, diese durch Typenbezeichner der Form t_sig oder t_1, t_2 usw. auszudrücken, sodaß z.B. **Q!(t_sig)** und **P?(t_sig)** kommunizierende Ein- Ausgabekommandos bilden.

Wegen der Statik von CSP läßt sich für jedes CSP-Programm die notwendige Korrektheitseigenschaft überprüfen, die verlangt, daß zu jedem Ein- bzw. Ausgabekommando ein korrespondierendes Aus- bzw. Eingabekommando vorhanden ist. Im folgenden werden nur noch solche Programme betrachtet, die diese Korrektheitseigenschaft erfüllen. Sie lassen sich eindeutig zu einem Nachrichtengraphen entwickeln, dessen Topologie eine plastische Darstellung der Synchronisierungsbeziehungen ergibt. Der Nachrichtengraph G eines CSP-Programms besitzt eine ungerichtete Kante zwischen den Prozessen P und Q, wenn es in P und Q korrespondierende Ein- Ausgabekommandos gibt.

Bsp. 3.44: Der Nachrichtengraph G = (Knotenmenge, Kantenmenge) = ({P,Q}, {{P,Q}}) für die Prozesse P und Q.

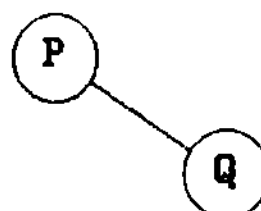

Die Ausführung eines CSP-Programms kann mit einem Fehlschlag enden. Das ist immer dann der Fall, wenn ein Prozeß unbedingt ein Ein- Ausgabekommando auszuführen hat, während der Kommunikationspartner bereits terminiert hat. In CSP gibt es eine enge Wechselwirkung zwischen Termination und Fehlschlägen. Dabei ist die Termination so erklärt:

(T1) Ein Prozeß terminiert, wenn die textuell letzte Anweisung abgearbeitet ist.

(T2) Eine Parallelanweisung terminiert, wenn alle ihre Prozesse terminiert sind.

(T3) Ein Programm terminiert, wenn die Parallelanweisung, aus der sich das Programm aufbaut, terminiert ist.

T2 bzw. T3 wird auch als verteilte Terminationsbedingung oder DTC (distributed termination convention) bezeichnet. Um im Sinne der DTC jedem beteiligten Prozeß von der Termination der Parallelanweisung bzw. des Prozesses zu unterrichten, ist ein verteilter Algorithmus erforderlich, der selbst wieder in CSP formuliert werden kann (vgl. *[AptFra 84]* und *[Zöb 86]*).

Neben dem unbedingten Ein- Ausgabekommando gibt es noch die bedingte
Eingabe, die in eine bewachte Anweisung (engl. guarded command) *[Dij 75]*
eingebunden ist. '

Bsp. 3.45: Eine bewachte Anweisung, die von einer booleschen Bedingung und
einer Eingabe von Prozeß P abhängt:

$$x > y; \quad P?(z) \;\rightarrow\; x := x-y; \quad y := z$$

Die Kommandofolge steht hinter dem Pfeil und wird nur ausgeführt, wenn der
Wächter (engl. guard), bestehend aus booleschen Ausdrücken erfüllt ist und
die Nachricht eingegangen ist. Die Auswertung des Wächters kann sich dabei
in den folgenden Stadien aufhalten: Der Wächter

(G1) ist erfüllt, wenn die Konjunktion der boolschen Ausdrücke den Wert
   true liefert und die Nachrichtenübertragung bereit ist.

(G2) schlägt fehl, wenn die Auswertung eines booleschen Ausdrucks den
   Wert **false** ergibt oder der Prozeß, von dem eine Nachrichtenübertragung erwartet wird, terminiert hat.

(G3) ist unbestimmt, sonst.

Das Eintreffen einer Nachricht kann im Zusammenhang mit der   bewachten
Anweisung als äußeres Ereignis aufgefaßt werden, das den Anstoß gibt, die
dem Pfeil folgenden Anweisungen aufzuführen. Damit ein Prozeß auf eines
von mehreren Ereignissen warten und bei dessen Eintreffen handeln kann,
werden die bewachten Anweisungen in einer alternativen Anweisung
zusammengeschlossen.

Bsp. 3.46: Eine alternative Anweisung: Beim Eintreffen einer Nachricht von
   Prozeß P wird anders verfahren als bei einer Nachricht von Q.

$$[x \geq y; \quad P?(z) \;\rightarrow\; x := x-y; \quad y := z$$
$$\square \;\; y \geq x; \quad Q?(z) \;\rightarrow\; y := y-x; \quad x := z$$
$$]$$

Die Ausführung der alternativen Anweisungen hängt von den darin
eingebetteten bewachten Anweisungen ab.

(A1) Aus der Menge der erfüllten Wächter wird nichtdeterministisch
   einer ausgewählt und die zugehörige bewachte Anweisung
   ausgeführt.

(A2) Schlagen alle Wächter fehl, dann liefert auch die Auswertung der
   alternativen Anweisung einen Fehlschlag.

(A3) Ansonsten ist die Ausführung der alternativen Anweisung unbestimmt. Das bedeutet, daß ein Prozeß warten muß, bis einer der Fälle (A1) oder (A2) eintritt.

Bsp. 3.47: Diskussion der alternativen Anweisung aus Beispiel 3.46: Für den Fall $x=y$ stehen zwei Ereignisse zur Auswahl. Sind bei der Auswertung der Wächter sowohl **P** als auch **Q** zur Nachrichtenübertragung bereit, so ist nicht festgelegt, welche bewachte Alternative ausgeführt wird. Ansonsten wird diejenige ausgewählt, die am ehesten zur Nachrichtenübertragung bereit ist. Mit $x>y$ bzw. $y>x$ ist eine Festlegung auf ein Ereignis von Prozeß **P** bzw. Prozeß **Q** verbunden. Ein Fehlschlagen der alternativen Anweisung ist gegeben, wenn gilt:

$$(x<y \ \lor \ \text{P hat terminiert}) \ \land \ (y<x \ \lor \ \text{Q hat terminiert}) \ ,$$

oder anders ausgedrückt, wenn eine der drei Bedingungen erfüllt ist:

$x<y \ \land \ $ **Q** hat terminiert

$y<x \ \land \ $ **P** hat terminiert

P hat terminiert $\land$ **Q** hat terminiert

Mit der Wiederholungsanweisung ergibt sich die volle Ausdrucksfähigkeit von CSP.

Bsp. 3.48: Die wiederholte Ausführung von Anweisungen, die durch äußere Ereignisse ausgelöst werden:

```
*[x≥y;  P?(z)  →  x:=x-y;  y:=z

 □ y≥x;  Q?(z)  →  y:=y-x;  x:=z

]
```

Syntaktisch nur durch den vorgestellten Stern von der alternativen Anweisung zu unterscheiden, ist die Bedeutung der Wiederholungsanweisung nicht einfach die Iteration der alternativen Anweisung. Vielmehr gilt für die Ausführung der Wiederholungsanweisung:

(R1) Aus der Menge der erfüllten Wächter wird nichtdeterministisch einer ausgewählt und die zugehörige bewachte Anweisung ausgeführt. Danach ist das Wiederholungskommando erneut auszuführen.

(R2) Schlagen alle Wächter fehl, dann terminiert die Wiederholungsanweisung.

(R3) Ansonsten ist die Ausführung einer Wiederholungsanweisung unbestimmt. Das bedeutet, daß ein Prozeß warten muß, bis einer der Fälle (R1) oder (R2) eintritt.

Es mag vielleicht steif und aufgesetzt anmuten, daß die semantische Definition der CSP-Anweisungen das Fehlschlagen so sehr betont. Man sollte jedoch bedenken, daß mit dieser Definition eine Aussage über den Ausgang einer Berechnung verbunden ist. Das bezieht sich zunächst lokal auf die Anweisungen eines Prozesses. Sie läßt sich jedoch leicht auf das gesamte Programm ausdehnen und gibt somit eine Aussage über den Ausgang der gesamten Berechnung:

(F1) Ein Prozeß schlägt fehl, wenn die Ausführung bereits einer Anweisung fehlschlägt.

(F2) Eine Parallelanweisung schlägt fehl, wenn einer ihrer Prozesse fehlschlägt.

(F3) Ein Programm schlägt fehl, wenn die Parallelanweisung, aus der sich das Programm aufbaut, fehlschlägt.

Wie die Termination kann auch das Fehlschlagen einer Berechnung selbst wieder als verteilter Algorithmus in CSP formuliert werden *[Zöb 88]*. Neben diesen beiden Berechnungsausgängen kann die Ausführung eines CSP-Programms noch zwei andere Ausgänge nehmen.

- **Divergenz:**

  Gemeint sind hiermit nicht-terminierende Berechnungen. Das bedeutet, es gibt immer noch mindestens einen Prozeß, der Anweisungen ausführt, ohne daß es zu einem Fehlschlag kommt. Im Gegensatz zur sequentiellen Programmierung sind divergente Berechnungen im Zusammenhang mit der parallelen Programmierung durchaus sinnvoll. Divergent sind typischerweise das Kernprogramm eines Betriebssystems, Programme zur Regelung technischer Prozesse, aber auch allgemeine Lösungen zum Fünf-Philosophen-Problem.

- **Deadlock:**

  Damit wird der Zustand einer Berechnung, die weder divergent noch fehlschlagend ist, beschrieben. Für diesen Zustand gilt, daß es nichtterminierte Prozesse gibt, die sich alle in einem Wartezustand befinden. Für jeden einzelnen Prozeß gilt, daß er zur Nachrichtenübertragung mit anderen nichtterminierten Prozessen bereit ist, sich aber kein korrespondierendes Paar von Ein-Ausgabeoperationen findet (vgl. Abschnitt 5.2.).

Auch Deadlocks lassen sich mittels eines verteilten Algorithmus formuliert in CSP erkennen (z.B. *[FraRoh 82]*, *[Ric 85]*, *[Zöb 86]*). Dagegen führt die Erkennung der Divergenz auf das aus der Theorie der Berechenbarkeit bekannte Halteproblem zurück und ist somit unentscheidbar. Als Zustandsmodell für einzelne Prozesse ist die Berechnung solange divergent, bis für diesen Prozeß einer der übrigen Berechnungsausgänge eingetreten ist.

Bsp. 3.49: Zustandsdiagramm für die Berechnungsausgänge aus der Sicht eines Prozesses:

   (a)   unmittelbare bzw. lokale: Die Ausführung eines Prozesses terminiert oder schlägt fehl.

   (b)   mittelbare bzw. globale: Durch verteilte Kontrollalgorithmen wird eine der Eigenschaften Termintion, Deadlock oder Fehlschlag nachgewiesen.

Alle Zustände bis auf den lokalen Fehlschlag, der immer in einen globalen Fehlschlag überführt werden kann, können Berechnungsausgänge sein. Insbesondere ist noch keine Aussage über den Ausgang der Berechnung möglich, wenn ein einzelner Prozeß (lokal) terminiert. Erst wenn beispielsweise ein anderer Prozeß fehlschlägt, so wird dies mit einem verteilten Kontrollalgorithmus erkannt, und die Berechnung als Ganze gilt als fehlgeschlagen.

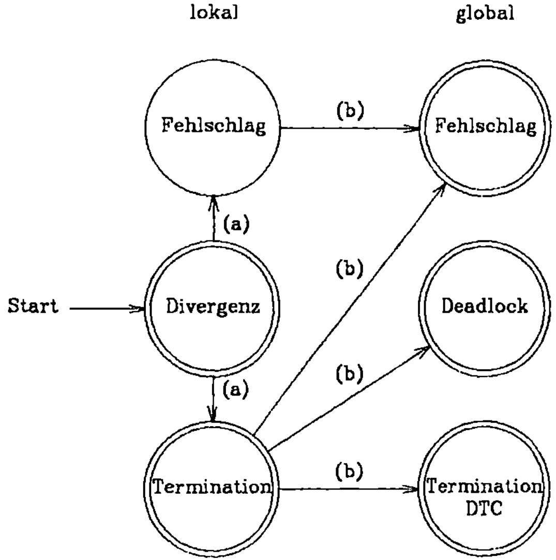

An dieser ausführlichen Darstellung des Aufbaus von CSP werden die Erfordernisse deutlich, die von einer parallelen Programmiersprache für verteilte Prozesse und insbesondere von ihrer Implementierung auf verteilten Prozessoren zu erfüllen sind. Im folgenden wird nun anhand des Fünf-Philosophen-Problems die Diskussion auf die Anwendbarkeit von CSP gelenkt. Dazu wird eine Schreibvereinfachung eingeführt, die die Quantifizierung der Operatoren ☐ bzw. || innerhalb der alternativen Anweisungen bzw. Parallelanweisungen und damit eine allgemeingültigere Formulierung zuläßt. Es soll beispielsweise

$$[P_0 || \ldots || P_{N-1}]$$

geschrieben werden können als:

$$[\ \underset{i \in \{0,\ldots,N-1\}}{||}\ P_i\ ]$$

Bsp. 3.50: Das Fünf-Philosphen-Problem in Anlehnung an Beispiel 3.13:

$$[\ \underset{i \in \{0,\ldots,N-1\}}{||}\ \mathbf{philosoph}_i\ ||\ \underset{i \in \{0,\ldots,N-1\}}{||}\ \mathbf{gabel}_i\ ||\ \mathbf{tisch}]$$

Im Gegensatz zu Pfadausdrücken sind **gabel**$_i$ und **tisch** Prozesse, sodaß hier die Unterschiede zwischen aktiven und passiven Objekten wegfällt.

```
philosoph  ::    status:=satt
         i
                 *[status=satt  →  SKIP

                   ☐ status=satt  →  status:=hungrig

                   ☐ status=hungrig  →  tisch!(an);

                                         gabel !(); gabel          !();
                                              i          (i+1) MOD 5

                                       status:=essend

                   ☐ status=essend  →  SKIP

                   ☐ status=essend  →  gabel !(); gabel          !();
                                            i          (i+1) MOD 5

                                       tisch!(ab);  status:=satt

                  ]
```

Der i-te Philosoph bemüht sich zuerst mit dem Signal **an** um einen Zugang zum Tisch und im Anschluß daran um die beiden Gabeln, die er zum Essen benötigt. An dem Tisch sollen höchstens vier Philosophen gleichzeitig sitzen, damit unter diesen immer mindestens einer ist, der beide Gabeln haben kann. Diese Strategie verhindert das Zustandekommen einer Deadlocksituation (vgl. Abschnitt 5.3.).

```
tisch  ::    anz:=0
             *[    ☐        anz<4; philosoph ?(an)  →  anz:anz+1
                i∈{0,...,4}           i

                   ☐        philosoph ?(ab)  →  anz:anz-1
                i∈{0,...,4}         i

              ]
```

Mit je einem Signal bewirbt sich ein Philosoph um die rechte und linke Gabel. In dem Programmteil für den Prozeß **gabel**$_i$ ist dafür zu sorgen, daß sich eine Gabel nur einem Philosophen zuordnet.

```
gabel_i ::    status:=frei
              *[status=frei; philosoph_{(i-1) MOD 5}?()  →  status:=rechts

                □ status=frei; philosoph_i?()  →  status:=links

                □ status=rechts; philosoph_{(i-1) MOD 5}?()  →  status:=frei

                □ status=links; philosoph_i?()  →  status:=frei

              ]
```

Hat sich nun der Prozeß **gabel**$_i$ für rechts oder links entschieden, so wartet er auf ein zweites Signal desselben Philosophen. Dieses wird als Freigabe der Gabel interpretiert und der Gabelprozeß kehrt in seine Ausgangssituation zurück. Im Gegensatz dazu findet der Philosoph erst dann zu seiner Ausgangssituation zurück, wenn sein Signal von beiden Gabeln angenommen ist und er seinen Platz am Tisch mit **tisch(ab)** freigemacht hat. Das Programm für Gabelprozesse läßt sich dadurch weiter vereinfachen, daß nicht mehr unterschieden wird, ob der linke oder rechte Philosoph die Gabel nimmt, und daß, nachdem die Gabel vergeben ist, das nächste Signal vom gleichen Philosophen als Rückgabe der Gabel interpretiert wird. Damit wird die Statusvariable überflüssig und man kann schreiben:

```
gabel_i ::    *[      □       philosoph_j?()  →  pilosoph_j?()
               j ∈ { i,(i-1) MOD 5 }
              ]
```

Alle möglichen Berechnungen, die durch das obige Programm beschrieben werden, sind divergent. Dabei stehen oftmals innerhalb von alternativen Anweisungen oder Wiederholungsanweisungen mehrere erfüllte Wächter bereit. Aufgrund des Nichtdeterminismuses ist jede Auswahl erfüllter bewachter Anweisungen erlaubt. Beispielsweise kann sich auf diese Weise eine Berechnung ergeben, die einen Philosophen in den Status **essend** überführt und von da an immer wieder die bewachte Anweisung

```
status=essend  →  SKIP
```

aber nie die bewachte Anweisung

```
status=essend  →  gabel_i!() ; ...
```

ausführt. Die Auswahlstrategie, die dieser Berechnung zugrunde liegt, ist im intuitiven wie im formalen Sinne unfair (vgl. Abschnitt 5.2.) und führt zur Blockade zweier Gabeln. Das hier vorgestellte Programm erfüllt erst dann die gestellte Aufgabe, wenn der Nichtdeterminismus (beispielsweise durch eine geeignete Implementierung) soweit begrenzt ist, daß eine immer wieder erfüllte bewachte Anweisung auch schließlich einmal zum Zuge kommt. Für das obige Programm und die folgenden CSP-Programme soll dieses Prinzip der Fairneß bei der Auswahl von bewachten Anweisungen gelten.

Ein Ideal der Problemlösung im Bereich der verteilten Programmierung sieht vor, eine Gesamtaufgabe in viele gleiche Teilaufgaben zu zerlegen, die dann bis auf Nachrichtenübertragungen unabhängig voneinander erledigt werden. Das obige Programm, das die Kooperation von fünf Philosophen regelt, benötigt dazu jedoch drei Typen von Prozessen, die nicht einmal in der Anzahl der Objektexemplare übereinstimmen.

Abb. 3.33: Der Nachrichtengraph macht deutlich, daß dem Prozeß **tisch** ganz besondere Aufgaben zufallen, indem jeder Prozeß **philosoph**$_i$ mit ihm kooperieren muß, bevor er essen kann. Der Prozeß **tisch** verwaltet die für alle entscheidende Variable **anz.**

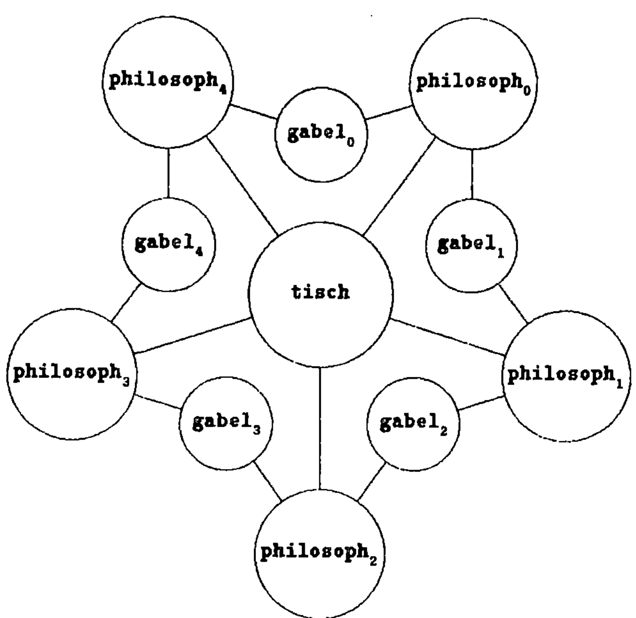

Als Maßstab im Sinne des eben erwähnten Ideals wird der Begriff der Symmetrie ins Feld geführt. Dieser intuitiv durchaus einleuchtende Begriff erweist sich als formal schwer erfaßbar. Es gibt die verschiedensten syntaktischen und semantischen Ansätze, um dieses Kriterium, das eine Aussage über die Vertauschbarkeit von Prozessen beinhaltet, sowohl formal als allgemeingültig zu definieren. An dieser Stelle soll deshalb lediglich auf die Diskussion dieser Thematik hingewiesen werden (z.B. *[JohSch 85]*, *[Bou 86]*). Ohne eine bestimmte Definition von Symmetrie zugrundezulegen wird im folgenden eine Lösung des Fünf-Philosophen-Problems angestrebt, bei der nur noch ein Prozeßtyp vorhanden ist und die Prozeßobjekte abgesehen von einer Anlaufphase untereinander austauschbar sind.

Bevor nun die angestrebte Lösung entwickelt wird, soll ein Ausdruckmittel vorgestellt werden, das die programmiertechnische Handhabbarkeit von CSP entscheidend verbessert. Es handelt sich um die gemischten Kommunikationswächter (engl. I/O-Guards), die syntaktisch in einfacher Weise durch die Erweiterung einer einzigen EBNF-Regel zu beschreiben sind.

```
guard            ::= guard_list
                 |  input_cmd
                 |  output_cmd
                 |  guard_list ; input_cmd
                 |  guard_list ; output_cmd
```

Bei der Einführung von CSP hat Hoare *[Hoa 78]* bereits auf diese Erweiterung hingewiesen, sie jedoch nicht in CSP aufgenommen. Er hatte auch allen Grund dazu, denn es war zu diesem Zeitpunkt nicht klar, wie die gemischten Kommunikationswächter zu implementieren seien. In der Zwischenzeit sind jedoch eine Reihe von Kommunikationsprotokollen entwickelt worden, die gemischte Kommunikationswächter zulassen (z.B.: *[Ber 80]*, *[BucSil 83]*, *[Bor 86]*, *[Zöb 87b]*).

Im Unterschied zu der bisher verwendeten CSP-Version ist es nun möglich, daß ein Prozeß gleichzeitig darauf wartet, Nachrichten zu senden und Nachrichten zu empfangen.

Bsp. 3.51: Gemischte Kommunikationswächter: Der Prozeß kann im Falle $x=y$ entweder eine Nachricht senden oder empfangen.

```
*[x≥y; P?(z)  →  x:=x-y; y:=z
 □ y≥x; Q!(y-x)  →  y:=y-x
]
```

Ist zur Zeit nur **P** bereit, eine entsprechende Nachricht zu senden, dann wird sie mit **P?(z)** empfangen. Ist umgekehrt nur **Q** bereit, eine entsprechende Nachricht zu empfangen, so kommt mit **Q!(y-x)** die Nachrichtenübertragung zustande. Sind **P** und **Q** gleichzeitig bereit, so wird nichtdeterministisch bzw. unter Beachtung von Fairneßbedingungen eine ausgewählt.

In der ursprünglichen CSP-Version entscheidet sich der Senderprozeß definitiv, während ein Empfängerprozeß im Zuge einer alternativen Anweisung oder einer Wiederholungsanweisung eine an sich gerichtete Nachricht auswählen und die zugehörige bewachte Anweisung ausführen kann. Bei den gemischten Kommunikationswächtern ist es nicht mehr möglich, daß ein Prozeß allein die Entscheidung über das Zustandekommen einer Nachrichtenübertragung trifft. Die Bereitschaft zur Nachrichtenübertragung ist auch für den Senderprozeß zu einer temporären Eigenschaft geworden.

Bsp. 3.52: Bereitschaft zur Nachrichtenübertragung im obigen Beispiel: Für den Fall $x=y$ ist der betrachtete Prozeß zur Kommunikation mit **P** und **Q** bereit. Es besteht nun die Schwierigkeit, diese Bereitschaft in konsistenter Weise an **P** und **Q** zu übermitteln. Ist das geschehen und kommt daraufhin eine Nachrichtenübertragung mit **Q** zustande, so ist die Information über die Bereitschaft in Prozeß **P** bereits veraltet.

Wenn nun im folgenden die gemischten Kommunikationswächter in das CSP-Modell mit aufgenommen werden, dann ist zu bedenken, daß dafür auf der Implementierungsebene ein bisweilen recht aufwendiges Protokoll ablaufen muß, das die Kommunikationsbereitschaft von Prozessen berücksichtigt und entscheidet, welche Nachrichtenübertragung zustande kommt. Demgegenüber bieten die gemischten Kommunikationswächter hervorragende Ausdrucksmöglichkeiten auf der Ebene der Spezifikation. Mit ihrer Hilfe lassen sich viel leichter symmetrische und deadlockfreie Lösungen formuliern, wie das folgende Beispiel deutlich macht.

Bsp. 3.53: Programmiertechnische Bedeutung der gemischten Kommunikationswächter: N Prozesse mögen in einem Ring angeordnet sein und eine Berechnung ausführen, die dann zu beenden ist, wenn mindestens einer der Prozesse eine Lösung (**erg:=true**) gefunden hat. Dazu soll gelten, daß jeder Prozeß von Zeit zu Zeit wieder zur Auswertung der Wächter der äußeren Wiederholungsschleife zurückkehrt.

```
P_i ::        erg:=false;
              fertig_{(i-1) MOD N}:=false;
              fertig_{(i+1) MOD N}:=false;
              :
              :
              :
              *[¬erg; ......
                ¬erg; ......  -- Berechnung von erg
                ¬erg; ......
                           □                 erg; ¬fertig_j;   P_j!() →
                 j∈{(i-1) MOD N, (i+1) MOD N}
                                        fertig_j:=true
                           □                 ¬fertig_j;   P_j?() →
                 j∈{(i-1) MOD N, (i+1) MOD N}
                                        fertig_j:=true; erg:=true
              ]
```

Jeder Prozeß P_i teilt sich so in einen Berechnungsteil und einen Teil, der das Ergebnis weitermeldet. Ohne Unterschied kann jeder der Prozesse P_i mit seiner Berechnung fertig werden und eine Signalisierung anstoßen, die schließlich jeden Prozeß terminiert. Insbesondere können diese Signalisierungen an vielen Stellen des Rings beginnen und sich solange ausbreiten bis sie aufeinander stoßen. Eine entsprechende Lösung, die zum einen deadlockfrei ist und zum anderen keinem der Prozesse besondere Aufgaben einräumt, ist in der ursprünglichen CSP-Version nicht möglich (vgl. *[Bou 86]*).

Aufbauend auf die Mächtigkeit der gemischten Kommunikationswächter soll nun eine ganz neue Strategie zur Lösung des Fünf-Philosophen-Problems in einem CSP-Programm verwirklicht werden.

Angeleitet wird die Strategie von der Beobachtung, daß höchstens zwei der fünf Philosophen zur gleichen Zeit essen können. Diese Philosophen sollen dazu eine Berechtigungsmarke erhalten. Für diese Marke soll nun folgendes gelten:
(1) Es gibt genau zwei Marken.
(2) Ein Philosoph kann höchstens eine Marke besitzen.
(3) Besitzt ein Philosoph eine Marke, so kann keiner seiner Nachbarn eine Marke besitzen.
(4) Jede der Marken kann jeden der Philosophen erreichen (bzw. wird ihn unter Einhaltung von Fairneßbedingungen schließlich erreichen).

Unter der Voraussetzung, daß diese Bedingungen eingehalten werden, kann der Lebensrhythmus eines Philosophen bereits formuliert werden.

```
[    ||    philosoph_i]
  i ∈ {0,...,4}
```

Wenn ein Philosoph hungrig und im Besitz einer Marke ist, dann darf er essen.

```
philosoph_i ::      :
                    :
                    :
             status:= satt;
             *[status=satt  →  SKIP

                 □ status=satt  →  status:=hungrig

                 □ status=hungrig; marke  →  status=essend

                 □ status=essend  →  SKIP

                 □ status=essend  →  status=satt

                 :

                 :

             ]
```

Damit keine Inkonsistenzen entstehen, darf eine Marke nicht weitergegeben werden, solange der Philosoph ißt.

Es bleibt noch, dafür zu sorgen, daß die Marken den Bedingungen (1) bis (4) entsprechend weitergegeben werden. Der Einfachheit halber wird nur eine Bewegungsrichtung für die Marken vorgesehen. Die Eigenschaft **frei** zeichnet einen der Philosophen aus, der eine Marke von seinem Nachbarn aufnehmen darf, ohne damit die Bedingung (3) zu verletzen.

Abb. 3.34: Weitergabe der Marke: Die Marken sollen nur gegen den Uhrzeigersinn weitergegeben werden.

(a) In dieser Situation ist Philosoph vier **frei**, um eine Marke von Philosoph drei zu übernehmen. Die Eigenschaft **frei** wird an den alten Besitzer der Marke weitergereicht.

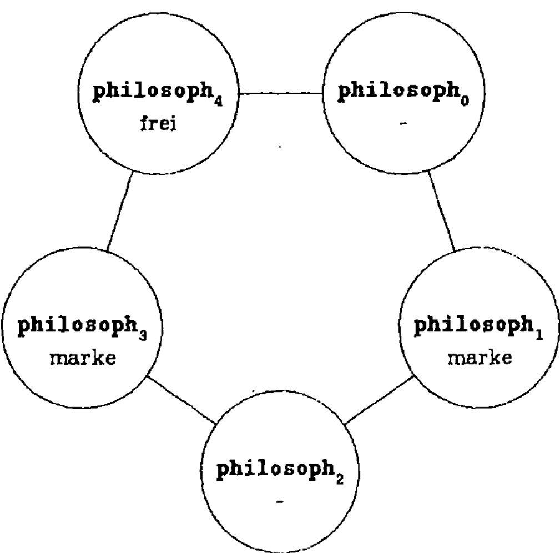

Abb. 3.35: (b) Bei dieser Bewegungsrichtung der Marken ist die Eigenschaft, **frei** zu sein, für den Philosophen drei nutzlos. Deshalb wird sie an den Philosophen zwei weitergegeben.

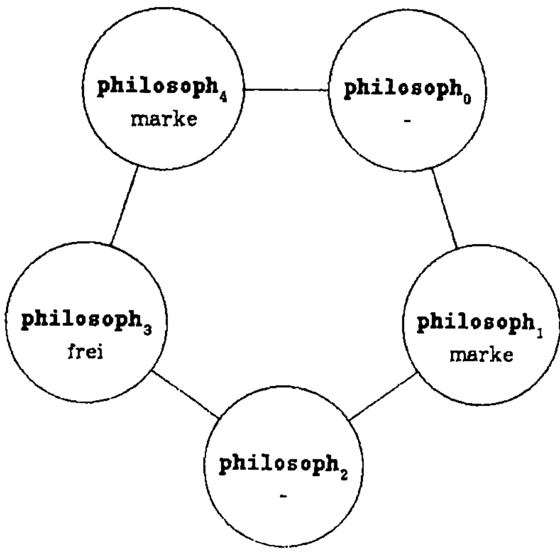

Abb. 3.36: (c) Philosoph zwei besitzt nun die Eigenschaft, **frei** zu sein.

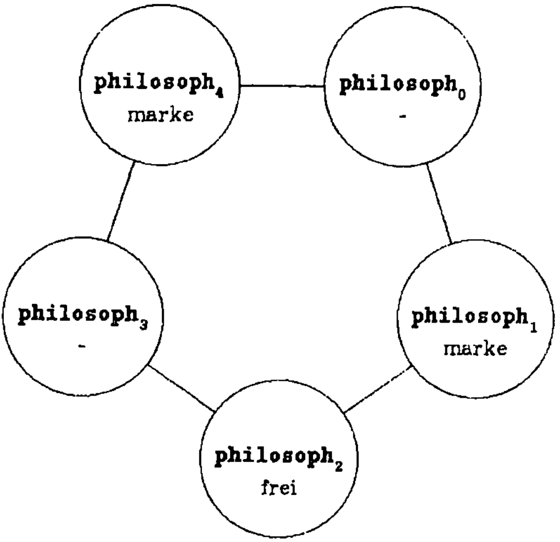

Für die gezielte Lösungsfindung werden nun die Bedingungen (1) bis (3) in Invarianten umgeformt, die vor und nach der Ausführung bewachter Anweisungen gelten.

$$I_1 = (\underset{i \in \{0,\dots,4\}}{\#}\ \text{philosoph}_i(\text{marke})) = 2$$

$$I_2 = (\underset{i \in \{0,\dots,4\}}{\#}\ \text{philosoph}_i(\text{frei})) = 1$$

Dabei ist # ein Anzahloperator, der angibt, für wieviele der Prozesse das jeweilige Prädikat (in Klammern) erfüllt ist. Des weiteren ist noch eine wichtige Aussage über die Verteilung der Philosophen, für die marke oder frei erfüllt ist, zu treffen. Dazu bezeichnet m_f bzw. f_m den Abstand nach links bzw. rechts von einem freien Philosophen bis zu dem nächsten, der eine Marke besitzt.

$$I_3 = (m\_f=1 \ \wedge\ f\_m=2) \ \vee\ (m\_f=2 \ \wedge\ f\_m=1)$$

Bsp. 3.54: Vervollständigung der Lösung des Fünf-Philosophen-Problems:

```
philosoph_i ::    frei:=i-4;
                  marke:=(i MOD 2)<>0
                  :
                  :
                  :
                  *[:
                    : -- Lebensrhythmus eines Philosophen
                    :
                    [] frei;   philosoph_(i-1) MOD 5?(marke) ->
                                   frei:=false
                    [] status<>essend;   philosoph_(i+1) MOD 5!(marke) ->
                                   marke:=false; frei:=true
                  ]
```

Für den Nachweis der Korrektheit ist die Gültigkeit der Invarianten zu überprüfen. Dazu ist zunächst festzuhalten, daß die Invarianten zu Anfang erfüllt sind. Des weiteren sind zwei Fälle zu betrachten:

(a) $I_1 \wedge I_2 \wedge (m\_f=1) \wedge (f\_m=2)$: Das bedeutet, **philosoph_i** ist frei und kann mit **philosoph_(i-1) MOD N**, der keine Marke besitzt (**marke=false**) kommunizieren (Abb. 3.35). Damit rückt die Eigenschaft, frei zu sein, auf **philosoph_(i-1) MOD N**, während **philosoph_i** noch immer keine Marke besitzt also:

$$I_1 \ \wedge\ I_2 \ \wedge\ (m\_f=2) \ \wedge\ (f\_m=1)$$

(b) $I_1 \wedge I_2 \wedge (m\_f{=}2) \wedge (f\_m{=}1)$: Das bedeutet, **philosoph**$_i$ ist frei und kann mit **philosoph**$_{(i-1)\ \text{MOD}\ N}$, der eine Marke (**marke=true**) besitzt, kommunizieren, wenn sich jener nicht mehr im Status **essend** befindet. Nach der Ausführung der entsprechenden bewachten Anweisungen wird **philosoph**$_{(i-1)\ \text{MOD}\ N}$ frei und verliert seine Marke (durch die Zuweisung **marke:=false**). Währenddessen hat **philosoph**$_i$ die Eigenschaft, frei zu sein, verloren und die Marke im Zuge der Übertragung des Wertes **true** erhalten. Damit gilt $I_1 \wedge I_2$ und aus der Position des freien Philosophen ergibt sich:

$$(m\_f{=}1) \ \wedge \ (f\_m{=}2)$$

Die Bedingung (4) wurde bislang nicht betrachtet. Sie leitet sich jedoch unmittelbar aus den verabredeten Fairneßbedingungen ab. So wird jeder Philosoph schließlich in den Status **hungrig** gelangen, aus dem er nur entkommen kann, wenn er die Marke besitzt. Andererseits wird jeder Philosoph unendlich oft Besitzer einer Marke, sodaß auch die gemeinsame Wächterbedingung

status=hungrig; marke

unendlich oft erfüllt ist und schließlich ausgewählt wird.

Mit der Einführung des Sprachmodells CSP verbinden sich Fragestellungen, die für die verteilte Programmierung von grundlegender Bedeutung sind. Von CSP gingen entscheidende Impulse für den Entwurf von so bedeutenden Programmiersprachen wie Occam und Ada aus. An kaum einer anderen Sprache lassen sich programmiertechnische Konzepte so unmittelbar erkennen und darstellen. Gleichzeitig ist CSP keine vollständige Programmiersprache und eignet sich insbesondere für die Einführung problemorientierter Abstraktionsebenen (wie beispielsweise die gemischten Kommunikationswächter). Ihr Anwendungsfeld liegt deshalb vorrangig im Bereich der Spezifikation.

3.4.3.2. Synchrone Nachrichten in Occam

Die Programmiersprache Occam wurde von D. May und R. Taylor bei der Firma INMOS anfang der 80-iger Jahre entwickelt *[MayTay 84]*. Ein entscheidender Initiator dieser Entwicklung war C.A.R. Hoare, der bereits einige Jahre zuvor das Sprachmodell CSP entworfen hatte. So ist denn auch Occam als die pragmatische Realisierung wesentlicher Konzepte von CSP anzusehen.

Mit der Wahl des Namens Occam beziehen sich die Entwickler der Sprache auf den Franziskanerpater und Theologen William von Occam[3.14] (1285-1347). Der entscheidende Bezug, der mit der Namenswahl hergestellt werden soll, liegt in Occams theologischem Ansatz, der das aufgetürmte und überfrachtete Gedankengebäude der Hochscholastik durch neue und einfache Grundeinsichten zu ersetzen suchte. Ein Leitspruch Occams, "die Dinge so einfach wie möglich" anzugehen, kann auch als Leitmotiv für die Konzeption und Entwicklung der Programmiersprache Occam angesehen werden. Dieses Leitmotiv der Einfachheit, bezieht sich auf dreierlei:

- die Knappheit des Sprachumfangs
- die leichte Erlernbarkeit
- die unmittelbare Implementierbarkeit

Während der ersten Sprachversion die Einfachheit bedenkenlos zugesprochen werden konnte, sind im Zuge der anwendungsorientierten Fortentwicklung der Sprache neue Versionen entstanden, bei denen das Merkmal der Einfachheit mehr und mehr in den Hintergrund tritt. Wenn im folgenden von Occam die Rede sein wird, dann ist die verbreitete Version Occam-2 [INMOS 86b] gemeint.

Im folgenden wird es um ein spezielles Erzeuger-Verbraucher-Problem gehen, an dem gezeigt werden soll, wie in Occam parallele Prozesse synchronisiert und konfiguriert werden. Der Erzeuger ist hierbei ein Uhrprozeß, der ständig Uhrzeiten produziert und der Verbraucher ist ein Ausgabeprozeß, der diese Uhrzeiten auf dem Bildschirm anzeigt. Um außerdem weitere wichtige Merkmale von Occam aufzuzeigen, werden diese beiden Prozesse durch weitere Prozesse ergänzt.

In Occam ist der Prozeßbegriff sehr viel enger gefaßt, als in den bisher beschriebenen Konzepten und Sprachen. Der Uhrprozeß in Occam ist z.B. bereits ein komplexer Prozeß, der aus elementaren Prozessen zusammengesetzt ist. Elementare Prozesse sind dabei **SKIP**, **STOP**, Zuweisungen, Ein- und Ausgaben über Kanäle.

SKIP ist ein Prozeß, der nichts tut und terminiert (Vergleichbar mit einer leeren Anweisung.).

[3.14]   In deutschen Lexika findet sich der Name Wilhelm von Ockham, wie er sich zur Zeit seines Exils beim deutschen Kaiser Ludwig dem Bayern schrieb.

STOP ist ein Prozeß, der weder etwas tut noch terminiert (In etwa vergleichbar mit einer Endlosschleife.).

Bsp. 3.55: Die Zuweisung in Occam ist bereits ein elementarer Prozeß. Hier wird die boolesche Variable **weiter** mit **TRUE** initialisiert. Übrigens: Occam unterscheidet Groß- und Kleinbuchstaben.

```
weiter:=TRUE
```

Bsp. 3.56: Der Wert der Variablen **sekunden** wird um eins modulo sechzig erhöht.

```
sekunden:=(sekunden=1) REM 60
```

Bsp. 3.57: Der Vergleich **sekunden=0** liefert ein boolesches Ergebnis. Dieses wird durch **INT** in eine ganze Zahl umgewandelt und an **flag** zugewiesen. Dabei gilt: **(INT TRUE)** ergibt eins und **(INT FALSE)** ergibt Null. Entsprechend gelten auch andere Typumwandlungen wie z.B.: **(BOOL 0)** ergibt **FALSE**.

```
flag:=(INT (sekunden=0))
```

Um Nachrichten zwischen parallelen Prozessen verschicken zu können, werden in Occam ausdrücklich deklarierte Kanäle benötigt. Diese Kanäle stellen eine gerichtete Verbindung zwischen genau zwei parallelen Prozessen dar. Dabei lassen die Kanäle nur eine synchrone Nachrichtenübertragung zu.

Bsp. 3.58: Der Variablen **variable** wird derjenige Wert zugewiesen, den ein anderer Prozeß in den Kanal **kanal** schreibt.

```
kanal?variable
```

Der Wert des Ausdrucks **ausdruck** wird in den Kanal **kanal** geschrieben.

```
kanal!ausdruck
```

Wichtig ist, daß die Kanäle nur Werte übermitteln können, deren Typ vorher definiert wurde. Ein Integer-Kanal kann z.B. keine booleschen Werte übermitteln.

Mit sogenannten Konstruktoren können mehrere Prozesse (elementare oder komplexe) zu komplexen Prozessen zusammengefaßt werden. Um zu kennzeichnen, welche Prozesse zum Konstruktor dazugehören, werden die entsprechenden Prozesse um genau zwei Zeichen eingerückt. Dadurch erspart man sich eine explizite Klammerung wie z.B. durch **BEGIN** und **END**. Folgende Konstruktoren gibt es in Occam: **SEQ, PAR, WHILE, IF** und **ALT**.

Bsp. 3.59: Durch den Konstruktor **SEQ** werden mehrere Prozesse (elementare oder komplexe) zu einem komplexen Prozeß zusammengefaßt und sequentiell, also nacheinander ausgeführt: Alle beteiligten Prozesse werden um genau zwei Zeichen unter dem **SEQ** eingerückt.

```
SEQ -- erhöhe Zeit um eine Sekunde
  sekunden := (sekunden+1) REM 60
  minuten := (minuten+(INT (sekunden=0))) REM 60
  stunden := (stunden+(INT ((sekunden=0) AND (minuten=0)))) REM 24
```

Ein durch **SEQ** konstruierter komplexer Prozeß terminiert erst, wenn sein textuell letzter Teilprozeß terminiert hat.

Bsp. 3.60: Nach der Deklaration von **kanal** und **zahl** werden durch den Konstruktor **PAR** zwei parallele Prozesse gestartet.

```
CHAN OF INT Kanal :
INT zahl :
PAR -- teure Zuweisung
  Kanal!(3+4)*2
  Kanal?zahl
```

Die Zuweisung ist in sofern teuer, weil dieses Programm auch als

```
INT zahl:
zahl:=(3+4)*2
```

hätte geschrieben werden können. Dann hätte man keinen Aufwand mehr, die Kommunikation zu synchronisieren. Es wäre aber auch kein Beispiel mehr für **PAR**.

Ein durch **PAR** konstruierter komplexer Prozeß terminiert erst, wenn alle seine Teilprozesse terminiert haben.

Bsp. 3.61: Die Berechnung der Steigung einer Geraden (vgl. Abb 1.1):

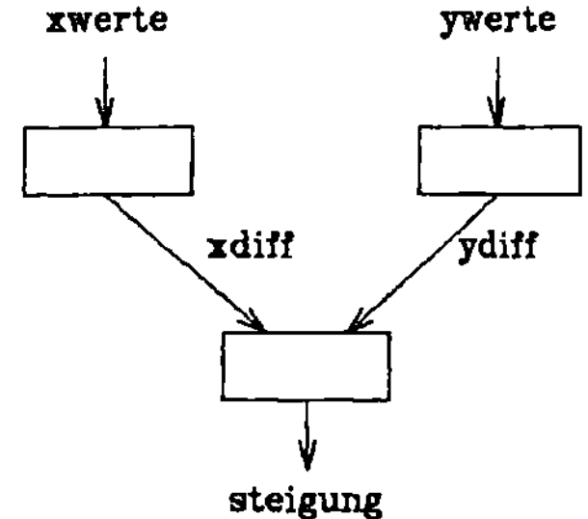

Zur Erstellung des Programms benötigt man nur die Konstruktoren **SEQ** und **PAR**.

```
    :
    :
    CHAN OF REAL xwerte, ywerte, xdiff, ydiff, steigung:
    PAR
      SEQ
        INT x0, x1:
        xwerte?x0
        xwerte?x1
        xdiff!x1-x0
      SEQ
        INT y0, y1:
        xwerte?y0
        xwerte?y1
        xdiff!y1-y0
      SEQ
        INT deltax, deltay:
        xdiff?deltax
        ydiff?deltay
        steigung!deltay/deltax
    :
    :
```

Ein spezieller Kanaltyp in Occam ist **TIMER**. Aus Kanälen von diesem Typ kann man stets die aktuelle Zeit auslesen. Dabei wird die Zeit in Einheiten gemessen, deren Zeitdauer systemabhängig ist. Die aktuelle Zeit entspricht der Anzahl von Einheiten, die z.B. seit Anschalten des Rechners vergangen sind. Je nach Darstellungsgenauigkeit und Zeitdauer einer Einheit lassen sich unterschiedliche Zeitperioden erfassen. Dabei wird mit der Zählung wieder bei Null angefangen, nachdem die größte darstellbare Zahl erreicht worden ist. Bei 64μs/Einheit und 16–Bit Zahlen passiert dieses etwa alle 4,2 Sekunden, bei 10μs/Einheit aber 32–Bit Zahlen jedoch nur etwa zweimal am Tag.

Bsp. 3.62: Mit dem Operator **AFTER** kann man darauf warten, bis ein Zeitpunkt erreicht ist. Dabei findet keine Wertzuweisung statt. Der Programmablauf wird lediglich eine Weile verzögert, solange wie die Zeit des Timers kleiner als der Ausdruck hinter **AFTER** ist. **PLUS** entspricht der Addition von Zahlen modulo Rechengenauigkeit. Das folgende Programmstück verzögert den Ablauf also um **zu.wartende.einheiten**. Der Punkt dient dabei der besseren Lesbarkeit und darf, außer am Wortanfang, beliebig verwendet werden.

```
TIMER zeit :
INT jetzt :
SEQ
   zeit?jetzt
   zeit?AFTER jetzt PLUS zu.wartende.einheiten
```

Mit dem jetzigen Wissen kann bereits die erste Prozedur definiert werden:

```
PROC warte (VAL INT zu.wartende.millisec)
  VAL einheiten.pro.millisec IS 15:
  TIMER zeit :
  INT jetzt, wartezeit :
  SEQ
    PAR
      wartezeit:=zu.wartende.millisec*einheiten.pro.millisec
      zeit?jetzt
      zeit?AFTER jetzt PLUS wartezeit
:
```

Das Attribut **VAL** gibt an, daß es sich bei dem folgenden um einen   Wert handelt, der wie eine Konstante zu behandeln ist. Es darf also nicht zugewiesen werden. Ohne **VAL** entspräche die Übergabe des Parameters dem call-by-reference im Pascal. Das **IS** definiert eine Schreibkonvention bzw. Abkürzung. D.h., daß jedes Auftreten von **einheiten.pro.millisec** durch 15 zu ersetzen ist, und daß, wegen des vorangestellten **VAL**,   nicht an **einheiten.pro.millisec** zugewiesen werden darf. Der Doppelpunkt   ist obligatorisch, schließt die Prozedurdefinition ab und muß bündig   unter dem P von **PROC** stehen.

Bsp. 3.63: Mit dem Konstruktor **WHILE** kann nun auch ein   Ein-Byte-Puffer programmiert werden.

```
VAL ende IS 3 : -- Control-C
PROC puffer (CHAN OF BYTE in, out)
  BYTE ch :
  SEQ
    in?ch
    out!ch
    WHILE ch< >ende
      SEQ
        in?ch
        out!ch
:
```

Mit entsprechend vielen Kanälen und Prozessen kann damit ein größerer Puffer aufgebaut werden. Dazu wird ein Array von Kanälen verwendet.

```
VAL puffergroesse IS 100 :
[puffergroesse+1] CHAN OF BYTE pipeline : -- 0 bis puffergröße
PAR
   puffer(pipeline[0], pipeline[1])
   puffer(pipeline[1], pipeline[2])
              :
              :
   puffer(pipeline[puffergroesse-1], pipeline[puffergroesse])
```

Die Zahl in den eckigen Klammern vor der Definition eines Arrays gibt die Anzahl der Komponenten an, deren niedrigster Index immer Null ist. Die Komponentenzahl darf dabei ein Ausdruck sein, solange dieser nur aus Konstanten besteht (Compilezeitausdruck).

Weil die Aufzählung der vielen parallelen Prozesse sehr mühselig ist, gibt es eine Ersatzschreibweise mit dem Replikator **FOR**.

```
PAR i=0 FOR puffergroesse
   puffer (pipeline[i], pipeline[i+1])
```

Dabei braucht das i (wie z.B. in Ada) nicht deklariert zu werden und im Gegensatz zu vielen anderen Programmiersprachen steht hinter dem **FOR** nicht der Endwert von i, sondern die Anzahl der parallel zu startenden Prozesse. Auch diese Anzahl darf nur ein Compilezeitausdruck sein. Ebenso können auch das **SEQ** und einige anderen Konstruktoren repliziert werden.

Der **IF**-Konstruktor erscheint auf den ersten Blick recht kompliziert. Unter dem **IF** stehen eingerückt boolesche Ausdrücke, zu denen jeweils (wieder eingerückt) ein Prozeß gehört. Von diesen Prozessen wird nun derjenige ausgeführt, dessen boolescher Ausdruck sich zu **TRUE** auswertet und textuell an erster Stelle steht. Läßt sich kein Ausdruck zu **TRUE** auswerten, dann verhält sich das **IF** wie **STOP**. Deshalb wird es häufig notwendig sein, ein **TRUE SKIP** anzuhängen, damit die **IF**-Anweisung terminiert, falls keine der anderen Bedingungen erfüllt ist.

```
IF
   :
   :
   TRUE
     SKIP
```

Bsp. 3.64: Ein gelesenes Zeichen **ch** wird eventuell modifiziert und auf den Kanal **aus** ausgegeben. Mit dem Apostroph werden Zeichen wie in Pascal geklammert, der Stern markiert dabei Steuerzeichen.

```
WHILE weiter
  SEQ
    ein?ch
    IF                        -- Behandlung eines Zeichens
      (ch = '*n')             -- newline
        aus! '*r'             -- carriage return
      (ch = '*t')             -- tabulator
        SEQ i=0 FOR 8
          aus! ' '            -- blank (auch '*s' wie space)
      (ch = ende)             -- bereits früher als Control-C
                              -- definiert
        PAR                   -- SEQ wäre genauso gut
          aus!ch
          weiter := TRUE
      TRUE
        aus!ch
```

Außer den Arrays, auf die hier nicht weiter eingegangen werden soll, wurde in Occam besonderes Augenmerk auf die Kommunikation mit Hilfe von Kanälen gerichtet. Möchte man z.B. eine Uhrzeit über einen Kanal verschicken, so sollte man nicht nur den Kanal **zeit** benennen können, sondern die Zeit sollte auch als eine Einheit verschickbar sein. Anstatt also Stunden, Minuten und Sekunden getrennt voneinander über einen **CHAN OF INT** zu verschicken, ist es möglich ein Kommunikationsprotokoll zu definieren und den Kanal als Kanal dieses Protokolls zu deklarieren.

Bsp. 3.65: Protokoll für Stunden, Minuten und Sekunden.

```
PROTOCOLL ZEIT IS INT; INT; INT :
CHAN OF ZEIT zeit:
INT stunden, minuten, sekunden:
PAR
    zeit!14; 30; 0 -- halb drei
    zeit?stunden; minuten; sekunden
```

Dieses Protokoll ist allerdings keineswegs flexibel. Man ist immer an genau drei Integerwerte gebunden. Nun ist es natürlich nicht besonders schön, für jedes Protokoll einen eigenen Kanal haben zu müssen. Daher ist es in Occam möglich, Protokolle mit verschiedenen Varianten zu definieren.

Somit kann eine Ausgabeprozedur definiert werden, die Werte verschiedener Typen als Eingabe auf ein und demselben Kanal erhält und zeichenweise auf einen **CHAN OF BYTE** ausgibt. Im nun folgenden Beispiel können auch Zeichenketten variabler Länge übergeben werden. Das Array **array** muß jedoch so groß gewählt werden, wie die längste zu erwartende Zeichenkette. Alle Zeichenketten sind Arrays vom Typ **[laenge]BYTE**. **CASE** leitet die Definition der Varianten ein. Die jeweilige Variante muß sowohl beim Senden, als auch beim Empfangen mit angegeben werden, damit bereits zur Compilezeit Überprüfungen gemacht werden können. Die Variante **zeichenkette** besagt, daß erst ein Byte geschickt wird und danach ein Byte-Array mit soviel Komponenten, wie durch das vorherige Byte angegeben wurde. Dieser Zusammenhang wird durch :: gekennzeichnet.

```
PROTOCOLL DIVERSES -- Definition des Kommunikationsprotokolls
    CASE -- Die einzelnen Varianten sind von der Bauart:
      -- tagfield; type-identifier { ; type-identifier }
      zeichen; BYTE
      zahl; INT
      vermischt; INT; BYTE
      zeichenkette; BYTE :: [ ]BYTE
  :

PROC ausgabe (CHAN OF DIVERSES ein, CHAN OF BYTE aus)
    INT i: -- Deklarationen
    BYTE b :
    [256]BYTE array :
    WHILE TRUE
      ein?CASE -- eingelesenes zeichenweise ausgeben
        zeichen; b
          aus!b
        zahl;i
          SEQ
            aus!'0' + BYTE(i/10)
            aus!'0' + BYTE(i REM 10)
        vermischt; i; b
          SEQ
            aus!'0' + BYTE(i/10)
            aus!'0' + BYTE(i REM 10)
            aus!b
        zeichenkette; b :: array
          SEQ i= 0 FOR b
            aus!array [i]
  :
```

```
CHAN OF DIVERSES d : -- Deklaration der Kanäle
CHAN OF BYTE b :
PAR
    ausgabe (d, b)
    divermischt; 5; '*r'
```

Häufig treten Fälle in der parallelen Programmierung auf, in denen zwar Nachrichten verschickt werden sollen, der Inhalt der Nachricht jedoch unwichtig ist und unberücksichtigt bleibt. Allein die Tatsache, daß eine Nachricht vorliegt, ist für den Empfänger wichtig. Diese Signale, wie sie genannt werden, sind in Occam leider nicht so einfach programmierbar, wie man es gerne hätte. Mit einem Protokoll mit nur einer Variante, der keine Typangaben folgen, kann die gewünschte Eigenschaft von Signalen beschrieben werden.

```
PROTOCOL SIGNAL
    CASE
        signal
:
```

Mit dieser Definition[3.15] von **SIGNAL** soll die Prozedur **ausgabe** so abgeändert werden, daß sie durch das Eintreffen eines Signals terminiert.

Bsp. 3.66: Termination eines Prozesses aufgrund eines Signals:

```
PROC ausgabe (CHAN OF DIVERSES ein, CHAN OF BYTE aus,
              CHAN OF SIGNAL stop)
    BOOL weiter:
    -- weitere Deklarationen wie in Bsp. 3.65
      SEQ
        weiter := TRUE
        WHILE weiter
          ALT
            stop?CASE
              signal
                weiter := FALSE
            in?CASE
              -- weitere Ausführung wie in Bsp. 3.65
:
```

[3.15]   Diese Definition ist allerdings nur erlaubt, weil in Occam Groß- und Kleinschreibung unterschieden wird.

Der oben verwendete **ALT**-Konstruktor besagt hierbei, daß gleichzeitig auf das Eintreffen von Nachrichten von mehreren Kanälen gewartet wird. Treffen mehrere Nachrichten gleichzeitig ein oder liegen bereits Nachrichten mehrerer Kanäle vor, so wird eine der Alternativen nichtdeterministisch ausgewählt. Wichtig ist, daß nur auf das Eintreffen von Nachrichten alternativ gewartet werden darf, nicht jedoch auf das Senden von Nachrichten durch einen oder mehrere Empfänger. Des weiteren darf vor jeder Alternative ein boolescher Ausdruck gefolgt von einem **&** stehen. Dann werden nur Alternativen berücksichtigt, deren boolescher Ausdruck zu · **TRUE** ausgewertet werden kann. Wenn ein boolescher Ausdruck vorhanden ist, darf statt des Eingabeprozesses auch ein **SKIP** benutzt werden. Die Verwandschaft zu CSP ist hier offensichtlich, und daß das Problem der gemischtem Kommunikationswächter zur Entwicklungszeit von Occam noch nicht zufriedenstellend gelöst war, wird ebenfalls deutlich.

Bsp. 3.67: Der Prozeß **uhr** als weiteres Beispiel für den **ALT**-Konstruktor:

```
PROC uhr (CHAN OF DIVERSES aus, CHAN OF SINGAL stop)
   INT stunden, minuten, sekunden :
   BOOL weiter :
   SEQ
     weiter := TRUE
     WHILE weiter
       ALT
         stop?CASE
           signal
             weiter := FALSE
         TRUE & SKIP
           SEQ
             warte(1000)  -- eine Sekunde
             -- erhöhte Zeit um eine Sekunde (vgl. Bsp. 3.59)
             aus!zeichenkette; (BYTE 7); "Es ist "
             aus!vermischt; stunden; ':'
             aus!zahl; minuten
             aus!zeichenkette; (BYTE 5); " Uhr*r"
:
```

Solange noch kein Signal über den Kanal **stop** vorliegt, wird jedesmal die zweite Alternative ausgewählt. Wenn nun ein Signal ankommt, so sind beide Alternativen möglich, doch nur eine wird (ggf. nichtdeterministisch) ausgewählt. Das kann zur Folge haben, daß die Uhr trotz Vorliegen des Stopsignals noch einige Sekunden weiterläuft. Möchte man dies nicht, so kann man die verschiedenen Alternativen priorisieren, d.h. entsprechend der Aufschreibung bevorzugen. Dazu wird lediglich das **ALT** durch **PRI ALT** ersetzt. Analog dazu kann auch das **PAR** durch **PRI PAR** ersetzt werden. Dadurch darf ein Prozeß erst dann weiterrechnen, wenn kein textuell vor ihm stehender Prozeß rechnen kann. Das ist immer dann der Fall, wenn mehrere parallele Prozesse auf einem Prozessor ablaufen. Dann kann ein textuell später stehender Prozeß erst dann rechnen, wenn z.B. die vor ihm stehenden Prozesse auf das Zustandekommen einer Kommunikation warten oder bereits terminiert sind.

Der letzte Schritt in der Entwicklung eines Occam-Programms ist die Konfigurierung. Prozessoren der entsprechenden Hardware werden Prozesse des Programms zugeteilt und die Leitungen zwischen den Prozessoren werden im Programm den Kanälen zugewiesen. Das Programmverhalten wird hierbei nicht verändert, d.h. das Programm liefert vor und nach der Konfigurierung dieselben Ergebnisse, nur daß es vorher auf nur einem Prozessor lief und hinterher auf mehreren. Zu diesem Zweck besitzt jeder Prozessor eines Systems eine eindeutige Nummer und jeder dieser Prozessoren verfügt über eine bestimmte Anzahl von Leitungsanschlüssen (engl. links) zur Außenwelt, die je Prozessor über eine eindeutige Nummer identifiziert werden können.

Unterschieden wird hier die Konfigurierung der Kanäle und die Konfigurierung der Prozesse. Bei der Konfigurierung der Kanäle unter- scheidet man außerdem noch zwischen tatsächlichen Kanälen, die in Form von Leitungen vorliegen und solchen, die eigentlich nur Speicherstellen sind. Ein Lesen bzw. Schreiben des Kanals entspricht direkt dem Lesen bzw. Schreiben der Speicherstelle. Diese Form, Eingabe- bzw. Ausgabegeräte anzusprechen, wird mit Memory-mapped-I/O bezeichnet, und im Programm durch das Schlüsselwort **PORT** von den Kanälen unterschieden.

Bsp. 3.68: Anwendung für Ports: Um das Programm zur Ausgabe von Uhrzeiten konfigurieren zu können, sei angenommen, daß die Tastatur über zwei Speicherstellen von Prozessor 1 gelesen werden muß. In Speicherstelle #013e (# = hexadezimal) liegt ein gültiges Zeichen vor, sobald das höchstwertigste Bit (MSB = most significant bit) zurückgesetzt ist. Das nächste Zeichen der Tastatur wird frühestens nach #013e geschrieben, wenn bestätigt wurde, daß das vorherige Zeichen nicht mehr benötigt wird. Das möge durch Beschreiben der Speicherstelle #013f mit einem völlig beliebigen Wert geschehen. Wichtig hierbei ist nur die Tatsache, daß geschreiben wird. Der Eingabeprozeß sieht dann wie folgt aus:

```
PORT OF BYTE tastatur, bestaetigung :
PLACE tastatur AT #013e :
PLACE bestaetigung AT #013f :
PROC eingabe (CHAN OF BYTE aus)
  BYTE ch :
  BOOL weiter :
  SEQ
    weiter := TRUE
    WHILE weiter
      SEQ
        tastatur?ch
        WHILE (ch/\#80) < > 0 -- Polling bis das MSB auf Null ist
          SEQ
            warte(1)
            tastatur?ch
        bestaetigung!ch
        -- Behandlung eines Zeichens aus Bsp 3.67
  :
```

Dabei steht $/\backslash$ für die bitweise Konjunktion (Und) von Zahlen. Analog gibt es $\backslash/$ für die bitweise Disjunktion (Oder), $> <$ für das bitweise Exklusiv-Oder und $\sim$ für die bitweise Negation.

Bsp. 3.69: Das Occam-Programm soll auf der abgebildeten Hardware zum Laufen gebracht werden. Dabei stellen die Kästen mit ihren Nummern die Prozessoren dar und die Verbindungslinien mit ihren Nummern die Kommunikationskanäle. An dem Prozessor 1 ist eine Tastatur angeschlossen die nicht über einen Kanal, sondern über einer Port, und somit nur über den lokalen Speicher (memory-mapped), verfügbar ist.

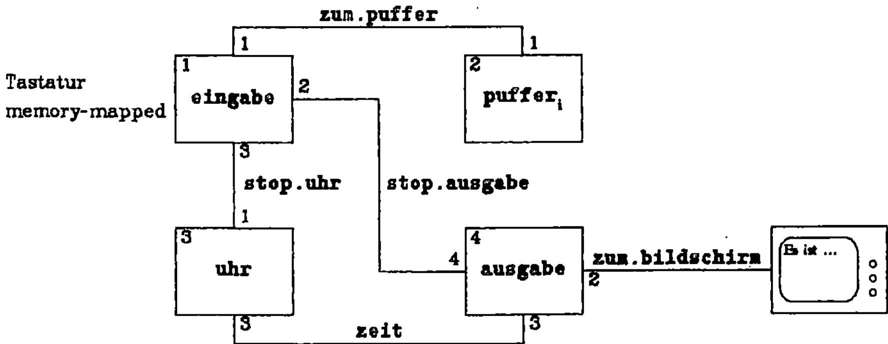

```
CHAN OF DIVERSES zeit :
CHAN OF SIGNAL stop.uhr, stop ausgabe :
CHAN OF BYTE zum.bildschirm :
[puffergroesse+1] CHAN OF BYTE pipeline :
zum.puffer IS pipeline[0] : -- Schreibabkürzung
vom.puffer IS pipeline[puffergroesse] :
```

Das **IS** definiert wiederum nur eine Schreibabkürzung.

Für Prozessor 1 ist nun festzulegen:

```
PLACE zum.puffer AT 1:
PLACE stop.ausgabe AT 2:
PLACE stop.uhr AT 3:
```

Für Prozessor 2 gilt bzgl. **zum.puffer** ebenfalls:

```
PLACE zum.puffer AT 1:
```

Im Gegensatz zu Prozessor 1 gilt für Prozessor 3 bzgl. **stop.uhr**:

```
PLACE stop.uhr AT 1:
```

und zusätzlich

```
PLACE zeit AT 3:
```

Nun muß nur noch Prozessor 4 konfiguriert werden:

```
PLACE zum.bildschirm AT 2:
PLACE zeit AT 3:
PLACE stop.ausgabe AT 4:
```

Im Gegensatz zu **#013e** in **PLACE tastatur AT #013e:** in Bsp. 3.68 bezeichnet die **3** in **PLACE zeit AT 3:** keine Speicheradresse sondern die Nummer eines Kanals. Der Unterschied ist klar, weil **tastatur** als **PORT**, **zeit** dagegen als **CHAN** eingeführt wurde.

Nun bleibt nur noch die Konfigurierung der Prozesse auf die Prozessoren übrig.

Bsp. 3.70: Konfigurierung der Prozesse auf die Prozessoren:

```
PLACED PAR
  PROCESSOR 1
    PLACE ... -- gemäß Bsp. 3.69
    SEQ
      eingabe(zum.puffer)
      stop.uhr!signal
      stop.ausgabe?signal
  PROCESSOR 2
    PLACE ... -- gemäß Bsp. 3.69
    PAR
      PAR i=0 FOR puffergroesse
        puffer(pipeline[i], pipeline[i+1])
      wirf.weg(vom.puffer)
  PROCESSOR 3
    PLACE ... -- gemäß Bsp. 3.69
    uhr(zeit, stop.uhr)
  PROCESSOR 4
    PLACE ... -- gemäß Bsp. 3.69
    ausgabe(zeit, zum.bildschirm, stop.ausgabe)
```

Weil die Eingabe der Tastatur bei diesem Programm nicht benötigt wird,
muß der Puffer explizit entleert werden. Erst dadurch kann das Programm
terminieren. Dieses wird durch den Prozeß **wirf.weg** erreicht.

```
PROC wirf.weg(CHAN OF BYTE in)
  BYTE ch :
  SEQ
    in?ch
    WHILE ch < > ende
      in?ch
  :
```

Die Stärken von Occam liegen zum einen in der einfachen Handhabung von
Parallelitäten (Kanäle, **PAR** und **ALT**) zum anderen darin, daß die
Konfigurierung orthogonal zum algorithmischen Teil des Programms steht. Im
Gegensatz zum Sprachmodell CSP schließt sich bei der Programmentwicklung
für Occam an, daß die Prozesse ausdrücklich auf die Prozessoren verteilt
werden müssen. Im Extremfall kann man jedem Prozeß einen eigenen
Prozessor zuteilen, es ist aber ebenso möglich, das ganze Programm auf
einem einzigen Prozessor ablaufen zu lassen. Wegen des Datentyps **TIMER** und
der direkten Kommunikationsmöglichkeit mit Peripheriegeräten über Ports und
Kanäle eignet sich Occam insbesondere zur Echtzeitverarbeitung.

Die Schwächen von Occam liegen in der fehlenden Dynamik. So müssen alle wichtigen Größen des Programmablaufs bereits zur Compilezeit festgelegt werden. Dazu gehören insbesondere Speicherbedarf und Anzahl der parallelen Prozesse. Aus diesem Grund mußte man dann auch auf die häufig so elegante Rekursion verzichten.

Da die Entwicklung von Occam nicht unbedingt als abgeschlossen angesehen werden kann, sind folgende Tendenzen naheliegend:

(a) Spracherweiterung:

Bereits die Formulierung einfacher sequentieller Sachverhalte erfordert in Occam einen enormen Programmieraufwand. Außerdem müssen alle wichtigen Größen bereits zur Compilezeit bekannt sein (s.o.). Um diesen Mißstand zu beheben, ist es denkbar, daß Occam noch einmal neu überarbeitet wird.

(b) Erweiterung durch Bibliotheken:

Häufig benötigte Operationen werden in Prozedurpaketen abgelegt, die nach dem Übersetzen nur noch angebunden werden müssen.

(c) Erweiterung durch eine zusätzliche Programmiersprache:

Ähnlich wie in CSP ist es denkbar, in Occam nur den Rahmen des Programm zu formulieren und für die sequentiellen Progammteile, die in Occam sehr lang würden (vgl. Punkt (a)), eine andere Programmiersprache zu verwenden, in der sich das Problem besser formulieren läßt. Erst der Binder (engl. linker) erstellt dann das entgültige, lauffähige Programm.

Die Entwicklung von Occam ist noch sicher nicht abgeschlossen, und es ist zu vermuten, daß es auch noch die Versionen Occam-3, Occam-4, ... geben wird. Dennoch zeigt die überaus rasche Verbreitung von Occam im wissenschaftlichen und industriellen Bereich, daß die Konzepte für eine breite Anwenderschicht von Interesse sind. Der entscheidende Beweggrund dafür liegt sicherlich darin, die Rechnerleistung durch ein System uniformer Prozessoren, die zusammen ein einziges Occam-Programm ausführen, zu erhöhen.

3.4.3.3. Das Rendezvous in Ada

Die sogenannte Software-Krise ist an einem der weltweit größten Erzeuger von Programmen und Programmsystemen nicht spurlos vorübergegangen. Es handelt sich dabei um das Verteidigungsministerium der Vereinigten Staaten von Amerika, das auf viele Teilgebiete der Informatik von Anbeginn der Informatik als eigenständiger Wissenschaft immer wieder und mit nachhaltigem Erfolg Einfluß ausgeübt hat. Gemeint sind Fachgebiete wie Kryptographie, Datenbanken und der große Bereich der Programmiersprachen. Bereits die Entwicklung der kommerziellen Programmiersprache Cobol wurde von diesem Verteidigungsministerium (DoD, Department of Defense) in Auftrag gegeben. Aus dem technischen Aufgabengebiet des Ministeriums heraus wurde Mitte der 70-iger Jahre dann entschieden, eine höhere Programmiersprache zu entwickeln, die insbesondere den gesamten Bereich der Echtzeitprogrammierung abdeckt. Unter diesen Anwendungsbereich fallen alle technischen Systeme, die mit Hilfe von Rechnern unter Einhaltung von Echtzeitbedingungen überwacht, gesteuert und geregelt werden sollen.

Man kann es als bedauerlich empfinden, daß gerade aus den Anforderungen der Anwender und Produzenten von Rüstungsgütern eine solche Sprache verlangt und mit großem organisatorischen und finanziellen Aufwand entwickelt wurde. Dennoch hat die Sprache Ada[3.16] , die aus einem über Jahre geführten und viel diskutierten Wettkampf hervorgegangen ist, alle Merkmale für den Einsatz in allen technischen und wissenschaftlichen Gebieten. Da zu den Erfordernissen der Echtzeitprogrammierung neben der Beherrschung von Echtzeitbedingungen auch Konzepte zur Programmierung paralleler Prozesse gehören, ist dieser Gesichtspunkt ausdrucksvoll und vielseitig verwirklicht worden. Namhafte Wissenschaftler haben die Entwicklung dieses Teils der Programmiersprache diskutiert und schließlich in offensichtlicher Anlehnung an das Sprachmodell CSP realisiert.

[3.16]   Der Name Ada stammt von der englischen Gräfin Ada Augusta, einer Tochter des romantischen Dichters Lord Byron (1788-1824). Wegen ihrer Gönnerschaft und Verehrung für Charles Babbage (1792-1871), der an einer programmgesteuerten Maschine zur Berechnung von Funktionstabellen arbeitete, wurde die neue Programmiersprache nach ihr benannt.

Ada zielt ausdrücklich auf die hochsprachliche Beherrschung eingebetteter Systeme. Darunter werden alle Systeme gefaßt, die mit einem heterogenen technischen Umfeld fertig werden müssen. Das beinhaltet, u.a. die Erfassung von Maßgrößen, die Ausgabe von Stellgrößen und die Protokollierung von wichtigen Abläufen bei gleichzeitiger Einhaltung von Echtzeitbedingungen. Zur Erfüllung dieser Aufgaben wurde zur Sprachdefinition eine ganze Programmierumgebung (ASPE Ada Programming Support Environment) hinzugesetzt. Sie besteht aus drei Schichten und baut auf der untersten Ebene auf ein Multiprocessing-Betriebssystem (BS) auf. Auf der nächsten Ebene erfüllt KASPE (Kernel ASPE) alle Laufzeitanforderungen von Ada-Programmen. Darüber sind mit MASPE (Minimal ASPE) alle Funktionen angesiedelt, die eine komfortable Programmentwicklung unterstützen, wie z.B. der Compiler, der Editor, der Binder, der Lader und der Debugger.

Abb. 3.37: Ada-Entwicklungsumgebung:

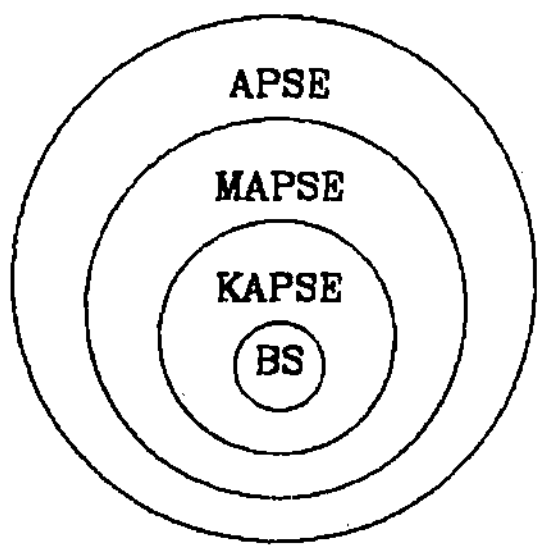

Viele Zielsetzungen des Software Engineering sind mit Ada in einer Sprachdefinition realisiert bzw. bereits in fertigen Programmiersystemen integriert worden. Dazu zählen folgende Eigenschaften:
- Unterstützung der "Top-down"-Entwurfsmethodik
- Modularisierung und getrennte Übersetzbarkeit
- Abstraktion und Verkapselung
- Trennung von Spezifikation und Implementierung
- ausgedehntes Typkonzept
- Portabilität

Diese Eigenschaften erleichtern u.a. auch die Programmierung paralleler Prozesse. In Ada werden Prozesse als Tasks bezeichnet und können als Typ definiert werden.

Bsp. 3.71: Typdefinition der Task mailbox in Ada:

```
TASK TYPE mailbox IS
    ENTRY reinlegen (a : IN adressat; n : IN info);
      -- Ablegen einer Nachricht n für a
    ENTRY rausnehmen (a : IN adressat; n : OUT info);
      -- Herausnehmen einer Nachricht n von a
    ENTRY vorhanden (a : IN adressat; jn : OUT boolean);
      -- Gibt es eine Nachricht für a ?
END mailbox;
```

Getrennt von der Definition des Prozeßtyps kann nun, unsichtbar für den Anwender, die Implementierung erfolgen.

```
TASK BODY identifier IS
    delcarative_part
BEGIN
    sequence_of_statements
[EXCEPTION
    { exception_handler } ]
END [identifier];
```

Die zugehörigen Prozeßobjekte sind in Ada auf zwei Arten zu erzeugen:
(a)   explizit durch die Anweisung NEW (vgl. Beispiel 2.7),
(b)   implizit durch das Betreten eines Blocks, in dem eine Task dieses Typs deklariert worden ist.

Bsp. 3.72: Implizite Erzeugung der Tasks box1 und box2 durch das Betreten der Task mail_system:

```
TASK BODY mail_system IS
    :
    TASK TYPE mailbox IS
    :
    END mailbox;
    :
    box1, box2 : mailbox;
    :
END mail_system;
```

Auf beide Arten ergibt sich immer eine eindeutige Vater-Sohn-Beziehung zwischen Prozessen. Diese erhält insbesondere in Bezug auf die Termination von Prozessen eine wichtige Bedeutung. So gilt, daß ein Prozeß terminiert, wenn er vollständig abgearbeitet ist und alle von ihm abhängigen Sohnprozesse terminiert haben. Diese Festlegung der Termination wird später noch weiter präzisiert.

Die in der Typdefinition eines Prozesses mit der **ENTRY**-Anweisung angegebenen Dienste können von anderen Prozessen angefordert werden. Dies geschieht in Form eines Prozeduraufrufes mit Angabe des Prozesses und des Dienstes (Remote Procedure Call).

Bsp. 3.73: Inanspruchnahme von Diensten der Task **box1** durch **ENTRY**-Aufrufe von **herausnehmen**:

```
TASK mail_system IS
    :
    nachricht : info;
    bereit : boolean;
    x : adressat;
    :
    :
    box1.vorhanden(x, bereit);
    IF bereit THEN box1.rausnehmen(x, nachricht) END IF;
    :
END mail_system;
```

Solche Aufrufe bauen ein Kunde-Bediener-Beziehung auf, die dem Bediener die Identität des Kunden verbirgt. Umgekehrt bestimmt der Kunde, wann und in welchem Berechnungszusammenhang der Bedienwunsch erfüllt wird. Ada bietet gerade für die Weise, in der der Kunde auf seinen Bediener eingeht, vielfältige Möglichkeiten. Dabei wird der eigentliche Bedienvorgang – in Ada wurde hierfür der Begriff Rendezvous geprägt – durch die **ACCEPT**-Anweisung erledigt.

```
ACCEPT entry_name [formal_part][DO
    sequence_of_statements
END [identifiert]];
```

Der Kunde wird zumindest für die Dauer des Rendezvous verzögert (vgl. auch Abb. 3.27). Vor dem Rendezvous können sich weitere Wartezeiten ergeben:[3.17]

(a) Der Bediener erreicht die **ACCEPT**-Anweisung und muß warten, bis ein Kunde den angebotenen Dienst in Anspruch nimmt.

[3.17]   Später wird gezeigt, wie mittels der **SELECT**-Anweisung die Wartezeiten nach (a) und (b) begrenzt werden können.

(b)   Ein Kunde äußert seinen Bedienwunsch und muß nun warten, bis alle Kunden, die vor ihm waren, bedient sind (FIFO-Prinzip) und im Anschluß daran der Bedienprozeß wieder eine entsprechende **ACCEPT**-Anweisung ausführt.

Während nun der Kunde durch das Rendezvous gefesselt ist, kann der Bediener sich in weitere Rendezvous einlassen. So einmal, indem der Bediener für die Ausführung des Dienstes selbst wieder Kunde eines anderen Bedieners werden muß.

Abb. 3.38: Für die Ausführung eines Diestes muß Prozeß b0 sich von Prozeß b1 bedienen lassen.

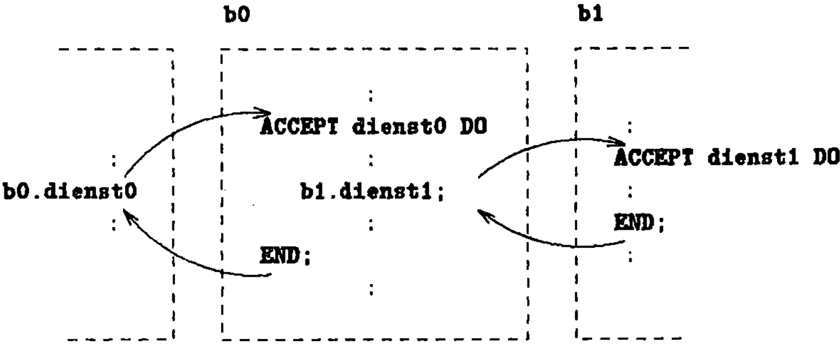

Als weitere Möglichkeit kann der Bediener b eines Kunden k0 während des Rendezvous jeweils ein weiteres Rendezvous mit k1, dann k2 usw. eingehen. In umgekehrter Reihenfolge sind die Rendezvous zu beenden.

Abb. 3.39: Während der Bedienung von k0 durch Prozeß b wird der Kunde k1 von b bedient.

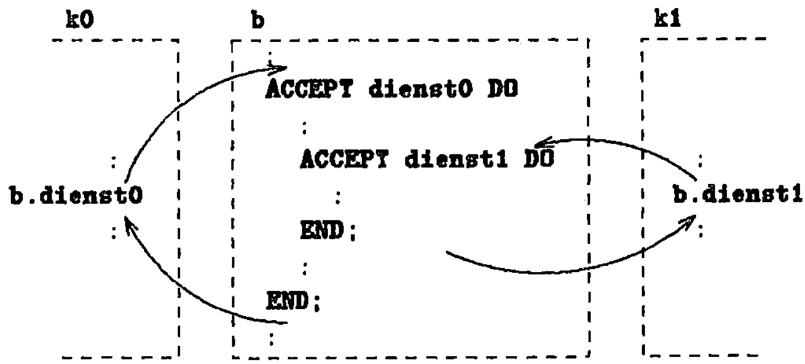

Durch die unbedingten **ENTRY**-Aufrufe, bzw. **ACCEPT**-Anweisungen verpflichtet sich ein Prozeß definitiv für eine spezielle Kunde-Bediener-Beziehung. Diese starren Kommunikationsformen reichen für die Praxis der parallelen Programmierung nicht aus und wurden in Ada in freier Anlehnung an die alternative Anweisung in CSP mittels der **SELECT**-Anweisung erweitert. Dabei werden nicht die Ausdrucksmöglichkeiten erreicht, die etwa durch die gemischten Kommunikationswächter in CSP vorhanden sind. Statt dessen sind in Ada praxisorientierte Konstrukte enthalten, die dazu dienen,

- Echtzeitbedingungen einzuhalten,
- Prozesse aufgrund mangelnder Kommunikationsbereitschaft zu terminieren,
- abhängig von der Kommunikationsbereitschaft zu warten oder fortzufahren.

Die **SELECT**-Anweisung gibt es in drei unterschiedlichen Formen, wobei das selective_wait am ehesten der alternativen Anweisung von CSP entspricht.

```
select_statement ::= selective_wait
                   | conditional_entry_call
                   | timed_entry_call
```

Davon sind die beiden letzten bedingte **ENTRY**-Aufrufe.

```
conditional_entry_call ::= SELECT
                               entry_call [sequence_of_statements]
                           ELSE
                               sequence_of_statements
                           END SELECT;
```

```
timed_entry_call ::= SELECT
                        entry_call [sequence_of_statements]
                     OR
                        delay_statement [sequence_of_statements]
                     END SELECT;
```

Mit dem **conditional_entry_call** wird ein **ENTRY**-Aufruf nur dann ausgeführt, wenn der Rendezvouspartner unmittelbar dazu bereit ist, d.h. bereits darauf wartet. Andernfalls wird der ELSE-Teil ausgeführt.

Bsp. 3.74: Nur wenn das Briefkastensystem unmittelbar annahmebereit ist, soll eine Nachricht an **box1** bzw. wenn das nicht möglich ist, an **box2** abgehen:

```
    :
SELECT
    box1.reinlegen(x, nachricht);
ELSE
    SELECT
        box2.reinlegen(x, nachricht);
    ELSE
        : -- tue sonst etwas
    END SELECT;
END SELECT;
    :
```

Sind **box1** und **box2** anderweitig beschäftigt, so wird der verhinderte Kunde nicht aufgehalten und kann im inneren **ELSE**-Teil fortfahren.

Eine durch Angabe einer Echtzeit begrenzte Bereitschaft zum **ENTRY**-Aufruf wird durch den **timed_entry_call** ausgedrückt. Die Zeitbedingung geht aus der **DELAY**-Anweisung hervor:

```
delay_statement ::= DELAY simple_expression;
```

Der Versuch eines **ENTRY**-Aufrufs wird abgebrochen, wenn die im Ausdruck angegebene Zeitdauer (in Sekunden) abgelaufen ist.

Bsp. 3.75: Die Nachricht wird nur dann in der Mailbox **box1** abgelegt, wenn **box1** innerhalb einer Sekunde bereit ist, sie anzunehmen:

```
    :
SELECT
    box1.reinlegen (x, nachricht);
OR
    1;
END SELECT;
    :
```

Im Gegensatz zu den **SELECT**-Anweisungen mit **ENTRY**-Aufrufen bietet das **selective_wait** die Möglichkeit, zwischen verschiedenen Kundenwünschen auszuwählen.

```
selective_wait    ::= SELECT
                      [WHEN condition =>]
                              select_alternative
                      {OR [WHEN condition =>]
                              select_alternative }
                      [ELSE
                              sequence_of_statements]
                      END SELECT;

select_alternative    ::= accept_statement [sequence_of_statements]
                        | delay-statement [sequence_of_stetements]
                        | TERMINATE;
```

Der syntaktische Aufbau des **selective_wait** unterliegt weiteren Kontext-
bedingungen, die aus der EBNF-Syntax nicht hervorgehen. Es muß gelten:
- Gibt es eine **TERMINATE**-Alternative, dann darf es keine **DELAY**-Alter-
  native geben.
- Gibt eine **TERMINATE**-Alternative oder **DELAY**-Alternative, dann darf
  kein **ELSE**-Teil vorhanden sein.

Unter diesen Voraussetzungen erfolgt die Auswertung des **selective_wait**,
indem bei Vorhandensein einer **DELAY**-Alternative eine Echtzeituhr gestartet
wird und dann alle offenen Alternativen festgestellt werden. Eine Alernative
heißt offen, falls die **WHEN**-Bedingung ganz fehlt oder erfüllt ist. Diese
Bedingung berechnet sich aus einem boolschen Ausdruck und entspricht dem
rein boolschen Anteil eines Wächters (guard) in CSP. Gibt es keine offene
Alernative, so hängt die Abarbeitung der **SELECT**-Anweisung vom
Vorhandensein eines **ELSE**-Teils ab:
- Es gibt einen **ELSE**-Teil: Dann wird die zugehörige Anweisungsfolge
  ausgeführt.
- Es gibt keinen **ELSE**-Teil: Dann endet die Abarbeitung der
  SELECT-Anweisung in der Ausnahmesituation **program_error**. Diese
  Situation läßt sich mit den Möglichkeiten, die Ada zur
  Ausnahmebehandlung bietet, auffangen und weiterverarbeiten.

Gibt es offene Alternativen, so sind der Reihe nach folgende Prüfungen
durchzuführen:
(a) Gibt es unter den offenen **ACCEPT**-Anweisungen welche, die ein
    Rendezvous eingehen können, d.h. liegen entsprechende **ENTRY**-Auf-
    rufe vor?
(b) Ist ein **ELSE**-Teil vorhanden?
(c) Ist entweder eine **DELAY**-Alternative oder eine **TERMINATE**-Alternative
    vorhanden.

Damit sind alle unmittelbar unterscheidbaren Fälle erfaßt, wobei sich (b) und (c) schon aus syntaktischen Gründen ausschließen. Zur Festlegung der Auswertung der **SELECT**-Anweisung ist der Fall (c) weiter zu präzisieren, da eintreffende **ENTRY**-Aufrufe als auslösende Ereignisse (ℓ) wirken. Bei Vorliegen der **DELAY**-Alternative stellt das Ablaufen der Zeitbedingung ein entscheidendes Ereignis dar. So ist zu prüfen:

(ℓc1) Ist eine offene **DELAY**-Alternative vorhanden und die Echtzeitbedingung abgelaufen?

Ebenso ist der Fall einer **TERMINATE**-Alternative zu betrachten. Sie hat die Aufgabe, daß sich Bedienerprozesse selbst beenden, sobald nie mehr ein Kundenaufruf an sie ergehen kann. Die Funktionsweise der **TERMINATE**-Alternative ist durch eine verteilte Terminationsbedingung erklärt, die ähnlich wie die DTC in CSP die Zustände anderer Prozesse berücksichtigt. Im Gegensatz zur Gleichordnung der Prozesse in CSP, baut sich bei der Ausführung eines Ada-Programms eine ganze Hierarchie von Prozessen auf. Ein Prozeß wird durch die explizite oder implizite Erzeugung eines (Sohn-)Prozesses zum Vaterprozeß. Die verteilte Terminationsbedingung legt nun fest, daß ein Prozeß terminiert, wenn einer der folgenden Punkte erfüllt ist:

(i) Ein Prozeß hat das Ende seines Programmtextes erreicht und besitzt keine Sohnprozesse.

(ii) Ein Prozeß hat das Ende seines Programmtextes erreicht und alle seine Söhne haben terminiert.

(iii) Ein Prozeß steht vor der Ausführung einer **SELECT**-Anweisung mit einer **TERMINATE**-Alternative, der Vaterprozeß hat das Ende seines Programmtextes erreicht und die übrigen Söhne des Vaterprozesses haben entweder bereits terminiert oder befinden sich in der gleichen Situation wie dieser Prozeß.

Für die Auswertung der **SELECT**-Anweisung mit **TERMINATE**-Alternative ist das durch Bedingung (iii) beschriebene Ereignis von Bedeutung. Es ist deshalb zu prüfen:

(ℓc2) Ist eine offene **TERMINATE**-Alternative vorhanden und das durch Bedingung (iii) beschriebene Ereignis eingetreten?

Schließlich ist noch der Fall zu betrachten, daß zwar eine **DELAY**- oder **TERMINATE**-Alternative offen ist, aber nicht zur Ausführung kommt:

(ℓc3) Trifft ein **ENTRY**-Aufruf für eine offene **ACCEPT**-Anweisung ein, bevor einer der Fälle (ℓc1) oder (ℓc2) eintrifft?

Wenn die Fälle (a) und (b) erfolglos überprüft worden sind, muß der Prozeß in einen Wartezustand übergehen, bis eines der Ereignisse ($\cent$c1), ($\cent$c2) oder ($\cent$c3) eintritt.

Abb. 3.40: Das Flußdiagram veranschaulicht, in welcher Weise eine **SELECT**-Anweisung erfolgt, wenn offene Alternativen vorhanden sind.

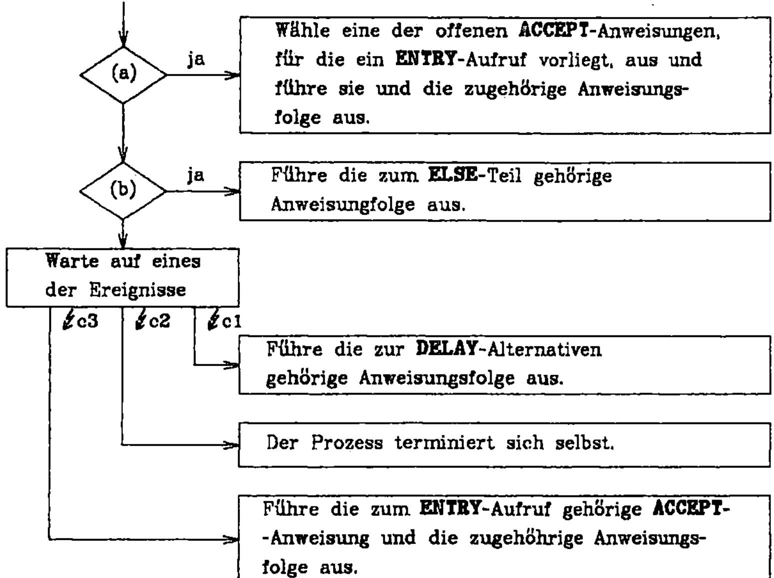

Die vielen Möglichkeiten mögen erdrückend und unübersichtlich erscheinen. Sie eignen sich jedoch vorzüglich, um verschiedene Prozeßabhängigkeiten zu spezifizieren und zu programmieren. Die folgenden Beispiele sollen dies deutlich werden lassen.

Bsp. 3.76: Die Implementierung des Prozeßtyps **mailbox** erfordert, daß auf verschiedene **ENTRY**-Aufrufe reagiert wird. Dementsprechend wird selektiv auf die Aufrufe **reinlegen** und **vorhanden** gewartet.

```
TASK BODY mailbox IS
        max : CONSTANT := 100; -- Kapazität an Nachrichten
        belegt : integer := 0; -- Belegte Speicherplätze
        bereit : boolean; -- Zur Entnahme einer Nachricht bereit.
            : -- Die Nachrichten werden in einem Suchbaum verwaltet.
            : -- Der Suchbaum ist ein abstakter Datentyp mit
```

```
        : -- den Operationen : speichere, gefunden und entnehme.
BEGIN
   LOOP
      SELECT WHEN belegt<max =>
         ACCEPT reinlegen(x : IN adressat; n : IN info) DO
            belegt:=belegt+1; speichere(x, n);
         END reinlegen;
      OR
         ACCEPT vorhanden(x : IN adressat; jn : OUT boolean) DO
            bereit:=gefunden(x); jn:=bereit;
         END vorhanden;
         IF bereit THEN
            ACCEPT rausnehmen(x : IN adressat; n : OUT info) DO
               belegt:=belegt-1; n:=entnehme(x);
            END rausnehmen;
         END IF;
      OR
         TERMINATE;
      END SELECT;
   END LOOP;
END mailbox;
```

Der Vaterprozeß mail_system möge die beiden Prozesse **box1** und **box2** vom Typ **mailbox** sowie weitere Prozesse P_0 bis P_{N-1} erzeugen. Damit ergibt sich folgende Hierarchie von Prozeßobjekten:

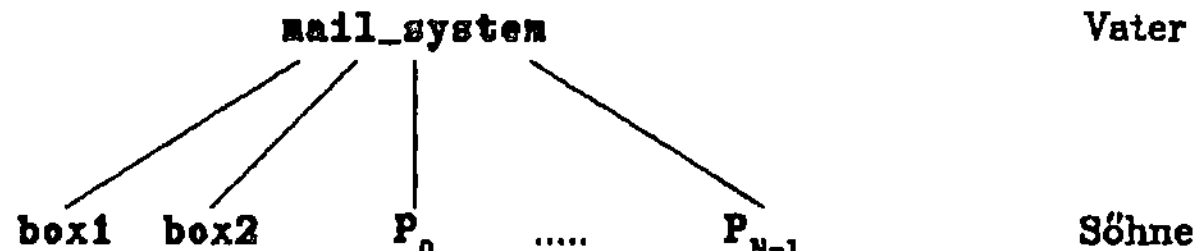

Die **TERMINATE**-Alternative in der **SELECT**-Anweisung sorgt nun dafür, daß die Prozesse **box1** und **box2** terminieren, sobald für ihre Dienste kein Bedarf mehr besteht. Das ist beispielsweise dann der Fall, wenn P_0 bis P_{N-1} dadurch terminieren, daß sie das Ende ihres Programmtextes erreichen und keine Sohnprozesse besitzen (i). Zudem möge auch der Prozeß **mail_system** an das Ende seines Programmtextes erreicht haben. In diesem Fall trifft für **box1** und **box2** das Ereignis ($\notin$c2) ein und beide Prozesse terminieren (iii). Damit haben alle Söhne von **mail_system** terminiert und mit der Terminationsbedingung (ii) terminiert auch der Prozeß **mail_system**.

Der vorliegende Prozeßtyp **mailbox** ist so gestaltet, daß immer dann, wenn ein Kunde festgestellt hat, ob eine Nachricht für ihn vorhanden ist, diese auch abgeholt wird. Damit wird auf Kundenseite ein Kommunikationsprotokoll notwendig, wie z.B.:

```
    :
box1.vorhanden(nr, bereit);
IF bereit THEN box1.rausnehmen(nr, nachricht) END IF;
    :
```

Zwei Prozesse, P_0 und P_1, die zur gleichen Zeit je eine Nachricht aus der **mail_box** entnehmen wollen, werden der Reihe nach bedient.

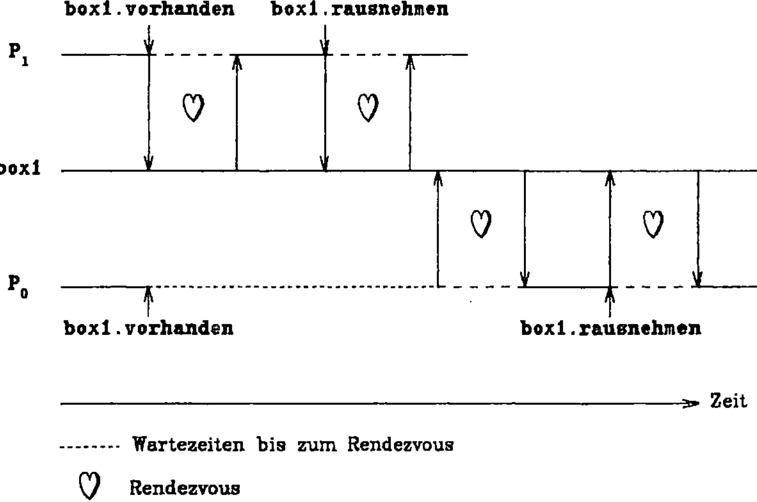

------- Wartezeiten bis zum Rendezvous

Rendezvous

Da die Entnahme einer Nachricht beim Prozeßtyp **mailbox** zwei Rendezvous erfordert, sollte immer eine große Auswahl an Nachrichten vorhanden sein, damit es nur selten erfolglose Entnahmeversuche gibt. Zu diesem Zweck soll der **ENTRY**-Aufruf **reinlegen** bevorzugt erfolgen. D.h., die Prüfung, ob eine Nachricht **vorhanden** ist, sollte nur dann erfolgen wenn gilt:

(Speicherplatz belegt) oder (kein **ENTRY**-Aufruf **reinlegen**)

Während der erste Teil der Abfrage durch die lokalen Variablen
erfolgen kann, wird für die Abfrage nach speziellen **ENTRY**-Aufrufen von
Ada das Attribut **count** bereitgestellt. Mit Abänderung des ursprünglichen
Programms in der Weise:

```
    :
OR WHEN (belegt = max) OR (reinlegen'count = 0) =>
   ACCEPT vorhanden ....
    :
OR
    :
```

können nun bei freier Speicherkapazität nur noch dann Nachrichten
entnommen werden, wenn die Warteschlange für den **ENTRY**-Aufruf
reinlegen leer ist. Das Attribut **count** darf nur auf prozeßeigene Dienste
angewendet werden, so daß sich jeder Prozeß über seine eigenen
Schlangen informieren kann. Dennoch ist bei der Anwendung dieses
Attributs Vorsicht angebracht, da sich die Werte unvorhersehbar und
ohne Einflußmöglichkeit des Prozesses durch neue **ENTRY**-Aufrufe erhöhen
oder durch zurückgezogene **ENTRY**-Aufrufe erniedrigen können.

Weitere Attribute, die für die parallele Programmierung wichtig sind,
beziehen sich auf Prozeßobjekte und liefern den booleschen Wert wahr,
wenn der Prozeß terminiert hat (**'terminated**) bzw. weder terminiert hat,
noch ans Ende seines Programmtextes gelangt ist, noch mit **ABORT** (vgl.
Bsp. 2.8) abgebrochen wurde (**'callable**), z.B.:

```
    :
IF box1'callable THEN ... -- box1 noch dienstbereit
ELSE IF box1'terminated THEN ... -- box1 hat terminiert
END IF;
    :
```

Die Beherrschung technischer Systeme verlangt von der
Programmiersprache eine homogene programmiertechnische Einbettung der
Interruptbehandlung. Typisch für eine Außenwelt, die sich durch Interrupts
bemerkbar macht, sind Sensoren, Meßwertfühler aber auch die Tasten eines
Bildschirmgerätes oder die Bewegungen einer Maus. Typischerweise werden
die jeweiligen Interrupts innerhalb eines zusammenhängenden Speicher-
bereiches, dem Interruptvektor aufgefangen. Jeder Eintrag dieses Vektors
entspricht einem speziellen Interrupt und läßt sich symbolisch mit einem
ENTRY-Aufruf identifizieren.

Bsp. 3.77: Symbolischer Name für einen Speicherplatz:

```
FOR log_ereignis USE AT 16#4C#;
```

Die hexadezimale (16 steht für hexadezimal) Speicherstelle 4C möge einem Eintrag der Vektortabelle entsprechen, der im Programm als **log_ereignis** bekannt ist.

Ein Interrupt wird mit Hilfe einer **ACCEPT**-Anweisung aufgefangen und weiterverarbeitet. Ist diese **ACCEPT**-Anweisung Bestandteil einer **SELECT**-Anweisung, so konkurriert der Interrupt als ein **ENTRY**-Aufruf mit den übrigen **ENTRY**-Aufrufen, die an diese **SELECT**-Anweisung gerichtet werden. Zur Wichtung eintreffender Ereignisse sieht Ada die optionale Priorisierung von **ENTRY**-Aufrufen vor, worauf hier nicht weiter eingegangen werden soll. Viel wichtiger im Sinne einer konzeptionellen Betrachtung von Ada ist die homogene Einbettung der Interruptbehandlung, die abschließend an einem Beispielprogramm deutlich wird.

Bsp. 3.78: Telespiel: An einem Bildschirm soll ein 5000m Lauf simuliert werden. Ein Läufer wird durch die Tasten L und R für die Bewegung des linken und des rechten Beins nachgeahmt. Die Tasten sind im Wechsel zu drücken und entsprechen jeweils einer Fortbewegung von 1,25m. Jeder Tastendruck, der nicht im Wechsel erfolgt, soll verloren gehen. Während nun ein Prozeß damit beschäftigt ist, die von R und L eintreffenden Interrupts zu erfassen und eine entsprechende Bildschirmausgabe zu produzieren, soll ein anderer Prozeß von Zeit zu Zeit die aktuelle Laufgeschwindigkeit berechnen.

```
TASK lauf IS
    ENTRY l; -- Ereignis Taste L
    ENTRY r; -- Ereignis Taste R
    ENTRY teilstrecke (schritte : OUT integer);
    FOR l USE AT 16#1A8#; -- Interrupt von L
    FOR r USE AT 16#1BC#; -- Interrupt von R
END lauf;
```

Der Prozeß **lauf** wird von dem parallelen Prozeß **geschwindigkeit** nach zehn Sekunden auf die gerade durchlaufende Teilstrecke abgefragt

```
TASK BODY geschwindigkeit IS
    m_pro_sec : float; -- akt. Geschwindigkeit
    s : integer;       -- Schrittzahl
BEGIN
    LOOP
        DELAY 10;
        lauf.teilstrecke(s);
```

```
        n_pro_sec := (s*1.25)/10;
            :              -- Ausgabe der Geschwindigkeit
    END LOOP;
        :
END geschwindigkeit;
```

Das Prozeßobjekt **lauf** hat auf drei verschiedene **ENTRY**-Aufrufe
einzugehen.

```
    TASK BODY lauf IS
        gs : integer := 0; -- Gesamtzahl der Schritte
        lr : (links, rechts, beide) := beide;
            -- nächster gültiger Interrupt
        zws : integer := 0;
            -- Schritte zwischen den Aufrufen teilstrecke
        im_ziel : boolean := false; -- Ende des Laufes
    BEGIN
        WHILE NOT im_ziel LOOP
            SELECT
                ACCEPT l DO
                    IF lr = beide OR lr = links
                        THEN s := s+1; lr := rechts;
                            : -- Bewegung des linken Beines
                    END IF;
                END l;
            OR
                ACCEPT r DO
                    IF lr = beide OR lr = rechts
                        THEN s := s+1; lr := links;
                            : -- Bewegung des rechten Beines
                    END IF;
                END r;
            OR
                ACCEPT teilstrecke (schritte : OUT integer) DO
                    schritte := gs-zws;
                END teilstrecke;
                zws := gs;
            END SELECT;
            im_ziel := gs*1.25 >= 5000;
        END LOOP;
    END lauf;
```

Bei diesem Beispiel fragt der Kundenprozeß **geschwindigkeit** innerhalb der LOOP-Anweisung unbegrenzt lange die Schrittzahl ab. Schließlich wird ein **ENTRY**-Aufruf an den Prozeß **lauf** ergehen, obwohl dieser bereits terminiert ist. In diesem Fall wird für den Prozeß **geschwindigkeit** die Ausnahmebedingung **tasking_error** gesetzt. Ada verfügt über eine subtile Methotik zur Behandlung vordefinierter und benutzerdefinierter Ausnahmen. Um den Prozeß **geschwindigkeit** dann zu beenden, wenn die Bedingung **tasking_error** erfüllt ist, werden die folgenden Anweisungen hinzugefügt.

```
TASK BODY geschwindigkeit IS
    :
    :
EXCEPTION
    WHEN tasking_error =>
        NULL;
END geschwindigkeit;
```

Damit gelangt der Prozeß mit der leeren Anweisung **NULL** zum Ende seines Programmtextes und terminiert.

Die Programmiersprache Ada bietet vielfältig Möglichkeiten zur Programmierung paralleler Prozesse. Nur die wesentlichen konzeptuellen Ansätze und ihre programmiertechnische Realisierung konnte hier angesprochen werden. Erweiterte Möglichkeiten, wie die Prioritäten und die Ausnahmebehandlung, sind zwar für die Praxis der parallelen Programmierung von Bedeutung, hätte jedoch die klaren Grundlinien des Sprachentwurfs verwirrt und den Rahmen dieser Diskussion gesprengt. Denn als Fazit sollte sich ergeben, daß es mit Ada gelungen ist, auf der Grundlage synchroner Nachrichtenübertragung mit einem einzigen Synchronisierungs- und Kommunikationsprinzip, dem Rendezvous, für alle anwendungsorientierten Belange auszukommen.

3.5. Vergleich der Synchronisierungskonzepte

Seitdem die parallele Programmierung bereits in kleine und kleinste
Rechensysteme Einzug gehalten hat, wird es notwendig, daß sich auch der
Anwendungsprogrammierer mit ihr auseinandersetzt. Selbst auf der Ebene
der Ein-Platz-Systeme, wie z.B. dem Personalcomputer, mit Platte, Diskette,
Tastatur, intelligentem Bildschirm, Echtzeituhr und Maus ist bereits eine
Reihe von Prozessen erforderlich, von denen jeder einzelne für einen der
verschiedenen Systemdienste zuständig ist und mit anderen Prozessen
kooperiert. Ein Anwendungsprogramm, das die vielen Möglichkeiten nutzen
will, besteht aus einem System von Prozessen, wobei diese Prozesse für die
verschiedenen Aufgaben zuständig sind.

Bsp. 3.79: Telespiel: Es sei (ähnlich wie in Bsp. 3.78) ein 110m Hürdenlauf auf
   einem Bildschirm zu simulieren. Zwei Sportsfreunde treten gegeneinander
   an. Je zwei Tasten entsprechen der Beinbewegung und je eine dritte ist
   für den Sprung über eine Hürde vorgesehen. Wenn nun dieser Lauf unter
   echten Zeitbedingungen, d.h. relativ zu den Takten einer Uhr stattfinden
   soll, so hat das Programm bereits auf sieben unabhängig voneinander eintreffende Ereignisse zu reagieren:

   (1-2)   Läufer 1 bzw. 2 macht einen Schritt mit dem rechten Bein.
   (3-4)   Läufer 1 bzw. 2 macht einen Schritt mit dem linken Bein.
   (5-6)   Läufer 1 bzw. 2 springt über eine Hürde.
   (7)   Zeittakt von der Uhr.

Abb. 3.41: Die folgende Abbildung gibt eine grobe Strukturierung der notwendigen Prozesse an, wobei die Richtung der Kanten den Informationsfluß darstellen sollen.

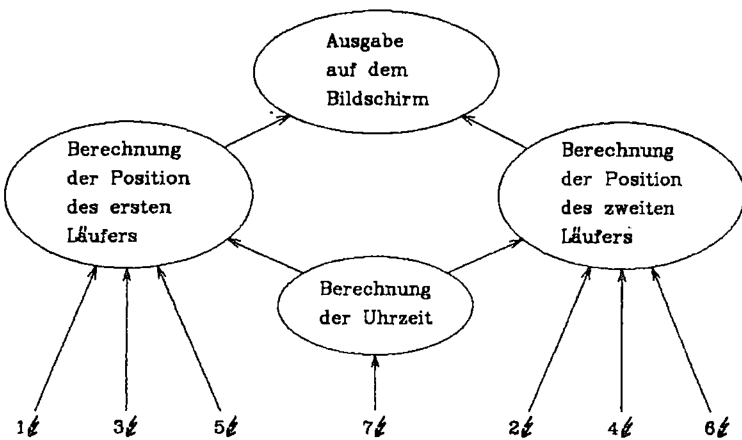

Die strukturierte Programmierung verlangt bereits zur Beherrschung so einfacher Aufgabenstellungen nach Konzepten, die den Entwurf, die Erstellung, die Verifikation und die Pflege der entsprechenden Programme erleichtern. Insbesondere ist es wichtig, abhängig von der Aufgabenstellung das jeweils geeignetste Konzept zu finden und anzuwenden. Die Eignung eines Konzeptes hängt dabei wesentlich von den Synchronisierungseigenschaften ab. Aus diesem Grunde werden verschiedene Kriterien erarbeitet, nach denen eine Klassifizierung der Konzepte sinnvoll ist.

Einen wichtigen Gesichtspunkt stellt der Zeitpunkt dar, zu dem die Synchronisierung der Prozesse erfolgt. Zum einen gibt es Bedingungen, die die Zusammenarbeit der Prozesse während der gesamten Berechnung (statisch) festlegen. Während in diesem Fall ein Prozeß lediglich eine festgelegte Eintrittsbedingung für ein kritisches Gebiet zu erfüllen hat, lassen andere Konzepte zu beliebigen Zeitpunkten der Berechnung (dynamisch) die Ausführung von Synchronisierungsoperationen zu. Beiden ist gemeinsam, daß die Prozeßbeziehung ausdrücklich (explizit) durch spezielle programmiertechnische Konstrukte festzulegen sind. Demgegenüber stehen Konzepte, die dafür sorgen, die Aktivitäten von Prozessen soweit zu entflechten, daß eine ausdrückliche Synchronisierung nicht mehr notwendig ist. Das wird dadurch erreicht, daß die entsprechenden Sprachkonstrukte im Idealfall nur solche Beziehungen zwischen Prozessen entstehen lassen, die von einem Compiler und somit unsichtbar für den Anwender (implizit) gelöst werden. Konzepte mit dieser Absicht sind insbesondere bei Sprachen für Supercomputer (Kapitel 4.) verwirklicht worden.

Abb. 3.42: Zeitpunkte der Synchronisierung:

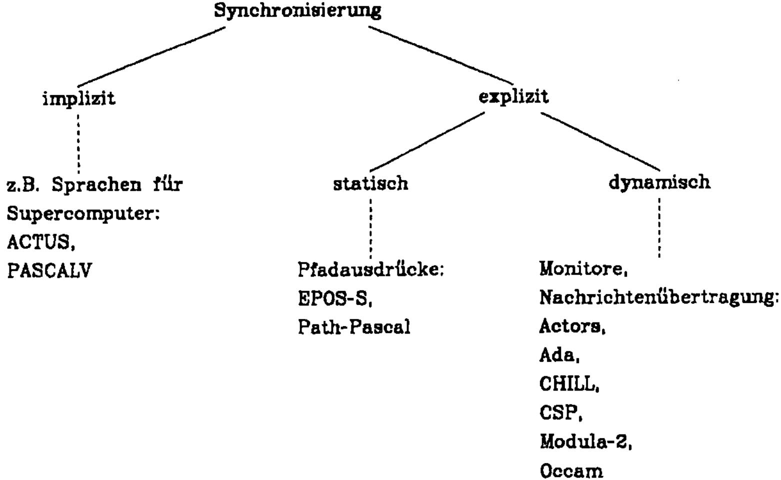

Ein ebenso deutliches Unterscheidungskriterium ergibt sich für die bereits vorgestellten Konzepte aus dem Objektbegriff. Damit werden diejenigen programmiertechnischen Einheiten bezeichnet, aus denen sich ein paralleles Programm aufbaut. Objekte, die eine Berechnung ausführen, heißen aktiv (Prozeßobjekte) und sind in allen Konzepten vorhanden. Daneben gibt es Konzepte, die auch passive Objekte zulassen. In diesem Fall stellen die passiven Objekte abstrakte Datenstrukturen dar, die festlegen, mit welchen Operationen die parallelen Prozesse auf den Daten arbeiten, und wie sie sich synchronisieren.

Abb. 3.43: Der Objektberiff in verschiedenen Konzepten:

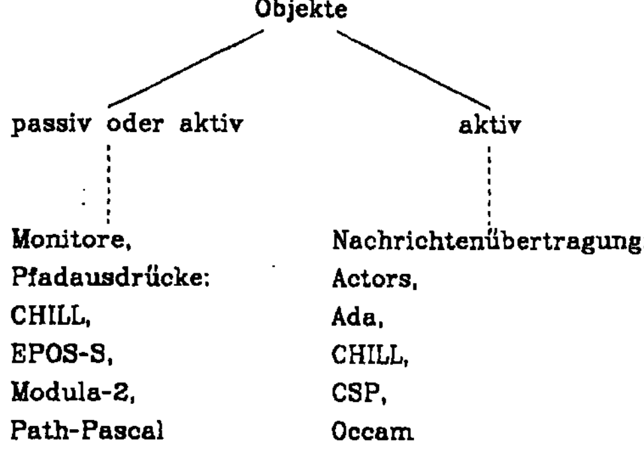

Bei Konzepten mit passiven und aktiven Objekten gibt es keine direkten
Beziehungen zwischen Prozessen. Die Synchronisierung erfolgt immer über
passive Objekte, d.h. über gemeinsame Daten. Ein dementsprechendes Zielsystem sollte deshalb über einen gemeinsamen Speicher verfügen, über den
die Synchronisierung der Prozesse (Prozessoren) technisch abgewickelt wird.
Systeme mit vernetzten Prozessoren (jeweils mit eigenem Speicher) hingegen
eignen sich weniger als Zielsystem, da die passiven Objekte durch aktive
simuliert werden müßten.

Abb. 3.44: Synchronisierung durch passive Objekte: Die Abbildung 3.41 deutet den Datenfluß zwischen Prozessen an. Bei einer Synchronisierung mit passiven Objekten könnte sich die folgende Strukturierung als sinnvoll erweisen. Rechtecke deuten passive Objekte an und die gerichteten Pfeile die Zugriffe der aktiven Objekte.

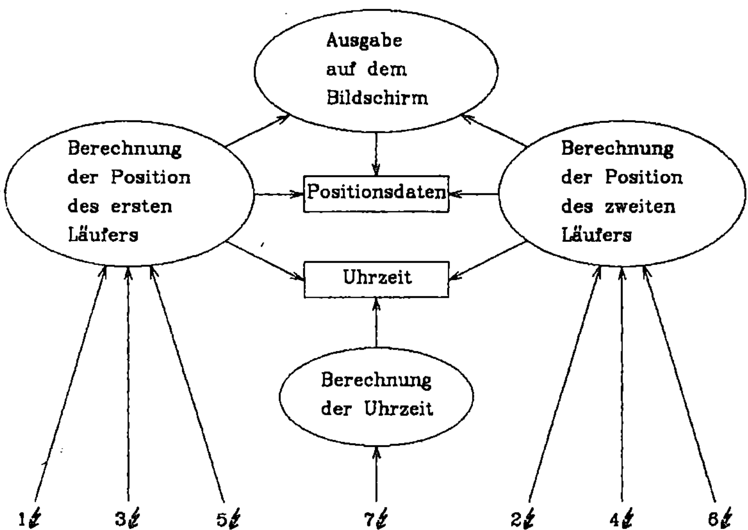

Demgegenüber gibt die Abbildung 3.41 bereits eine Grobstruktur für die Synchronisierung mit aktiven Objekten auf der Grundlage der Nachrichtenübertragung vor. Die gerichteten Kanten repräsentieren dabei die Sender- Empfängerbeziehung zwischen Prozessen.

Eine weitergehende Klassifizierung von Synchronisierungskonzepten geht auf G.R. Andrews und F.B. Schneider *[AndSch 83]* zurück. Sie berücksichtigt die programmiertechnischen wie auch die implementierungstechnischen Gesichtspunkte und unterscheiden zwischen:

- **prozedurorientiert:** Die Kooperation zwischen parallelen Prozessen erfolgt mittels passiver Objekte. Diese werden im Sinne abstrakter Datentypen, für die konzeptabhängigen Ausschlußbedingungen gelten, eingesetzt. Die Prozesse können nur über festgelegte Operationen, die in Form von Prozeduraufrufen erfolgen, Zugriff auf diese passiven Objekte erhalten. Typisch für diese Klasse sind die Pfadausdrücke und die Monitore.

- <u>nachrichtenorientiert</u>: Die Kooperation zwischen Prozessen erfolgt unmittelbar mit Hilfe der Grundoperationen ! für das Senden und ? für das Empfangen einer Nachricht. Dabei ist das Ziel oder die Quelle der Nachricht bzw. der gemeinsame Übertragungskanal direkt zu nennen. Implementierungstechnisch gehört zu jedem Prozeß P eine Systemumgebung P' (vgl. Abb. 3.28), die die eigentliche Nachrichtenübertragung durchführt. Typisch hierfür ist das Modell CSP und die Sprache Occam.

- <u>operationsorientiert</u>: Dieser Ansatz verbindet Eigenschaften aus beiden vorangegangenen Konzepten. Auf der Grundlage des Remote Procedure Call wird eine Kunde-Bediener-Beziehung aufgebaut. Aus der Sicht des Kunden ist dazu ein Prozeduraufruf notwendig. Im Unterschied zum prozedurorientierten Ansatz entscheidet der Bediener, wann eine Nachricht und damit verbunden ein Dienst angenommen wird. Die eigentliche Synchronisierung erfolgt durch eine oder ein Paar von Nachrichtenübertragungen. Im Unterschied zum nachrichtenorientierten Ansatz, bleibt dem Bediener die Identität des Kunden verborgen. Typisch für diese Klasse ist die Sprache Ada sowie in eingeschränkter Weise auch das Actor-Modell.

Abb. 3.45: Entwicklungsschema der wesentlichen Synchronisierungskonzepte in Anlehnung an *[AndSch 83]*:

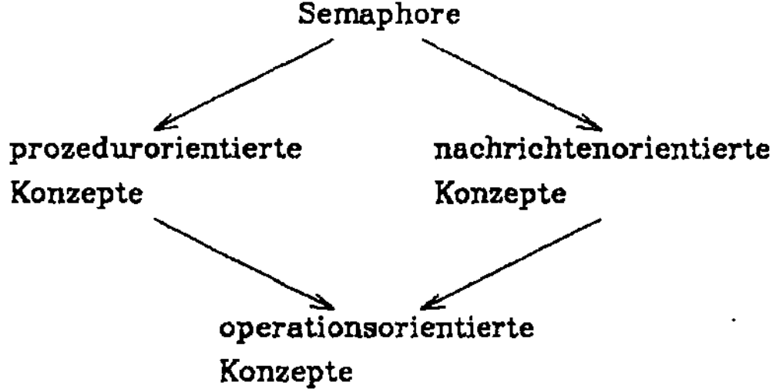

Während Sprachkonstrukte, die aus den jeweiligen Konzepten entwickelt worden sind, sich gegenseitig simulieren können (mit Ausnahme der Pfadausdrücke), zeigt sich jedoch, daß Programme, die unter Ausnutzung der jeweiligen konzeptuellen Möglichkeiten entworfen sind, sehr unterschiedliche Strukturen aufweisen. Das macht deutlich, welche unmittelbare Wirkung von den programmiertechnischen Konzepten auf die menschliche Denkweise ausgeübt wird. Gerade die Unterstützung der Intuition bei gleichzeitiger Formalisierbarkeit und Verifizierbarkeit von Spezifikation und Programm ist ein wesentliches Ziel der Entwicklung, die seit den Tagen der Semaphore bereits deutliche Fortschritte in dieser Hinsicht erbracht hat.

4. Parallelität auf Supercomputern

Grundsätzlich unterschiedlich zu den bisher beschriebenen Konzepten ist die Programmierung von Systemen, die unter dem Sammelbegriff Supercomputer zusammengefaßt werden. Rechner dieser Art werden aus dem Bedürfnis heraus entwickelt, eine wesenlich erhöhte Rechenleistung zu erreichen und dadurch große Datenmengen in erheblich verkürzter Zeit bearbeiten zu können. Ein vielzitiertes Anwendungsgebiet für Supercomputer ist die Wettervorhersage. Für sie existiert eine geeignete Modellbildung, die auf der Basis von Differenzialgleichungen verläßliche Aussagen über die Wetterentwicklung zuläßt. Voraussetzungen sind allerdings, daß das Netz der Wetterstationen eng geknüpft ist, und die Zeiten zwischen der Aufnahme von Meßwerten knapp bemessen sind. Auf diese Weise läßt sich eine Wetterentwicklung erkennen, verfolgen und hochrechnen. Für dieses Anwendungsfeld gilt zum einen, daß die Güte der Vorhersage unmittelbar an die Menge der vorhandenen Daten gekoppelt ist, und zum anderen, daß die Vorhersage noch deutlich vor dem Eintreffen des Wetters getroffen werden muß. Der Einsatz von Supercomputern soll zum Erreichen der zwei widerstrebenden Ziele beitragen.

Die programmiertechnische Handhabung von Supercomputern ist geprägt von ihrer Architektur und kann nur aus ihr heraus erklärt werden. Das dabei wesentliche Merkmal ist die hochgradige Parallelisierung in allen Teilen des Prozessors. So gibt es bereits bei vielen neuen von-Neumann-Rechnern einen autonomen Prozessor, der nur damit beschäftigt ist, möglichst viele Befehle im voraus zu lesen und in einem schnellen Speicher (Caché-Speicher) zur Verfügung zu stellen. Diese parallel ausführbare Teilaufgabe wird als Vorauslesen von Befehlen (engl. instruction-prefetch) bezeichnet. Störend für das Vorauslesen von Befehlen ist jedwede Unterbrechung des sequentiellen Programmablaufes, sei es durch Sprünge, bedingte Anweisungen oder durch Interrupts. Hierbei müssen nämlich diejenigen Befehle verworfen werden, die im voraus gelesen wurden, weil der Programmablauf an einer völlig anderen Stelle fortgesetzt wird. Neben dem Vorauslesen von Befehlen wird die Leistungsfähigkeit der Supercomputer typischerweise noch von der Vektorparallelität und der Arrayparallelität [PerZar 86] bestimmt.

Um diese Verbesserungen besser veranschaulichen zu können sei an dieser Stelle die graphische Darstellung eines typischen Flaschenhalses, am Beispiel der internen Verarbeitung eines Befehls, eingefüht.

Abb. 4.1: Ein Speicher möge (z.B.) in t Zeiteinheiten gelesen bzw. geschrieben werden können. Der Prozessor möge 3t Zeiteinheiten benötigen, um ein Datum zu verarbeiten. Vor der langsamsten Komponente (hier der Prozessor) müssen alle warten. Sie bildet den sogenannten Flaschenhals.

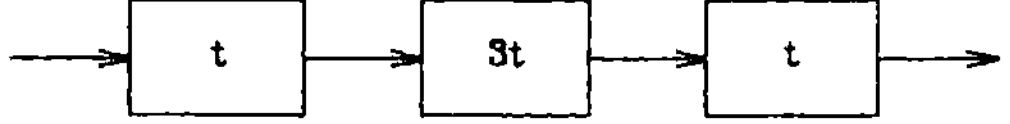

Dieses Modell läßt sich selbstverständlich auf viele Komponenten eines Systems anwenden.

Ziel der Supercomputerarchitekturen war es, Flaschenhälse zu vermeiden, indem die Aktionen, die zur Bildung des Flaschenhalses führen, in mehrere Teilaktionen aufgeteilt werden, die parallel ablaufen, d.h. in diesem Fall gleichzeitig. Diese Zielsetzung ist selbstverständlich abhängig vom Anwendungsfeld. Eine besondere Eignung für Supercomputeranwendungen besitzen solche Anwendungsfelder, deren Aufgaben sich in gleichartige Teilaktionen zerlegen lassen. Diese unabhängigen Teilaktionen müssen dann so angeordnet werden, daß sie auf den verschiedenen Komponenten des Supercomputers parallel berechnet werden können.

Die Anwendungsgebiete für Supercomputer sind sehr vielfältig. Unter anderem sind hier zu nennen (vgl. *[BriHwa 85]*):
- voraussagende Modelle und Simulation: numerische Wettervorhersage, Ozeanographie, Astrophysik, lineare Optimierung, Sozioökonomie
- Animation: Design, Computergraphik, Bildverarbeitung, Trickfilm
- Technik, Automation: Architektur, Finite Elemente Methode, Kartographie, Aerodynamik, künstliche Intelligenz
- Energieforschung: Modellierung von Energiereservoirs, Seismologie, Plasmafusion, Reaktorsicherheit
- Medizin: Computertomographie, Genforschung

Bei diesen Anwendungsfeldern treten groß Datenmengen auf. Diese können meist als Vektoren (eindimensionale Arrays) oder Matrizen (zweidimensionale Arrays) dargestellt werden, die dann parallel verarbeitet werden können. Es sind deshalb Anwendungsfelder für Supercomputer, weil gerade sie dazu entwickelt worden sind, Operationen auf großen Datenmengen durchzuführen. So wird eine Operation bei den oben skizzierten Anwendungsgebieten häufig nicht nur auf einen einzelnen Wert sondern gleich auf einen ganzen Vektor von Werten oder gar eine Matrix angewendet. Diese Vektoroperationen lassen sich in vier Grundtypen aufteilen:

$$f_1 : V \rightarrow V$$
$$f_2 : V \rightarrow S$$
$$f_3 : V \times V \rightarrow V$$
$$f_4 : V \times S \rightarrow V$$

Dabei bezeichnet S einen skalaren Wert, der eine Gleitkommazahl, eine natürliche Zahl, eine logischen Wert oder ein Zeichen (Byte) beinhalten kann und V einen Vektor solcher skalarer Werte.

Bsp. 4.1: Häufige Anwendung der Grundtypen von Vektoroperationen: Die einzelnen Beispiele sind in der Sprache ACTUS formuliert und operieren auf Vektoren von reelen und booleschen Werten.

```
VAR A0, A1 : ARRAY [1:N] OF REAL;
    B0, B1 : ARRAY [1:N] OF BOOLEAN;
```

Die Bedeutung der arithmetrischen und logischen Operationen ist entweder unmittelbar einsichtig oder mit Hilfe von Abschnitt 4.3. zu verstehen.

```
f1 : V → V
         A0[1:N] := SIN(A1[1:N]);
         B0[1:N] := NOT(B1[1:N]);
f2 : V → S
         A0[1]   := SUM(A1[1:N]);
         B0[1]   := ANYTRUE(B1[1:N]);
f3 : V × V → V
         A0[1:N] := A0[1:N] + A1[1:N];
         B0[1:N] := A0[1:N] - A1[1:N];
f4 : V × S → V
         A0[1:N] := A0[1:N] + 1;
         B0[1:N] := A0[1:N] - 0;
```

Die Diskussion von Sprachkonzepten für die Programmierung von Supercomputern kommt nicht ohne die Bezugnahme auf die wesentlichen Architekturprinzipien aus. Das Vektorprinzip (Abschnitt 4.1.) und das Arrayprinzip (Abschnitt 4.2.) erwachsen unmittelbar aus den Aufgabenstellungen der Anwendungsfelder. Andere Architekturprinzipien bleiben hier unberücksichtigt. Geeignete hochsprachliche Konstrukte zur Beherrschung der Supercomputerarchitektur werden exemplarisch an der Programmiersprache ACTUS verdeutlicht (Abschnitt 4.3.). Das Übersetzen von ACTUS-Programmen bleibt jedoch nicht ohne Tücken und Leistungssteigerungen sind nur in beschränkem Rahmen möglich (Abschnitt 4.4.).

4.1. Vektorparallelität

Das Prinzip der Vektorparallelität basiert darauf, daß eine langsame Komponente im System in mehrere schnelle Teilkomponenten aufgeteilt wird, die parallel zueinander arbeiten können. Diese Teilkomponenten werden nun alle in einer Reihe hintereinander geschaltet, so daß die Ausgabe der einen Teilkomponente die Eingabe der nächsten Teilkomponente darstellt, und erst alle Teilkomponenten zusammen die gleiche Aufgabe lösen wie die ursprüngliche langsame Komponente. Mit dieser Hintereinanderschaltung der Teilkomponenten wird das Prinzip eines Fließbandes (pipeline) assoziiert, an dem z.B. jeder Arbeiter nur eine kleine Teilaufgabe an einem Werkstück zu verrichten hat. Jeder Arbeiter ist in der Lage, parallel zu den anderen zu arbeiten. Deshalb spricht man auch von Pipelining.

Bsp. 4.2: N Feuerwehrmänner stehen zwischen einem Brunnen und einem Brand. Der erste Feuerwehrmann schöpft Wasser in Eimern aus dem Brunnen, und reicht sie seinem Nachbarn. Dieser reicht den vollen Eimer an seinen nächsten Nachbarn weiter, bis der Eimer den Brandort erreicht hat. Der letzte Feuerwehrmann in der Reihe löscht mit den ankommenden vollen Wassereimern das Feuer. (Es sei hier vernächlässigt, wie die leeren Eimer zum Brunnen zurück gelangen.) Jeder Feuerwehrmann stellt somit eine Teilkomponente in der Komponente "Feuer löschen" dar.

Der größte Geschwindigkeitsgewinn ist bei den oben skizzieren Anwendungsfeldern durch eine Beschleunigung der arithmetrisch logischen Einheit (engl. ALU) zu erreichen. Angenommen die ALU löst ihre Aufgabe in N Schritten, die jeder für sich in genau einem Taktzyklus ausgeführt werden können. Wenn nun die ALU den ersten Schritt auf das erste Datum angewendet hat, kann sie im nächsten Schritt gleichzeitig den zweiten Schritt auf das erste Datum und den ersten Schritt auf das zweite Datum durchführen. So kann maximal an N Daten parallel gearbeitet werden. Wenn die Pipeline noch leer ist, dann liegt das erste Ergebnis nach N Taktzyklen vor. Ist die Pipeline erst einmal gefüllt, so wird bei jedem Taktzyklus ein weiteres Ergebnis erzeugt. M Daten benötigen also N+M-1 Taktzyklen (N für das erste und M-1 für die übrigen). Das ergibt $\frac{N+M-1}{M}$ Taktzyklen pro Datum. Man beachte, daß man bei größeren Datenmengen fast an eine Verarbeitungsgeschwindigkeit von $\lim_{M\to\infty}(\frac{N+M-1}{M})=1$ pro Datum herankommt, unabhängig wie komplex diese Berechnung auch sein mag.

Abb. 4.2: Pipelining des o.g. Flaschenhalses: Die langsame Komponente, die 3t Zeiteinheiten benötigte, wurde in drei Teilkomponenten aufgeteilt, die jede für sich nur eine Zeiteinheit benötigen. Die Berechnung eines Ergebnises dauert so zwar immer noch drei Zeiteinheiten, aber es kann an drei Daten parallel gearbeitet werden, die sich in je einer der drei Teilkomponenten befinden. Betrachtet man das Gesamtsystem, so braucht keine Teilkomponente mehr unnötig zu warten, und es kann jede Zeiteinheit ein Ergebnis produziert werden.

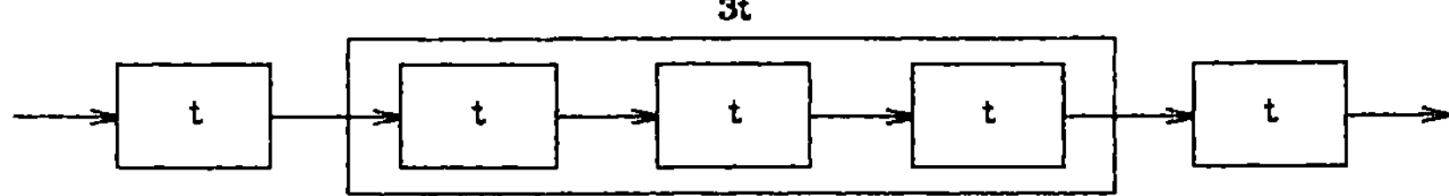

Bsp. 4.3: Ein Prozeß möge aus den folgenden Arbeitsabschnitten bestehen: hole Befehl (h), dekodiere Befehl (d), lies weitere Daten (l), eigentliche Berechnung (r) und schreibe Daten zurück (s). Jeder Befehl soll eigenständig in einer Pipeline ausführbar sein. Dann können maximal fünf der Befehle B_1 bis B_7 in den verschiedenen Etappen gleichzeitig ausgeführt werden.

B_1	h	d	l	r	s						
B_2		h	d	l	r	s					
B_3			h	d	l	r	s				
B_4				h	d	l	r	s			
B_5					h	d	l	r	s		
B_6						h	d	l	r	s	
B_7							h	d	l	r	s

Zeit

Darüber hinaus gibt es noch das Prinzip des Chaining. Dazu wird eine große ALU mit ihren vielfältigen Aufgaben in mehrere funktionale Einheiten aufgeteilt, die jeweils nur ein kleines Aufgabengebiet abdecken (z.B. Adressberechnungen, Skalarberechnungen oder Gleitkommaoperationen). Diese funktionalen Einheiten können außerdem die Operandenregister selbstständig lesen und schreiben. Wenn nun das Steuerwerk einer funktionalen Einheit einen Befehl gibt, so fängt diese selbstständig an zu arbeiten, so daß das Steuerwerk gleich wieder frei ist und bereits den nächsten Befehl ausführen kann. Wenn der nächste Befehl eine andere funktionale Einheit anspricht, so arbeiten beide Einheiten parallel. Der zweite Befehl darf sogar ein Quellregister benutzen, welches Zielregister des ersten Befehls ist. Dabei muß jedoch solange gewartet werden, bis das erste Ergebnis vorliegt. So können ganze Ketten (engl. chain) von Berechnungen zustande kommen, die, über die funktionalen Einheiten des Prozessors verteilt, parallel ablaufen.

Bsp. 4.4: 2N Feuerwehrmänner stehen in zwei Reihen zwischen einem Brunnen und einem Brand. Die eine Reihe bringt volle Wassereimer zum Brandort (wie bereits erwähnt). Die zweite Reihe bringt die leeren Eimer parallel dazu zum Brunnen zurück.

Bsp. 4.5: Chaining eines komplexen Befehls: Angenommen es soll parallel auf die Komponenten A[zielfkt[1]], A[zielfkt[2]] bis A[zielfkt[30]] des Arrays A zugegriffen werden, das entspricht in ACTUS dem Ausdruck A[zielfkt[1:30]]. Hierbei muß für jeden Index i der Ausdruck

$$\text{Basisadresse(A)} + \text{zielfkt}[i] * \text{Komponentengröße(A)}$$

berechnet werden, um auf die Adresse der entsprechnenden Komponente zu kommen. Diese Adreßberechnung kann in folgende drei Schritte zerlegt werden:

- Lesen aller Komponenten zielfkt[i] vom Speicher in ein Register (Vektorregister).
- Multiplikation aller Werte mit der Komponentengröße von A.
- Addition der Basisadresse von A zu jedem Wert.

Abb. 4.3: Die Verkettung der obigen Berechnung: V_0, V_1 und V_2 sind Vektorregister und S_0 sowie S_1 sind skalare Register. Dabei enthält S_0 die Komponentengröße und S_1 die Basisadresse von A. F_0, F_1 und F_2 seien drei funktionale Einheiten, die unabhängig voneinander arbeiten können und in jeweils n_0, n_1 bzw. n_2 Teilaufgaben untergliedert sind.

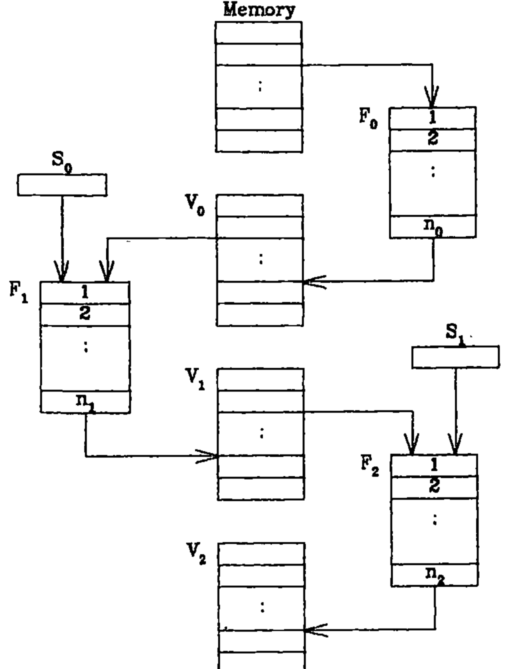

Abb. 4.4: Das Zeitdiagramm zur obigen Berechnung: In jeder Ebene ist der Zugriff auf **A[zielfkt[i]]** für ein spezielles i dargestellt. Dabei sei angenommen, daß $n_0 = 4$, $n_1 = 9$ und $n_2 = 2$ ist.

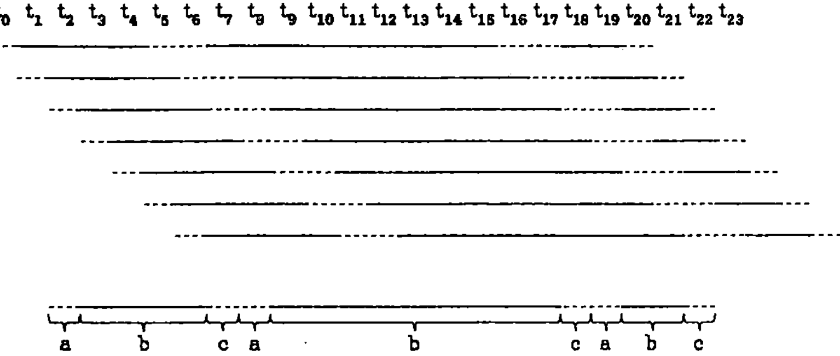

a : Übergang vom Speicher bzw. Register zur funktionalen Einheit
b : Durchlauf durch die funktionale Einheit
c : Übergang von der funktionalen Einheit in ein Register

Das Abbildung macht deutlich, daß von t_{20} bis zu t_{49} bei jedem Takt ein neuer Zugriff **A[zielfkt[i]]** berechnet ist.

Die Vektorparallelität lebt von der Überlappung gleichartiger Aufgaben. So wird eine Operation (z.B. eine Addition) in einer Pipeline am besten auf möglichst viele Daten angewendet. Wenn nämlich auf eine andere Operation (z.B. eine Multiplikation) umgeschaltet wird, dann muß die Pipeline erst geleert werden. Im Anschluß daran kann sie neu gefüllt werden und produziert erst nach einiger Zeit wieder jeden Taktzyklus ein Ergebnis.

4.2. Arrayparallelität

Vereinfacht dargestellt besitzt ein Arrayprozessor außer einer Steuereinheit und einer Ein-/Ausgabeeinheit N gleichartige Prozessoren mit lokalem Speicher.

Abb. 4.5: Vereinfachtes Blockschaltbild eines Arrayrechners:

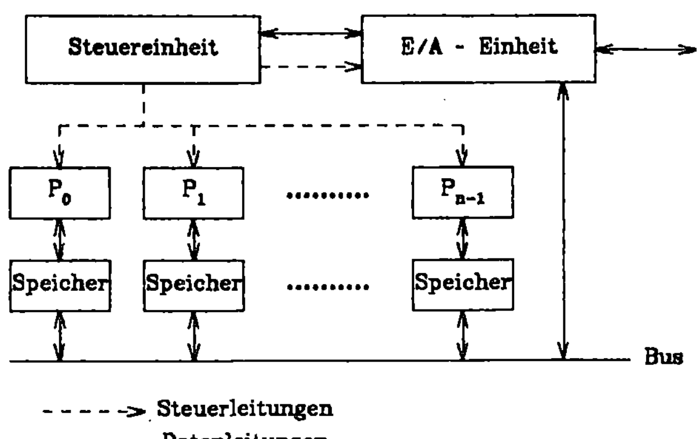

Die Befehlsausführung erfolgt nach dem Prinzip der SIMD-Maschine[4.1] . Das
bedeutet, die Steuereinheit veranlaßt, daß in einem Takt auf allen
Prozessoren der gleiche Befehl (single instruction) ausgeführt wird. Da jeder
Prozessor über einen lokalen Speicher verfügt, wird gleichzeitig an
verschiedenen Daten (multiple data) operiert. Die einzig mögliche Individual-
behandlung von Prozessoren ist die, daß die Steuereinheit einer Untermenge
der N Prozessoren die Ausführung eines Befehls vorschreibt.[4.2] Das System
wird durch einen globalen Datenbus vervollständigt, über den die
Prozessoren lokale Daten einlesen oder ausgeben bzw. Daten zwischen
Prozessoren bereitstellen können. Sowohl bei Array- als auch bei Vektor-
prozessoren besitzt die E/A-Einheit häufig mehrere Kanäle zum Hauptspeicher, die parallel und unabhängig voneinander benutzt werden können.

Verglichen mit dem bereits öfter benutzten Modell sieht ein Arrayrechner
wie folgt aus:

Abb. 4.6: Ein prinzipieller Aufbau eines Arrayrechners: Obwohl jede der
parallelen Teilkomponenten immer noch 3t Zeiteinheiten benötigt, kann man
sich folgendes Verarbeitungsschema vorstellen: Zu Anfang sind alle Teilkomponenten frei. Die vorderste Einheit liefert nun (höchstens) jede Zeit-

---

[4.1]   SIMD = single instruction, multiple data

[4.2]   Auch bei einigen Vektorrechnern ist es möglich, Daten von
der Berechnung auszuschließen, indem der entsprechenden
ALU eine Vektormaske mitgegeben wird. Das ist ein Vektor
mit je einem Bit pro Datum. Ist dieses Bit gesetzt, so wird
das entsprechende Datum von der Berechnung
ausgeschlossen und unbesehen durch die ALU
durchgereicht.

einheit ein Ergebnis. Das erste Ergebnis kann nun in der ersten (oberen) Teilkomponente weiterbearbeitet werden. Das zweite Ergebnis kann in der zweiten (mittleren) Teilkomponente weiterbearbeitet werden und das dritte in der letzten (unteren) Teilkomponente. Wenn nun das vierte Ergebnis der ersten Einheit produziert ist, dann sind für die oberste Teilkomponente bereits drei Zeiteinheiten um, so daß sie jetzt für eine Berechnung frei sein muß usw. .

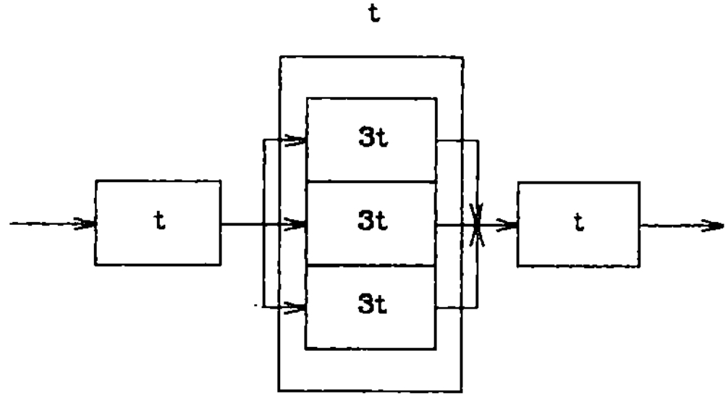

Bsp. 4.6: Jeder der N Feuerwehrmänner hat seinen eigenen Brunnen und kann parallel zwischen seinem Brunnen und seinem Teil des Brandes hin und her laufen.

Die Arrayparallelität lebt also von der Replikation einzelner Einheiten, die dann parallel zueinander arbeiten können. Diese replizierten Einheiten werden jedoch nur durch eine einzige Instanz gesteuert, so daß eine Synchronisierung überflüssig wird.

4.3. Programmierung in ACTUS

Die Programmierung der Supercomputer erfolgte zunächst durch ad-hoc Lösungen. Da die Anwendungsschwerpunkte im technisch-wissenschaftlichen Bereich, speziell in numerischen Aufgabenstellungen (vgl. Einleitung zu Kapitel 4.) liegen und dort die Programmiersprache FORTRAN eine dominierende Rolle spielt, sind von den Herstellern spezielle FORTRAN--Versionen entwickelt worden, die die Merkmale der eigenen Supercomputer unterstützen. Insbesondere war der Programmierer teilweise dazu gezwungen auf Maschinenebene weiter zu programmieren, um die parallelen Fähigkeiten des konkreten Rechners überhaupt ausnutzen zu können. Darüber hinaus

war man zusätzlich noch auf die prozessorspezifische Maximallänge der
Vektoren beschränkt. Eine wirkliche Hochsprache für Supercomputer war also
mehr als überfällig. Erst Anfang der 80-iger Jahre, und damit relativ spät im
Vergleich zu anderen Entwicklungen im Bereich der parallelen
Programmierung, ist mit ACTUS, entwickelt von R. H. Perrott, eine höhere
Programmiersprache speziell für Supercomputer entwickelt worden mit den
Zielsetzungen,

- ein verallgemeinertes, auf dem Vektor- bzw. Array-Konzept
  aufbauendes Berechnungsmodell zugrunde zu legen,
- die Methoden der strukturierten Programmierung auch für Supercomputer zur Verfügung zu stellen,
- natürliche und verständliche Formulierungen für diese Klasse
  paralleler Abläufe vorzusehen.

Ausgangspunkt einer derartigen Entwicklung ist die Programmiersprache
Pascal, die z.B. bei den Supercomputer-Sprachen ACTUS *[PerCooMil 83]* und
PASCALV *[Ehl 84]* Pate gestanden hat. Einige der wesentlichen Konzepte zur
strukturierten Programmierung von Supercomputern sollen im folgenden
anhand der Sprache ACTUS stellvertretend angesprochen werden.

4.3.1. Parallele Datenstrukturen

Um Daten parallel zu verarbeiten, sind drei neue Datenstrukturen
eingeführt worden: Parallele Arrays, Indexmengen (Indexbereiche) und
parallele Konstanten.

- **Parallele Arrays:**
  Eine Dimension eines ein- bzw. mehrdimensionalen Arrays läßt sich
  als parallele Dimension deklarieren und damit parallel manipulieren.
  Zur Unterscheidung werden nicht-parallele Dimensionen durch .. im
  Indexbereich gekennzeichnet, parallele dagegen durch :. Als
  Eselsbrücke kann man sich vorstellen, daß die Hintereinander-
  schreibung der beiden Punkte auch eine Nacheinanderberechnung
  zur Folge hat. Stehen die beiden Punkte jedoch textuell parallel da,
  dann wird auch die Berechnung parallel ausgeführt, z.B.:
  Deklaration paralleler Arrays:

```
VAR   zielfkt : ARRAY[1:n] OF integer;
      koeff : ARRAY [1:n,1..n] OF real;
```

Auf dem Vektor **zielfkt** und den Spalten der Matrix **koeff** können parallele Operationen angewendet werden, z.B. n Zuweisungen gleichzeitig:

    zielfkt[1:n]:=koeff[1:n,j];

Dabei sind **n** und **n** Konstanten und es soll im folgenden gelten, daß **n** größer oder gleich 30 ist und **j** eine Variable vom Typ 1..n.

● **Parallele Konstanten:**
Sie dienen zur Definition von Sequenzen konstanter Integer-Werte, auf die parallele Operationen anwendbar sind, z.B.:

    PARCONST   a = 1:30; -- die Zahlen 1 bis 30
                zyk3 = 27[-3]3,30; -- 10 Zahlen: 27,24,...,3,30

Die Anzahl der Zahlenwerte entspricht der parallelen Dimension, die sich mit jeder parallelen Konstante verbindet.

● **Indexbereiche:**
Zur Selektion innerhalb von Arrays lassen sich konstante Indexbereiche definieren, z.B.:

    INDEX   indexa = 1:30; -- die Menge {1..30}
             prim = 2+3+5+7+11+13+17+19+23+29; -- Primzahlen

Bei **prim** dient + als Vereinigungsoperator, um alle Primzahlen im Bereich **indexa** zusammenzufassen.

Anmerkung: Hier soll noch einmal ausdrücklich auf den Unterschied zwischen Indexbereichen (Indexmengen) und parallelen Konstanten hingewiesen werden: In der Zuweisung

    zielfkt[1:n]:=1:n;

bezeichnet das linke 1:n einen Indexbereich und legt fest, von welchen Komponenten die nun folgende Berechnung durchzuführen ist. Das rechte 1:n dagegen ist eine parallele Konstante und liefert die Werte eins bis **n,** die zugewiesen werden sollen.

4.3.2. Operatoren, Ausdrücke und Zuweisungen

Die arithmetischen und booleschen Operationen lassen sich auf parallele Dimensionen bzw. auf darin enthaltene Indexbereiche ausdehnen. Die Ausführung ist dabei komponentenweise getrennt und erfolgt gleichzeitig. Skalare werden kontextabhängig in ein paralleles Array umgeformt.
Z.B.: Zuweisungen der Null an alle Primzahlpositionen des Arrays zielfkt:

```
zielfkt[prim]:=0;
```

Gleichzeitige komponentenweise Division:

```
zielfkt[indexa]/koeff[indexa,j]
```

Entscheidung, ob alle nicht-Primzahlpositionen von zielfkt Null geworden sind:

```
ALLTRUE(zielfkt[index-prim]=0)
```

Indexbereiche lassen sich mit **SHIFT** verschieben bzw. mit **ROTATE** zyklisch vertauschen.

Bsp. 4.7: Anwendung von **SHIFT**: Die Anweisung

```
koeff[zyk3,j]:=zielfkt[zyk3 SHIFT -2];
```

entspricht der parallelen Ausführung der folgenden Zuweisungen:

```
koeff[27,j]:=zielfkt[25];
koeff[24,j]:=zielfkt[22];
    :
koeff[3,j]:=zielfkt[1];
koeff[30,j]:=zielfkt[28];
```

Bsp. 4.8: Anwendung von **ROTATE**: Die Anweisung

```
koeff[indexa,j]:=zielfkt[indexa ROTATE 1];
```

entspricht der parallelen Ausführung der folgenden Zuweisungen:

```
koeff[1,j]:=zielfkt[2];
    :
koeff[29,j]:=zielfkt[30];
koeff[30,j]:=zielfkt[1];
```

An Operatoren auf Indexmengen gibt es * für den Schnitt und - für die Differenz von Mengen.

Mit **zielfkt[indexa-prim]** sind diejenigen Komponenten des parallelen Arrays angesprochen, deren Index keine Primzahl ist. Das entspricht der Mengenoperation **indexa/prim** und ist gleich der Menge: { 1,4,6,8..10,12,14,16,18,20..22,24..28,30 }.

Mit **zielfkt[(5:10)*prim]** sind diejenigen angesprochen, die in der Schnittmenge von {5..15} und {2,3,5,7,11,13,19,23,29} liegen. Das entspricht der Indexmenge {5,7,11,13}.

4.3.3. Parallele Kontrollstrukturen

Kontrollstrukturen in Pascal sind typischerweise sequentiell. Darüber hinaus können Kontrollstrukturen in ACTUS auch eine parallele Form haben. Im Zusammenhang mit dieser parallelen Form bezeichnet die Ausdehnung der Parallelität (engl. eop = extent of parallelism) diejenige Menge von Indizees, die an der Berechnung teilnehmen. Alle anderen Indizees sind solange von der Berechnung ausgeschlossen. Diese spezielle Indexmenge wird durch # gekennzeichnet, weil es zum einen eine Schreibvereinfachung bringt und zum anderen auch dann verwendet werden kann, wenn von vornherein keine explizite Angabe möglich ist (vgl. IF-Anweisung oder **WHILE**-Anweisung). Mit der **WITHIN**-Anweisung kann die Ausdehnung der Parallelität explizit festgelegt werden:

Bsp. 4.9: Ausdehnung der Parallelität: Die Berechnung bleibt auf die Indexmenge 1:n (eop) beschränkt.

```
WITHIN 1:n DO
BEGIN
    koeff[#,j]:=zielfkt[#]/koeff[#,n];
    zielfkt[#]:=zielfkt[#]-koeff[#,j];
END
```

Die Kontrollanweisungen werden jeweils auf allen Prozessoren ausgeführt. Dennoch kann die Art der Ausführung bzw. ihre Dauer unterschiedlich sein.

Bsp. 4.10: Ausdehnung der Parallelität bei der IF-Anweisung: Der eop wird auf die Indexmenge **indexa-prim** beschränkt. Für jedes i wird nun abhängig vom Ausgang der booleschen Bedingung **zielfkt[i]** $\neq 0$ entweder der **THEN**- oder der **ELSE**-Teil der IF-Anweisung ausgeführt. Dabei kennzeichnet # den entsprechenden eop.

```
IF  zielfkt[indexa-prim] ≠ 0
    THEN koeff[#,m]:=1/zielfkt[#]
    ELSE koeff[#,m]:=maxreal;
```

Die Division wird somit nur für zielfkt-Werte, die von Null verschieden sind, ausgeführt.

In ähnlicher Weise können Anweisungen innerhalb von Wiederholungen unterschiedlich oft ausgeführt werden.

Bsp. 4.11: Die ersten zehn Primzahlpositionen von zielfkt werden mit den Werten 27,24,...,3,30 besetzt. Diese werden dann solange durch drei dividiert, wie sie noch ohne Rest durch drei teilbar sind.

```
zielfkt[prim]:=zyk3;
WHILE zielfkt[prim] MOD 3 = 0 DO
    zielfkt[#]:=zielfkt[#] DIV 3;
```

Am Ende der Schleife hat zielfkt[prim] die Wertfolge : (1,8,7,2,5,4,1,2,1,10) wobei für zielfkt[2] drei Durchläufe nötig waren, für zielfkt[29] jedoch nur einer.

i	2	3	5	7	11	13	17	19	23	29
zielfkt[i] ,vorher	27	24	21	18	15	12	9	6	3	30
zielfkt[i] ,nachher	1	8	7	2	5	4	1	2	1	10
Anzahl der Durchläufe	3	1	1	2	1	1	2	1	1	1

Auch auf die in Pascal üblichen Kontrollanweisungen FOR und CASE läßt sich in ACTUS die Ausdehnung der Parallelität anwenden. Darüber hinaus kann man in ACTUS parallele Arrays als Parameter an Funktionen und Prozeduren übergeben und Funktionsergebnis darf auch ein paralleles Array sein. Es ist zu beachten, daß es keine dynamischen Indexmengen gibt. Man kann die Indexmenge für die nächste Anweisung also nicht direkt berechnen. So gibt es auch keine Variablen von Typ INDEX.

Ein Vorteil von ACTUS liegt sicherlich darin, daß man auf der bekannten und populären Hochsprache Pascal aufgebaut hat. Nachteilig wirkt es sich in solch einem Fall jedoch immer aus, daß man zwangsläufig die Schwächen dieser Sprache übernimmt. Selten ist es möglich Schwachpunkte auszumerzen. So sei an dieser Stelle nachträglich erwähnt, daß man z.B. in ACTUS in der FOR-Schleife eine Schrittweite mit angeben kann:

Bsp. 4.12: Eine **FOR**-Schleife mit Schrittweite zwei:

    FOR i:=1 TO 99 BY 2 DO .....

4.4. Compilerprobleme und Leistungsschranken

Die Art der Parallelausführung, die mit Supercomputern möglich ist, läßt sich auf der Grundlage der Parallelanweisung beschreiben. Identische, unabhängige Anweisungen werden auf den Prozessoren P_i gleichzeitig ausgeführt. Die Steuereinheit kann die Ausführung auf eine Untermenge U der Prozesse bzw. Prozessoren beschränken.

    PARBEGIN

       $\{ S_i \mid i \in U \}$

    PAREND

Da kein Datenaustausch und keinerlei Synchronisierung im Verlauf der Parallelanweisung zwischen Prozessen möglich ist, wird eine Bereitstellungphase notwendig, während der die Daten in die Speicher der Prozessoren zu übertragen sind.

Abb. 4.7: Bereitstellung der Daten für die Anweisung:

    koeff[indexa,j]:=zielfkt[indexa ROTATE 1]/koeff[indexa,j]

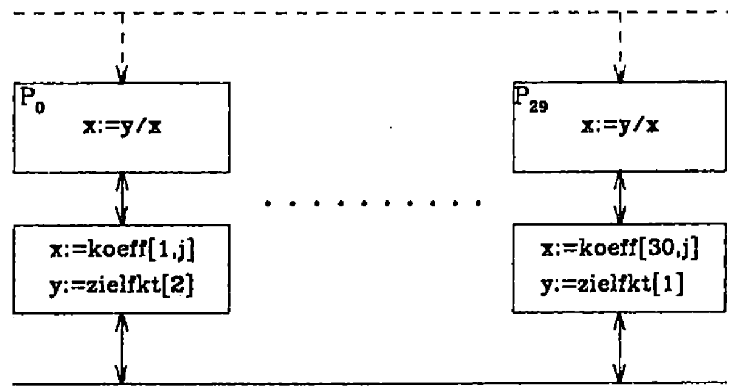

Dazu seien in allen Prozessoren die Speicherplätze x und y vorgesehen.

Damit ergibt sich folgende Parallelanweisung:

PARBEGIN
$\quad$ { x:=y/x | für die Prozessoren 0 bis 29 }
PAREND

Während der Bereitstellungsphase ist daneben auch die Ein- und Ausgabe über die E/A-Einheit abzuwickeln. Der gesamte Programmablauf auf Supercomputern stellt sich deshalb als permanenter Wechsel zwischen Bereitstellungsphase und der Ausführung von Parallelanweisungen dar. In EBNF-Notation würde ein Programmablauf so aussehen:

Programmablauf ::=
$\quad$ Bereitstellung { ; Parallelanweisung ; Bereitstellung }

Durch die explizite Angabe eines Indexbereiches ist dem Compiler bekannt, auf welchen Daten parallel gearbeitet werden soll. Gleichzeitig wird geprüft, ob keine Konsistenzbedingungen verletzt werden. Das ist immer dann der Fall, wenn die Unabhängigkeit der veränderlichen Daten nicht gewährleistet ist.

Bsp. 4.13: Überlappung der Datenbereiche:

```
WHILE {boolescher Ausdruck} DO
BEGIN
    koeff[#,j]:=koeff[#,n]/zielfkt[#];
    koeff[#,n]:=koeff[# ROTATE 1,j]+koeff[#,j];
END
```

Zwischen den beiden Zuweisungen ist eine Bereitstellungsphase notwendig, die die gerade veränderten koeff[#,j]-Werte vom Nachbarprozessor besorgt und für die zweite Zuweisung bereitstellt.

Von besonderem Interesse bei der Abschätzung des Zeitgewinns durch den Einsatz von Supercomputern ist die Angabe einer oberen Schranke für die Beschleunigung, die bezogen auf rein sequentielle Verarbeitung möglich ist. Ein einfaches, aber aussagekräftiges Berechnungsmodell von H.F. Flatt [Fla 84] teilt jede Aufgabenstellung in rein sequentielle Phasen und solche, die parallel, d.h. bis zu einem Grad p, abgearbeitet werden können. Ausgehend von dieser Sichtweise läßt sich folgende Theorie entwickeln:

T_{ges} $\quad$ Gesamtzeit für die Berechnung der Aufgabe auf einem einzigen Prozessor.

T_{seq} $\quad$ Der Teil von T_{ges}, der sequentiell abgearbeitet werden muß.

T_{par} $\quad$ Der Teil von T_{ges}, der parallel, d.h. maximal mit dem Grad p, abgearbeitet werden könnte.

$$T_{ges} = T_{seq} + T_{par}$$

Legt man das Modell eines Arrayrechners mit N Prozessoren zugrunde, so soll T_N die notwendige Gesamtzeit zur Berechnung derselben Aufgabe bezeichnen, wobei jedoch jetzt N Prozessoren zur Verfügung stehen. B_N sei die dabei mögliche Beschleunigung.

$$T_{ges} = T_N B_N$$

Durch die Bereitstellungsphasen kommen zusätzliche Berechnungen und somit auch Zeiten hinzu, die im sequentiellen Fall nicht vorhanden wären.

T_{ver} Der Verlust bezeichnet die wenigstens notwendige Bereitstellungszeit für einen einzelnen Prozessor.

Um das Modell nur von wenigen Parametern abhängig zu machen, wird nur der Fall der höchsten Prozessorauslastung betrachtet. Das entspricht der erwähnten Absicht, eine obere Schranke für die Beschleunigung anzugeben. Sei also:

$$p = N$$

Dann ergibt sich als untere Schranke für T_N:

$$T_N \geq T_{seq} + T_{par}/N + T_{ver}N$$

bzw. als obere Schranke für B_N:

$$B_N \leq \frac{T_{ges}}{T_{seq} + T_{par}/N + T_{ver}N}$$

Damit die Abschätzung unabhängig von Absolutzeiten wird, sind Rechenzeitanteile zu definieren.

A_{seq} Sequentieller Anteil an der Gesamtrechenzeit.

A_{ver} Verlustanteil an der Gesamtrechenzeit.

Damit ergibt sich:

$$A_{seq} = T_{seq}/T_{ges}$$
$$A_{ver} = T_{ver}/T_{ges}$$

Die Rechenzeitanteile sind folgendermaßen festgelegt:

$$B_n \leq \frac{T_{ges}}{A_{seq}T_{ges} + (1-A_{seq})T_{ges}/N + A_{ver}T_{ges}N}$$

Und nach Umformung:

Und nach Umformung:

$$B_N \leq \frac{N}{1 + A_{seq}(N-1) + A_{ver}N^2}$$

Um den Blick auf das prinzipiell Mögliche zu richten, wird der Verlustanteil A_{ver} zunächst vernachlässigt, was zu einer vereinfachten oberen
Schranke für B_N führt:

$$B_N \leq \frac{N}{1 + A_{seq}(N-1)}$$

Bsp. 4.14: Beschleunigung unter der einfachen Schranke: Betrachtet wird die
Beschleunigung B_N, die sich für verschiedene Werte von N ergibt.

N	$A_{seq}=0{,}05$	$A_{seq}=0{,}1$	$A_{seq}=0{,}2$	$A_{seq}=0{,}5$
4	3,47	3,07	2,50	1,60
16	9,14	6,40	4,00	1,88
64	15,42	8,76	4,70	1,98
256	18,61	9,66	4,92	1,99
1024	19,63	9,91	4,98	1,99

Gibt es einen sequentiellen Anteil, d.h. $A_{seq} > 0$, dann gilt in jedem Fall für
die Beschleunigung:

$$B_N < N \qquad\qquad N \geq 2$$

Das bedeutet, daß die Beschleunigung die Prozessorzahl nie einholen
kann. Andererseits leitet sich vom sequentiellen Anteil A_{seq}, der
unmittelbar vom Programm und mittelbar von der Problemstellung abhängt,
eine weitere Schranke für B_N ab:

$$B_N < 1/A_{seq}$$

Beispielsweise werden für N=16 und $A_{seq}=0{,}05$ beide Schranken mit dem
Wert $B_N=9{,}14$ deutlich unterschritten. Gleichzeitig erweist sich, daß bei
steigendem N, z.B.: N=1024 mit dem Wert $B_N=19{,}63$, die problemabhängige
Schranke 20 annähernd erreicht wird.

Abb. 4.8: Die Beschleunigung in Abhängigkeit von N und parametrisiert durch $A_{seq}=0{,}05$ und $A_{seq}=0{,}1$:

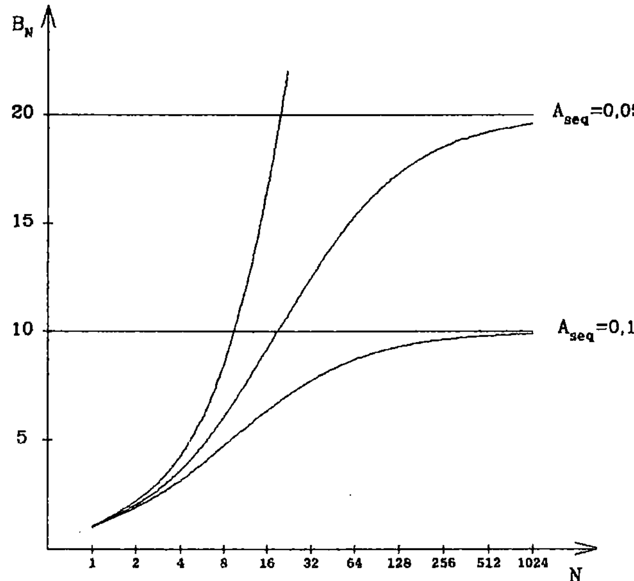

Diese Kurve macht deutlich, daß nur im unteren Bereich von N, also etwa bis N=16, eine annähernd proportionale Steigerung der Beschleunigung möglich ist. Bei weiter steigendem N geht die Beschleunigung zwar asymptotisch gegen $1/A_{seq}$, aber die Beschleunigungswerte B_N entfernen sich drastisch von der Berechnungskapazität, die durch die N Prozessoren bereitgestellt werden. Mit anderen Worten: Die Hinzunahme weiterer Prozessoren lohnt sich nicht mehr.

Für eine realistischere Betrachtung der Beschleunigung muß auch der Verlust für die Bereitstellung angemessen berücksichtigt werden. Bei der Modellierung existierender Supercomputer zeigt sich dabei, daß die Größe A_{ver} keine Konstante ist, sondern selbst noch einmal von N abhängt. Sei C_{ver} der von N unabhängige Verlustanteil. Dann ergeben sich aufgrund prinzipieller Unterschiede in der Architektur von Supercomputern zwei typische Abhängigkeiten:

(a) $A_{ver} = C_{ver}N$

(b) $A_{ver} = C_{ver} \log_2(N)$

Die Abhängigkeit (a) basiert darauf, daß die Bereitstellung für einen
Prozessor linear von seiner Position am Bus abhängt, während für (b) die
Bereitstellung über ein Netz, das in diesem Fall wie ein binärer Baum
aufgebaut ist, erfolgt und deshalb nur logarithmisch von N abhängt. Für die
noch folgende Untersuchung soll nur noch der Fall (a) betrachtet werden, da
er für die Praxis bislang relevanter ist als der Fall (b). Es gilt:

$$B_N \leq \frac{N}{1 + A_{seq}(N-1) + C_{ver}N^3}$$

Abb. 4.9: Beschleunigung bei dem von N unabhängigen Verlustanteil von
$C_{ver} = 10^{-6}$: Die beiden Kurven sind abhängig von N und durch $A_{seq} = 0,05$ und
$A_{seq} = 0,1$ parametrisiert.

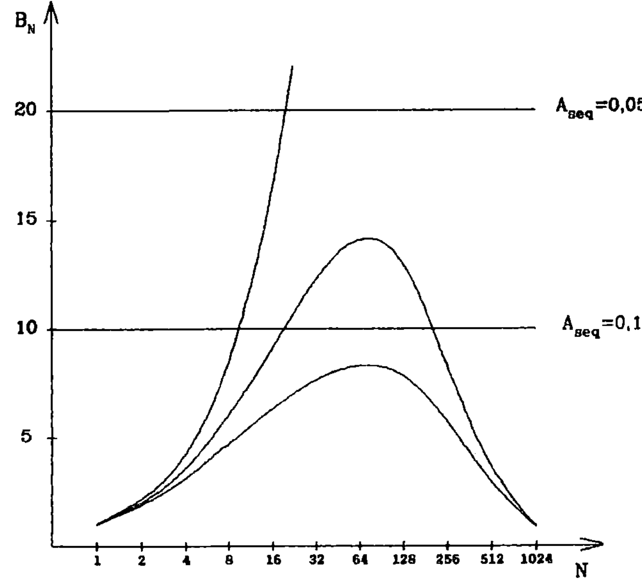

Diese Kurve ist bis etwa N=64 kaum von der vorhergehenden zu
unterscheiden. Erst allmählich und dann drastisch kommt der Term $C_{ver}N^3$
im Nenner zum Tragen und bewirkt, daß die Beschleunigung ab einem
gewissen Wert monoton abnimmt und sich schließlich asymptotisch dem

Wert 0 annähert.

Die letztere der beiden Kurven läßt deutlich werden, welchen Einfluß die Architektur des Supercomputers auf die Beschleunigung hat. Dem Benutzer bleiben zwei wesentliche Einflußmöglichkeiten, die insbesondere in den Programmentwurf einfließen sollten:

- Annäherung des Grades p an die Zahl der Prozessoren N.
- Minimierung von A_{seq}.

Insbesondere der zweite Punkt hängt im Detail davon ab, inwieweit es gelingt,

- die Anzahl der bedingten Verzweigungen und unvorhersehbaren Unterbrechungen zu minimieren,
- möglichst lange Vektoren zu erzeugen, bzw. die Vektorlänge auf ein Vielfaches der maschineninternen Größe zu bringen,
- möglichst lange Ketten zu bilden und
- die Anzahl und Häufigkeit der Bereitstellungen zu minimieren.

Das macht deutlich, daß auch bei höheren Programmiersprachen für Supercomputer nach wie vor eine Abstimmung des Programms auf die Fähigkeiten des Compilers bzw. der zugrundeliegenden Rechnerarchitektur notwendig ist.

Diese Vorgehensweise ist als Kompromiß zwischen einer abstrakten Formulierung des Problems und seiner expliziten Umsetzung auf die technischen Gegebenheiten der Supercomputer zu verstehen. Erst durch die Kenntnis der Supercomputerarchitektur ist man in der Lage, effiziente Programme zu schreiben, die jedoch aufgrund der hochsprachlichen Eigenschaften außerdem noch portabel sind.

Supercomputerarchitekturen sind das direkte Ergebnis des harten Wettlaufs um die MFLOPS[4.3] . Sie sind zum einen durch die hochgradig parallele Architektur (angefangen auf der niedrigsten Hardwareebene) und zum anderen durch die fehlende Notwendigkeit zur Synchronisierung (auf Softwareebene) paralleler Abläufe charakterisiert. Doch diese Entwicklung ist noch lange nicht abgeschlossen. Insbesondere die Forschung auf dem Gebiet der Supraleitfähigkeit verspricht entscheidende Impulse für eine weitere Steigerung der Prozessorleistung. Man darf gewiß gespannt sein, was die Zukunft alles bringen wird.

[4.3]   MFLOP = million floating-point operations per second

5. Probleme bei parallelen Prozessen

Die formale Definition der Semantik von parallelen Programmen und damit auch das intuitive Verständnis von ihrem Verhalten ist weitaus schwieriger als bei sequentiellen. Die entscheidende Ursache hierfür ist die Überlappung der Prozeßausführung. Das trifft sowohl auf parallele Systeme mit einem wie auch solche mit mehreren Prozessoren zu. Als leichtes und meist hinreichendes Beschreibungsmodell für parallele Prozesse soll das Spurenmodell (Abschnitt 5.1.) vorgestellt werden.

Weitere Schwierigkeiten ergeben sich durch nichtdeterministische Sprachkonstrukte. Auch sie blähen die Zustandsmengen auf, da ein Zustand der Berechnung in einen aus einer Menge von erlaubten Folgezuständen übergehen kann. Demgegenüber stehen die Möglichkeiten, die nichtdeterministische Sprachkonstrukte insbesondere für die Phase der Spezifikation bieten. Sie geben dem Anwender die Freiheit, aus dem Problem heraus, eine Menge möglicher Lösungswege zu beschreiben und es den späteren Phasen zu überlassen, die Menge der Lösungswege nach Effizienz- oder pragmatischen Kriterien weiter einzuschränken. In den nichtdeterminitischen Sprachkonstrukten sind aber auch einige Gefahren verborgen, die nur allzu leicht übersehen werden. Denn es ist oftmals zu beobachten, daß nur alle endlichen Berechnungen die Aufgabenstellung erfüllen und zum gewünschten Ergebnis kommen. Das ist insbesondere dann der Fall, wenn Berechnungsschritte zur Auswahl stehen, die dem Ergebnis näher kommen und solche, für die lediglich gilt, daß sie sich nicht weiter davon entfernen. Der Nichtdeterminismus verhindert nicht, daß immer gerade die "falschen" Berechnungsschritte erfolgen, d.h. eine "unfaire" Auswahl stattfindet. Dabei würde es oftmals schon ausreichen, jeden der Berechnungsschritte nicht unbegrenzt oft zu übergehen, um schließlich zum gewünschten Ergebnis zu gelangen. Die formale Definition der Fairneß zielt deshalb auf eine sinnvolle Einschränkung der nichtdeterministischen Auswahl, um unter dieser Voraussetzung weitergehende Aussagen über nichtdeterministische, parallele Programme ableiten zu können (Abschnitt 5.2.).

Als weiterer Problemkreis der parallelen Programmierung darf an dieser Stelle die Verklemmung von Prozessen, der sogenannte Deadlock, nicht unerwähnt bleiben (Abschnitt 5.3.). Deadlockzustände zeichnen sich dadurch aus, daß keiner der beteiligten Prozesse aufgrund von Wartebeziehungen zu anderen Prozessen seine Berechnung fortsetzen kann. Das tückische an

Deadlocks ist, daß sie in den meisten Fällen nicht notwendigerweise zustande kommen. So ist es möglich, daß Programme über lange Zeitspannen fehlerfrei ablaufen und dennoch durch nichtdeterministische und parallele Sprachkonstrukte in der Menge möglicher Zustandsfolgen auch Deadlockzustände erreichbar sind, die nur zufällig oder aufgrund besonderer Einflüsse zustandekommen.

5.1. Ein Modell für parallele Prozesse

Berechnungsmodelle sind von großer Wichtigkeit für die Beschreibung des Verhaltens paralleler Prozesse, insbesondere im Hinblick auf die Programmverifikation. Programme haben Aufgaben zu erfüllen, die durch eine formale Spezifikation festgelegt sein sollen. Die Verifikation geht nun beispielsweise so vor, dem zugehörigen Programm in demselben formalen Kalkül eine Beschreibung zuzuordnen. Ein Programm ist verifiziert, wenn aus dieser Beschreibung die formale Spezifikation ableitbar ist. An unterschiedlichen Ansätzen zu diesem wichtigen Themengebiet seien hier genannt: Hoaresche Axiomatik (z.B. für Monitore *[How 76]*, für CSP *[AptFraRoe 80]* und *[Sou 84]*, für Ada *[BarMea 86]*), denotationale Semantikmodelle (z.B. *[OldHoa 86]*) und Spuren- und Fehlermodelle (z.B. *[Hol 84]*, *[BroHoaRos 84]*, *[Hoa 85]*). Als einfacher Ansatz, der das Prozeßverhalten durch reguläre Ausdrücke darstellt und bereits für die meisten Anwendungen ausreicht, wird ein Spurenmodell in freier Anlehnung an L. Holenderski *[Hol 84]* vorgestellt.

Die intuitive Vorstellung, die dem Spurenmodell zugrundeliegt, geht von einem subjektiven Beobachter aus, der notiert, welche Anweisungen ein Prozeß P ausführt. Eine Anweisungsfolge, die seit dem Start des Prozesses durchlaufen wurde heißt Historie oder Spur s_P einer Berechnung. Das Verhalten B_P eines Prozesses entspricht der Menge aller seiner Spuren.

Als formale Beschreibung des Prozeßverhaltens dienen reguläre Ausdrücke über den Operationen der Konkatenation, der Vereinigung und der Wiederholung. Der Beobachter wählt nun diejenigen Anweisungen eines Prozesses aus, die ihm für seine Betrachtung als wichtig erscheinen, und ordnet jeder ein Symbol eines Alphabetes Σ_P zu. Dabei werden die Operationen folgendermaßen interpretiert:

- Konkatenation ($\hat{}$): Symbole werden konkateniert, wenn die zugehörigen Anweisungen hintereinander ausgeführt werden.
- Vereinigung ($\cup$): Symbole werden vereinigt, wenn zwischen den zugehörigen Anweisungen nichtdeterminitisch gewählt werden kann.

● Wiederholung(*): Symbole werden beliebig oft konkateniert, wenn die zugehörigen Anweisungen beliebig oft wiederholbar sind. Diese Operation schließt die 0-malige Wiederholung mit ein, was dem regulären Ausdruck ε entspricht.

Die regulären Ausdrücke dienen der Darstellung formaler Sprachen. Es gilt:

$$L(\phi) = \phi$$
$$L(\varepsilon) = \{\varepsilon\}$$
$$L(x) = \{x\} \quad x \in \Sigma_p$$

Weiterhin gilt für die regulären Ausdrücke R_1 und R_2 :

$$L(R_1{}^\wedge R_2) = \{v^\wedge w \mid v \in L(R_1), w \in L(R_2)\}$$
$$L(R_1 \cup R_2) = \{v \mid v \in L(R_1)\} \cup \{w \mid w \in L(R_2)\}$$
$$L(R_1{}^0) = \{\varepsilon\}$$
$$L(R_1{}^{k+1}) = \{v^\wedge w \mid v \in L(R_1{}^k), w \in L(R_1), k \geq 0\}$$
$$L(R_1{}^*) = \bigcup_{i \geq 0} R_1{}^i$$

Im Sinne des Spurenmodells soll das Prozeßverhalten mit regulären Ausdrücken dargestellt werden. Da mit einer Spur s_p auch ihr Präfix im Prozeßverhalten B_p enthalten sein soll, wird definiert:

$$B_p = B(R_p) = \{v \mid v^\wedge w \in L(R_p)\}$$

Damit ist auch $B(R_p)$ präfixabgeschlossen.

Bsp. 5.1: Das Verhalten des Prozesses **philosoph$_i$** aus Beispiel 3.50: Der leeren Anweisung, den Zuweisungen und den Anweisungen zur Nachrichtenübertragung werden Symbole zugeordnet.

a	≙	**SKIP**
b	≙	**status:=hungrig**
c	≙	**tisch!(an)**
d	≙	**gabel$_i$!()**
e	≙	**gabel$_{(i+1) \bmod 5}$!()**
f	≙	**status:=essend**
g	≙	**tisch!(ab)**
h	≙	**status:=satt**

Der Prozeß **philosoph$_i$** legt dementsprechend folgenden Lebenszyklus fest:

$$h^\wedge ((a)^*{}^\wedge b^\wedge c^\wedge d^\wedge e^\wedge f^\wedge (a)^*{}^\wedge d^\wedge e^\wedge g^\wedge h)^*$$

Zur Vereinfachung der Darstellung soll gelten, daß ^{x} stärker bindet als $^\wedge$ und $^\wedge$ stärker bindet als $\cup$. Des weiteren kann der Konkatenationsoperator weggelassen werden, wenn sich die Symbole innerhalb regulärer Ausdrücke eindeutig erkennen lassen. Somit vereinfacht sich der obige reguläre Ausdruck zu:

$$h(a^x bcdefa^x degh)^x$$

Aufgrund der Präfixabgeschlossenheit gilt beispielsweise:

$$\varepsilon \in B(h(a^x bcdefa^x degh)^x)$$
$$haaabc \in B(h(a^x bcdefa^x degh)^x)$$

Ein abstrakteres Bild des Verhaltens wird sichtbar, wenn man nur die Statusangaben beobachtet, zwischen denen ein Philosoph wechseln kann. Dazu werden **satt**, **hungrig** und **essend** als Symbole aufgefaßt:

$$(\mathbf{satt}^\wedge \mathbf{hungrig}^\wedge \mathbf{essend})^x$$

Dieser reguläre Ausdruck beschreibt im Sinne einer Spezifikation den Lebensinhalt eines Philosophen unter Vernachlässigung der Konflikte, die durch den Status **essend** zwischen den Philosophen entstehen können.

Es läßt sich nun einfach nachweisen, daß der Prozeß $\mathbf{philosph}_i$ die Spezifikation erfüllt. Nach jeder Statuszuweisung gilt dieser Status bis eine neue Statuszuweisung erfolgt. Dies wird durch die homomorphe Abbildung δ, die Prozeßsymbole auf Spezifikationssymbole abbildet, so dargestellt:

$$\delta(h) = \mathbf{satt}$$
$$\delta(b) = \mathbf{hungrig}$$
$$\delta(f) = \mathbf{essend}$$

Alle übrigen Anweisungen bewirken keine Statusänderung, was so dargestellt ist:

$$\delta(a) = \delta(c) = \delta(d) = \delta(e) = \delta(g) = \varepsilon$$

Mit diesem Ansatz gilt nun:

$$\delta(B(h(a^x bcdefa^x degh)^x)) = B((\mathbf{satt}^\wedge \mathbf{hungrig}^\wedge \mathbf{essend})^x)$$

Oder anders: Der Prozeß $\mathbf{philosoph}_i$ erfüllt die Spezifikation.

Für die Betrachtung paralleler Prozesse sind weitere Operationen auf reguläre Ausdrücke einzuführen. Ihre Aufgabe ist es, die Spurenmengen zu bestimmen, die bei der Ausführung paralleler Prozesse möglich sind. Dabei werden Synchronisierungsanweisungen, bei denen Prozesse auf die Bereitschaft des jeweiligen Partners warten müssen (z.B. Monitoraufruf, synchrone Nachrichtenübertragung), als gemeinsame Anweisung und somit als Synchronisierungspunkt eines Prozeßpaares aufgefaßt. Dies drückt sich formal dadurch aus, daß die Synchronisierungsanweisung Γ_{PQ} zwischen den Prozessen P und Q in beiden Alphabeten enthalten sind:

$$\Gamma_{PQ} = \Sigma_P \cap \Sigma_Q$$

Bsp. 5.2: Bestimmung von Synchronisierungspunkten: Gegeben seien die Prozesse P und Q.

```
P ::         :
             [true → x:=x+1; Q?(y); x:=x+y

             ]
Q ::         :
             [true → z:=z*2; P!(z); z:=0

             ]
```

Das Operationspaar Q?(y) und P!(z) bilden einen Synchronisierungspunkt zwischen P und Q und wird mit dem gemeinsamen Symbol c bedacht. In allen übrigen Operationen sind die Prozesse P und Q voneinander unabhängig. Sei

```
a ≡ x:=x+1
b ≡ z:=z*2
d ≡ x:=x+y
e ≡ z:=0
```

dann ist $B_P=\{acd\}$ und $B_Q=\{bce\}$.

Der Filteroperator dient zur Ausblendung von Symbolen, die für die spezielle Betrachtung nicht relevant sind. Sei s eine Spur des Prozesses P und $\Sigma \subseteq \Sigma_P$, dann bezeichnet $\delta|_\Sigma$ die Spur, aus der alle Zeichen Σ_P-Σ ausgeblendet sind. Es gilt insbesondere:

$$\delta|_\phi = \varepsilon$$

Der Auszugsoperator wird auf die Spuren s_p und t_p angewendet und bestimmt die Spurenmenge, die entsteht, wenn die Spur $t_p = t_1 \ldots t_n$ aus der Spur $s_p = s_1 t_1 \ldots s_n t_n$ herausgezogen wird.

$$s_p / t_p := \{ s_1 \ldots s_n \mid \exists t_1, \ldots, t_n \in \Sigma_p^* : s_p = s_1 t_1 \ldots s_n t_n \wedge t_p = t_1 \ldots t_n \}$$

Die zeitliche Ordnung der Anweisungen bleibt dabei erhalten.

Bsp. 5.3: Anwendung des Filter- und des Auszugsoperators:

$$abbcacabc \big|_{\{a,c\}} = acacac$$
$$abb / ba = \phi$$
$$abb / ab = \{b\}$$
$$abaab / ab = \{aab, baa, aba\}$$
$$(abccbac \big|_{\{a,c\}}) / (abc \big|_{\{a,c\}}) = \{cac, cca, acc\}$$

Auf der Grundlage des Filter- und Auszugsoperators läßt sich nun das Verhalten zweier paralleler Prozesse bestimmen. Der Paralleloperator $\|(P,Q)$ vereinigt alle Spuren r, bei denen sich sowohl nach Auszug von $s_q \in B_q$ nur noch Spuren s_p ergeben, die bis auf gemeinsame Synchronisierungsanweisungen bereits in B_p enthalten sind, als auch die, die nach Auszug von $s_p \in B_p$ nur noch Spuren s_q ergeben, die bis auf gemeinsame Synchronisierungsanweisungen bereits in B_q enthalten sind.

Abb. 5.1: Die Anweisungsfolgen zweier Prozesse P und Q als gerichteter Graph: Die Richtung der Kanten gibt die zeitliche Reihenfolge der Anweisungen an.

$$B_p = \{acd\}$$
$$B_q = \{bce\}$$

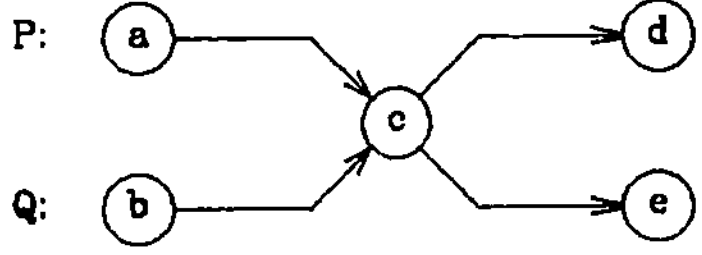

Als Verhalten des neuen Prozesses $B_{pq} = \|(P,Q)$ soll sich folgende Spurmenge ergeben:

$$B_{pq} = \{abcde, abced, bacde, baced\}$$

Die folgende Definition für $\|(P,Q)$ erfüllt die gestellten Anforderungen:

$$\|(P,Q) = \{\, r \in (\Sigma_P \cup \Sigma_Q)^* \mid \exists s_P \in B_P \text{ und } s_Q \in B_Q : (s_P|_{\Sigma_P - \Gamma_{PQ}} \in r/s_Q) \wedge (s_Q|_{\Sigma_Q - \Gamma_{PQ}} \in r/s_P) \,\}$$

Bsp. 5.4: Anwendung des Paralleloperators:

$$B_P = B((ac)^*)$$
$$B_Q = B((bc)^*)$$
$$\|(P,Q) = (((ab \cup ba)c)^*)$$

Der Paralleloperator ist kommutativ und assoziativ.

$$\|(P,Q) = \|(Q,P)$$
$$\|(R,\|(P,Q)) = \|(\|(R,P),Q)$$

Somit läßt sich die Parallelausführung beliebig vieler Prozesse durch den Paralleloperator ausdrücken.

Bsp. 5.5: Anwendung des Paralleloperators auf das Fünf-Philosphen-Problem. Betrachtet·wird nur ein kleiner Ausschnitt des Problems:

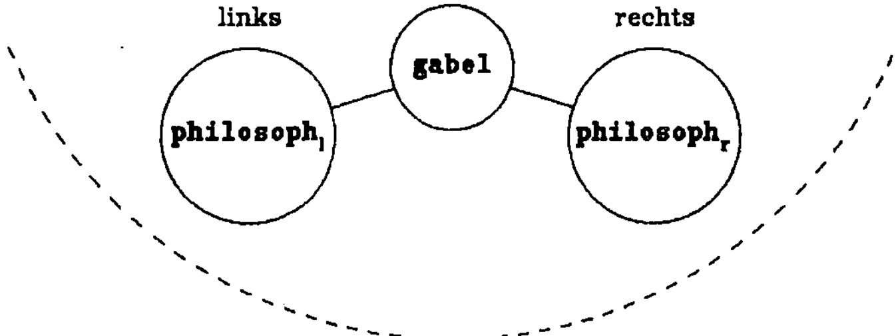

Der Beobachter nimmt die Sichtweise des Prozesses **gabel** ein, der mit gnl oder gnr die Gabel nach rechts oder links gibt bzw.· sie mit gvl oder gvr von dort zurückerhält. Damit reduziert sich das Verhalten der Gabel auf:

$$B_{gabel} = B((gnl^{\wedge}gvl \cup gnr^{\wedge}gvr)^*)$$

Entsprechend wird bei der Betrachtung des linken Philosophen nur der Erwerb dieser Gabel beobachtet:

$$B_{philosoph_l} = B((gnl^{\wedge}essend_l{}^{\wedge}gvl)^*)$$

Analog für den rechten Philosophen:

$$B_{philosoph_r} = B((gnv^{\wedge}essend_r{}^{\wedge}gvr)^*)$$

Bereits aus der eingeschränkten Beobachtung läßt sich nun unter Anwendung des Paralleloperators nachweisen, daß zwei benachbarte Philosophen nicht gleichzeitig essen können:

$$\mathbf{I}(\text{philosoph}_l, \text{gabel}, \text{philosoph}_r) =$$

$$B((gnl^\wedge essend_e{}^\wedge gvl \cup gnr^\wedge essend_r{}^\wedge gvr)^x)$$

Dieser einfache Ausdruck darf jedoch nicht darüber hinwegtäuschen, daß diese Art der Beschreibung sehr schnell unhandlich und unübersichtlich wird. Dies ist schon dann der Fall, wenn man die Beobachtung auf die Statuswerte $hungrig_e$, $hungrig_r$, $satt_e$ und $satt_r$ ausdehnt. Denn dabei können sich die neuen Statuswerte untereinander bzw. mit den gegenüberliegenden, bereits vorhandenen Statuswerten in vielfältiger Weise mischen. Der reguläre Ausdruck hierzu würde sicherlich nicht mehr auf eine Seite passen. Das zeigt die Schwäche dieses und ähnlicher Ansätze, die bei einer Beobachtung des gesamten Systems oftmals in ihrer komplexen Beschreibung versinken. Damit ist auch hier wieder einmal die menschliche Intuition verlangt, die wesentliche Beobachtungspunkte auswählen muß, um zu den gewünschten Aussagen über paralleles Verhalten von Prozessen zu gelangen.

5.2. Nichtdeterminismus und Fairness

Der Begriff Nichtdeterminismus ist für die Informatik von der Automatentheorie geprägt worden. So wird beispielsweise bei endlichen Automaten, Kellerautomaten und Turingmaschinen zwischen deterministischen und nichtdeterministischen Versionen unterschieden. Charakteristisch ist, daß eine Übergangsfunktion im deterministischen Fall einen Zustand auf einen einzigen Folgezustand abbildet und im nichtdeterministischen Fall auf eine Menge von Folgezuständen. Die Sprache, die mit einem deterministischen Automaten assoziiert wird, umfaßt jedes Eingabewort, das den Automaten von seinem Anfangszustand in den allein von diesem Wort bestimmten Endzustand überführt. Dagegen akzeptiert ein nichtdeterministischer Automat ein Eingabewort, wenn ausgehend vom Anfangszustand in der Menge der Zustandsfolgen mindestens eine vorhanden ist, die das Wort in einen Endzustand überführt. Dies wird innerhalb der Automatentheorie damit gleichgesetzt, daß der nichtdeterministische Automat für ein Wort aus seiner Sprache eine akzeptierende Zustandsfolge rät.

Auch innerhalb der parallelen Programmierung gibt es nichtdeterministische
Sprachkonstrukte, z.B. die Alternative in CSP. Ihr Sinn ist darin zu sehen,
eine Menge möglicher Lösungswege für ein Problem anzugeben. Auf ihrer
Grundlage läßt sich auf einer abstrakten Ebene eine Vielfalt von
Lösungswegen spezifizieren, von denen jeder einzelne zum gewünschten
Ergebnis führt. So kann man ein Problem in seiner ganzen Breite angehen,
ohne sich frühzeitig auf einen speziellen Lösungsweg festzulegen. Diese
Verwendung des Nichtdeterminismus unterscheidet sich grundsätzlich von
jener, die in der Automatentheorie praktiziert wird. Denn hier gilt, daß jede
mögliche Zustandsfolge, einen Lösungsweg markiert, während die
Automatentheorie nur mindestens eine Zustandsfolge verlangt, die zum
Akzeptieren führt.

Bei der Anwendung nichtdeterminitischer Sprachkonstrukte wird nur
allzuleicht übersehen, daß jeder der spezifizierten Lösungswege auch
tatsächlich ausgewählt werden kann. Die durch die Aufschreibung nahe-
gelegte Vorstellung, daß alle Alternativen, die zur Auswahl stehen,
gleichwahrscheinlich oder gar gleichhäufig an die Reihe kommen, wieder-
spricht der Definition des Nichtdeterminismus. Erst mit Hilfe von Fairneßeigenschaften, die bei der Auswahl von Alternativen gelten, läßt sich der
Lösungsraum, d.h. die Menge aller Lösungswege, in geeigneter Weise
einschränken.

Bsp. 5.6: Zufallszahlengenerator nach einem Vorschlag von E.W. Dijkstra
   [Dij 76]: Die Prozesse P und Q arbeiten parallel.

```
P ::        x:=0; b:=true;
            *[b  →  x:=x+1

             □ b  →  b:=false

            ];
            Q!(x)
```

Die offensichtliche Absicht des Programmausschnittes ist es, einen Wert
aus der Menge der natürlichen Zahlen an Q zu liefern. Im Sinne des
Nichtdeterminismus ist jeder Wert gleichermaßen möglich. Darüber hinaus
gibt es eine unendliche Berechnung, die in intuitiven Sinne unfair ist und
immer nur die erste bewachte Anweisung auswählt. Diese Berechnung
liefert kein Ergebnis an Q. Eine sinnvolle Fairneßdefinition zielt nun
darauf, unendliche Berechnungen auszuschließen und gleichzeitig den
Ergebnisraum, d.h. die Menge aller definierten Ergebnisse, unverändert zu
belassen.

Die wichtigen Fairneßeigenschaften lassen sich anhand des Sprachmodells CSP[5.1] verdeutlichen. Zwei wesentliche Grade von Fairneß[5.2] werden unterschieden:

- **schwache Fairneß:** Ist ein Wächter ständig erfüllt, so wird auch die zugehörige bewachte Anweisung schließlich ausgewählt und ausgeführt.
- **starke Fairneß:** Ist ein Wächter unendlich oft erfüllt, so wird auch die zugehörige bewachte Anweisung schließlich ausgewählt und ausgeführt.

Insbesondere ist jede endliche Berechnung sowohl schwach fair als auch stark fair. Diese Fairneßeigenschaften lassen sich auf die Wiederholungsanweisung in CSP anwenden.

Eine Wiederholungsanweisung hat die Eigenschaft

- **schwach fair terminierend** zu sein, wenn alle schwach fairen Berechnungen endlich sind.
- **stark fair terminierend** zu sein, wenn alle stark fairen Berechnungen endlich sind.

Die Vorbedingung für die starke Fairneß ist weiter gefaßt und läßt auch zu, daß Wächter zwischenzeitlich nicht erfüllt sind. Damit folgt, daß jede schwach fair terminierende Wiederholungsanweisung auch stark fair terminierend ist.

Bsp. 5.7: Unterscheidung zwischen schwacher und starker Fairneß: Der Zufallszahlengenerator von Bsp. 5.6 terminiert bereits bei schwacher Fairneß, insbesondere aber auch bei starker Fairneß. Eine Unterscheidung der beiden Eigenschaften wird dann erreicht, wenn die Voraussetzung zum Verlassen der Wiederholungsanweisung nicht ununterbrochen erfüllt ist.

[5.1]　　Nach C.A.R. Hoare *[Hoa 78]* ist Fairneß keine Eigenschaft des Sprachmodells CSP. Fairneßeigenschaften sollten statt dessen durch die Implementierung eingebracht werden.

[5.2]　　N. Francez *[Fra 86]* definiert in seinem Buch "Fairness" viele andere Fairneßeigenschaften und beschreibt ihre Bedeutung für die parallele Programmierung.

```
P ::        x:=0; b:=true;
            *[b → x:=x+1;

             □ b; prim(x) → b:=false

            ];
            q!(x)
```

Da mit **prim**(x) der Wächter nur für Primzahlen erfüllt ist, hat jede
Berechnung, insbesondere auch eine unendliche, die Eigenschaft, schwach
fair zu sein. Damit ist diese Wiederholungsanweisung nicht schwach fair
terminierend. Im Gegensatz dazu sind die stark fairen Berechnungen
endlich, weil **prim**(x) zwar nicht ständig aber dennoch unendlich oft
erfüllt ist und schließlich ausgewählt wird. D.h. diese
Wiederholungsanweisung ist stark fair terminierend.

Die Kenntnis darüber, ob und wenn welcher Grad von Fairneß für eine
nichtdeterministische Anweisung implementiert ist, kann mitentscheidend
dafür sein, ob eine Berechnung terminiert oder zumindest einen Fortschritt
macht. Die Anwendbarkeit von Fairneßaussagen beschränkt sich jedoch nicht
allein auf die Auswahl zwischen erfüllten Wächtern, also auf die sogenannte
Auswahlfairneß. Auch auf Anweisungen zur Nachrichtenübertragung lassen
sich die Grade der Fairneß anwenden. Dabei wird statt des erfüllten
Wächters die Bereitschaft zur Nachrichtenübertragung als Vorbedingung
betrachtet (vgl. [GruFraKat 84]):

- <u>Prozeß-Fairneß:</u> Die Vorbedingung ist die Bereitschaft eines
  Prozesses, mit einem anderen zu kommunizieren.

- <u>Kanal-Fairneß:</u> Die Vorbedingung ist die Bereitschaft eines Paares
  von Prozessen, miteinander zu kommunizieren.

- <u>Ein/Ausgabe-Fairneß:</u> Die Vorbedingung ist die Bereitschaft eines
  Paares von Prozessen, durch ein spezielles Paar von korrespondierenden Ein/Ausgabekommandos miteinander zu kommunizieren.

Es gilt: Ein/Ausgabe-Fairneß impliziert Kanal-Fairneß impliziert Pro-
zeß-Fairneß. Diese drei neuen Anwendungen von Fairneß lassen sich mit den
Graden schwach und stark kombinieren. Ihre Bedeutung für die verteilte
Programmierung ist groß, da aus ihnen abgeleitet werden kann, ob
Nachrichten schließlich übertragen werden. Dagegen gibt es für diese
Anwendungen der Fairneß keine unmittelbare Implementierung durch einzelne
Prozesse, da bei allen dreien die Kooperation von Prozessen notwendig ist.
Andererseits läßt sich die Auswahl erfüllter Wächter lokal auf einen Prozeß
beschränken und unmittelbar implementieren. Das wirft die Frage auf,
welchen Einfluß die faire Auswahl von erfüllten Wächtern beispielsweise auf
die Ein/Ausgabe-Fairneß haben kann. Als grundlegendes Ergebnis konnte in
diesem Zusammenhang nachgewiesen werden, daß schwache Ein/Aus-
gabe-Fairneß bei Protokollen für gemischte Kommunikationswächter erreichbar

ist *[Zöb 87a]*. Eine unmittelbarere Einsicht in die Bedeutung der Ein/Ausgabe-Fairneß vermittelt ein abschließendes Beispiel.

Bsp. 5.8: Ein/Ausgabe-Fairneß beim Zufallszahlengenerator:

```
P ::        x:=0;  b:=true
            *[b  →  x:=x+1

              □ b;  Q!(x)  →  b:=false

              ]
Q ::        b:=true;
            *[b  →  SKIP

              □ b;  P?(x)  →  b:=false

              ]
```

Die Wächter für die Nachrichtenübertragung von **P** nach **Q** sind ununterbrochen erfüllt. Schon bei schwacher Auswahlfairneß muß deshalb die Nachrichtenübertragung zustande kommen, was die Termination beider Wiederholungsanweisungen zur Folge hat, d.h. die schwache Auswahl-fairneß jedes einzelnen Prozesses zieht als globale Eigenschaft die schwache Ein/Ausgabefairneß zwischen **P** und **Q** nach sich.

5.3. Deadlocks

Zwischen den parallelen Prozessen, die ein paralleles System aufbauen, gibt es Abhänigkeiten, die sich darin äußern, daß die Fortführung einzelner Prozesse durch den Zustand des Gesamtsystems verzögert wird. Dabei können Verklemmungssituationen entstehen, bei denen Prozesse gegenseitig aufein-ander warten und selbst nicht in der Lage sind, jemals aus diesem Zustand herauszukommen. Dijkstra *[Dij 68]* und Habermann *[Hab 69]* haben hierfür den Begriff Deadlock geprägt.

Die Entdeckung dieses Phänomens geht einher mit der Entwicklung der Multiprocessing-Betriebssysteme. Zwischen den Anwenderprozessen, die im Multiprocessing die Rechenanlage benutzen, gibt es nicht einmal direkte Abhängigkeiten. Sie müssen sich lediglich die vorhandenen und nicht kurzfristig aufstockbaren Betriebsmittel, wie z.B. Speicher, Drucker Band-geräte, teilen. Um in den Besitz von derartigen Betriebsmitteln zu gelangen, richtet ein Prozeß eine Anforderung an das darunterliegende Betriebssystem, das die Vergabe der Betriebsmittel regelt. Freie Betriebsmittel können den Prozessen zugeteilt werden, auf belegte müssen die Prozesse warten. Bei dieser Strategie kommt es vor, daß keiner der Prozesse mehr fortfahren kann, da das jeweils benötigte Betriebsmittel gerade im Besitz eines anderen Prozesses ist und diesem nicht entzogen werden kann. Vier notwendige Bedingungen beschreiben den Deadlock, der aufgrund von knappen Betriebsmitteln entstehen kann *[CofElpSho 71]*:

- Die beteiligten Prozesse wollen alleinigen (exklusiven) Zugriff auf Betriebsmittel erhalten (engl. mutual exclusion).
- Die Betriebsmittel, die von den Prozessen bereits belegt werden, können nicht kurzfristig entzogen werden (engl. no preemption).
- Prozesse besitzen bereits Betriebsmittel, während sie auf den Zugriff auf andere Betriebsmittel warten (engl. wait-for-condition).
- Es findet sich eine geschlossene Kette von Prozessen, die Betriebsmittel besitzen und gleichzeitig auf Betriebsmittel warten, die die jeweiligen Vorgänger in dieser Kette besitzen (engl. circular wait).

Abb. 5.2: Eine Deadlocksituation aufgrund knapper Betriebsmittel:

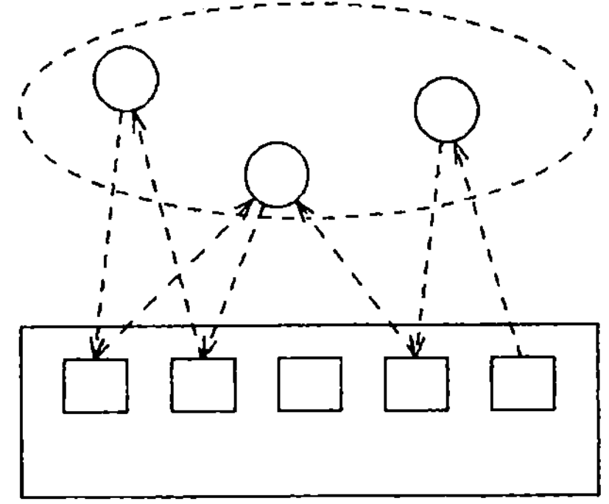

System paralleler Anwenderprogramme

Das Betriebsystem und die Betriebsmittel, die von ihm verwaltet werden.

Die Deadlocksituation ist für keinen der Anwenderprozesse erkennbar. Dem Betriebssystem, das über die Prozesse und Betriebsmittel Buch führt, fällt die Aufgabe zu, diese Situation zu erkennen. Dann sind Verursacherprozesse zu bestimmen, abzubrechen und in der Hoffnung neu zu starten, daß diese Situation sich nicht mehr einstellen wird. Neben der so skizzierten Erkennungsmethode (engl. detection and recovery), die einen oder mehrere Prozesse in ihrem Ablauf zurückwirft, gibt es noch zwei wichtige Methoden, die den Deadlock erst garnicht entstehen lassen:

- <u>Verhinderung</u> (engl. prevention): Voraussetzung ist, daß die Prozesse, die augenblicklich vorhanden sind, nicht in einen Deadlock geraten können. Ein neuer Prozeß darf nur dann ins System paralleler Prozesse aufgenommen werden, wenn im Zusammenhang mit den bereits vorhandenen Prozessen kein Deadlock möglich ist.

- <u>Vermeidung</u> (engl. avoidance): Ein Prozeß teilt dem Betriebsssystem vor seinem Start mit, wieviel Betriebsmittel er maximal benötigen wird. Bei jeder Betriebsmittelanforderung wird überprüft, ob der neue Systemzustand zu einem Deadlock führen kann. Ist das der Fall, so wird die Vergabe des Betriebsmittels verschoben und der Prozeß muß solange warten, bis sich das Betriebsmittel ohne Gefahr eines Deadlock zuteilen läßt.

Weder die Verhinderung noch die Vermeidung haben sich in bezug auf Multiprocessing–Betriebssysteme durchsetzen können, da im Gegensatz zur Erkennung für beide Methoden Vorkenntnisse über das Prozeßverhalten benötigt werden, aber nur in den wenigsten Fällen für Betriebssysteme verfügbar sind.

Mit der parallelen Programmierung kommen neue Ursachen für Deadlocks hinzu. Durch die Synchronisierungsoperationen, die auf Anwenderebene verfügbar sind, können nun unmittelbar zwischen Prozessen Wartebeziehungen entstehen, die zum Deadlock führen.

Bsp. 5.9: Deadlock durch verschachtelte Monitoraufrufe: Die parallelen Prozesse P_a, P_b und P_c mögen gerade in den Monitoren a, b und c aktiv sein. Dabei seien für die Fortsetzung der Berechnung jeweils Dienste anderer Monitoren notwendig.

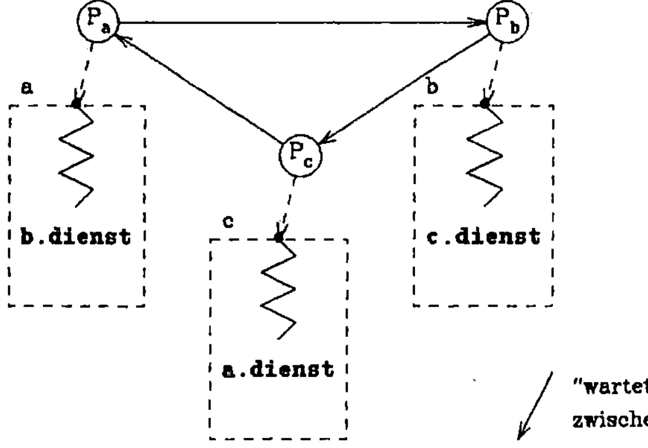

Keiner der aufgerufenen Dienste kann jedoch erfolgen, da die jeweiligen Monitore von den aufrufenden Prozessen belegt sind und bleiben.

Für ein Multiprocessing-Betriebssystem stellt jedes parallele Programm das gleiche dar wie ein Anwenderprozeß. Dieser bildet eine Kapsel, in der die parallelen Prozesse des Programms arbeiten, ohne daß das Betriebssystem notwendigerweise einen Einblick darin gewinnt. Deshalb kann es vorkommen, daß unabhängig von den Deadlocks aufgrund knapper Betriebsmittel weitere Deadlocks durch die Synchronisierung der Prozesse hinzukommen und für das Betriebssystem nicht unmittelbar sichtbar werden.

Abb. 5.3: Ein Deadlock aufgrund von verschachtelten Monitoraufrufen:

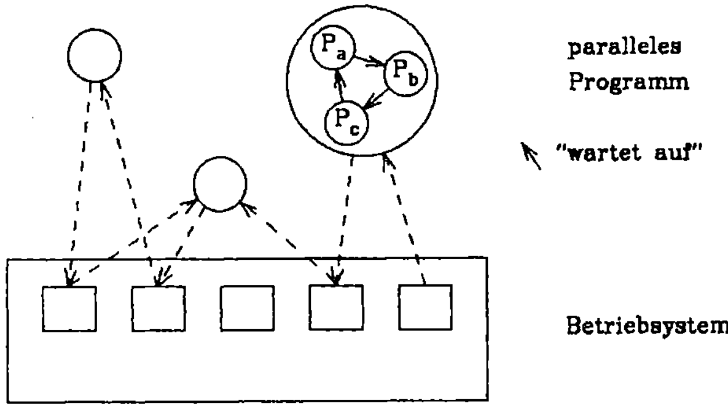

unabhängig von dem Deadlock durch Betriebsmittel und unsichtbar für das Betriebssystem geraten die Prozesse des parallelen Programms in einen Deadlock

Ebenso wie für Betriebssysteme gilt auch für die parallele Programmierung, daß Deadlocks unerwünschte Zustände sind, die eingentlich nicht auftreten sollten. Gleichzeitig gilt aufgrund nichtdeterministischer Sprachkonstrukte und zeitweiliger Unabhängigkeit der Prozeßausführung, daß eine spezielle Berechnungsfolge nur bedingt reproduzierbar ist. Das bedeutet bezogen auf Deadlocks, daß ein paralleles Programm möglicherweise über lange Zeit verläßlich funktioniert hat und dennoch nicht deadlockfrei ist. D.h., es läßt auch Berechnungsfolgen zu, die in einen Deadlock münden.

Bsp. 5.10: Der im Beispiel 5.9 beschriebene Deadlock tritt solange nicht auf, wie die Monitoraufrufe nicht verzahnt erfolgen.

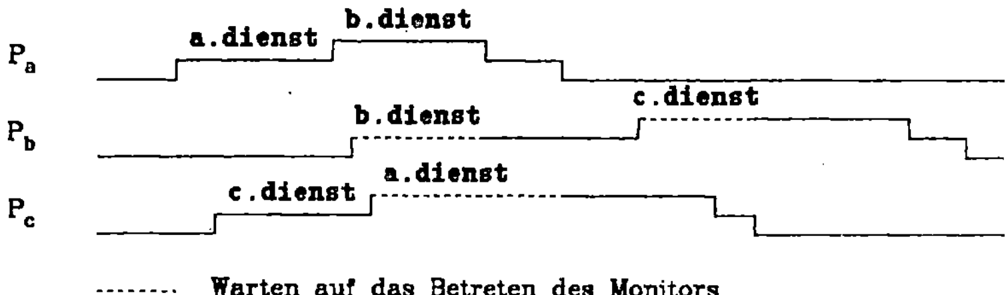

------- Warten auf das Betreten des Monitors

Der kritische Punkt bei der obigen Berechnung ist der Aufruf **b.dienst** durch Prozeß P_b. Wäre dieser Aufruf schon erfolgt, bevor P_a den Dienst **b.dienst** anfordert, so führte diese Berechnung unweigerlich in einen Deadlock.

Es stellt sich nun die Frage, wie man den Deadlocks begegnen kann, die aufgrund von Synchronisierungsoperationen entstehen können. Die Methode der Vermeidung versagt, da sich der Begriff des maximalen Bedarfs nicht sinngemäß auf die Synchronisierung übertragen läßt. Auch der Verhinderung ist nur begrenzter Erfolg beschieden. Zwar gibt es Verfahren, um die Deadlockfreiheit von parallelen Programmen nachzuweisen (vgl. *[Min 84]* allgemein, *[Tay 83]* für Ada), ihrer praktischen Einsetzbarkeit stehen jedoch zwei wesentliche Gründe entgegen:

- Die Verfahren können die Deadlockfreiheit von parallelen Programmen nur für eine Untermenge der tatsächlich deadlockfreien nachweisen.
- Alle Verfahren, die mehr als nur trivial strukturierte Programme als deadlockfrei erkennen können, lösen NP-vollständige Probleme. Damit ist der Aufwand der Verfahren exponentiell abhängig von der Anzahl der Synchronisierungsoperationen.

Aufgrund des Mangels an geeigneten Verfahren, um einen Deadlock automatisch auszuschalten, ist der Programmierer eines parallelen Programms in die Verantwortung zu ziehen. Ihm fällt, insbesondere für ausfallssichere Systeme, die Aufgabe zu, einen Nachweis der Deadlockfreiheit zu erbringen. Als hilfreicher Einstiegspunkt erweist sich auch hier wieder einmal die Erstellung problembezogener Invarianten, aus denen sich die Deadlockfreiheit ableiten läßt. Die Invarianten sind dann als Vergaben zu betrachten, die der

Programmierer beim Schreiben des parallelen Programms zu befolgen hat.

Bsp. 5.11: Deadlockfreiheit und Deadlocks beim Fünf-Philosophen-Problem. Die einfache Invariante für die Lösung aus Bsp. 3.50 lautet

$$I \cong anz \leq 4$$

und bedeutet, daß höchstens vier Philosophen an den Tisch herangelassen werden. Da sich nur Wartebeziehungen mit dem linken und rechten Nachbarphilosophen ergeben können, wird es nie eine geschlossene Kette wartender Prozesse geben. Das ist anders, wenn die boolesche Bedingung $anz < 4$ im Wächter des Prozesses **tisch** wegfällt. Dann wird ein Deadlockzustand erreicht, wenn jeder Prozeß gemäß der Notation aus Bsp. 5.1 die Berechnung

$$hbcd$$

ausführt. Keiner der Prozesse ist in der Lage, seine rechte Gabel zu nehmen, da sie vom jeweils rechten Nachbarprozeß in Besitz genommen wurde. Die Wartebeziehung beschreibt eine geschlossenene Kette in der alle Philosophen und alle Gabeln eingegliedert sind.

Da nicht prinzipiell von Deadlockfreiheit paralleler Programme ausgegangen werden kann, sind letztendlich immer Verfahren zur Erkennung und Behebung von Deadlocks notwendig, wenn ein System paralleler Prozesse kontrollierbar sein soll. Die Buchführung über Wartebeziehungen und das Auffinden von geschlossenen Ketten (Zyklen) in diesen Bezeihungen bilden den algorithmischen Ansatz für die meisten Erkennungsverfahren. Für Wartebeziehungen, bei denen ein Prozeß gezielt immer nur genau auf einen anderen Prozeß warten kann, ist ein Zyklus notwendiges und hinreichendes Kriterium für einen Deadlock. Allgemeiner sind jedoch Wartebeziehungen, bei denen ein Prozeß wahlweise auf einen aus einer Menge von Prozessen wartet. Wird jede dieser Wartebeziehnugen durch eine Kante des Wartegraphen modelliert, so gilt, daß ein Zyklus nur noch notwendige Bedingung für einen Deadlock ist.

Bsp. 5.12: Gezielte und allgemeine Wartebeziehung: Durch einen Monitoraufruf entsteht eine gezielte Wartebeziehung, darstellbar (vgl. Bsp. 5.10) als Kante vom aufrufenden Prozeß zu dem Prozeß, der gerade im Monitor aktiv ist. Beispielhaft für die allgemeine Wartebeziehung ist die alternative Anweisung in CSP oder Occam bzw. die **SELECT**-Anweisung in Ada. Gegeben sei der folgende Ausschnitt aus einem CSP-Programm:

$$P_3 ::$$

$$\vdots$$
$$\vdots$$
$$[P_0?(x) \;\rightarrow\; \ldots$$
$$\square\, P_5?(y) \;\rightarrow\; \ldots$$
$$\square\, P_7?(z) \;\rightarrow\; \ldots$$
$$]$$
$$\vdots$$
$$\vdots$$

Ist zur Zeit weder P_0 noch P_5 noch P_7 bereit, eine Nachricht an P_3 zu senden, dann muß P_3 auf einen von den drei Prozessen warten.

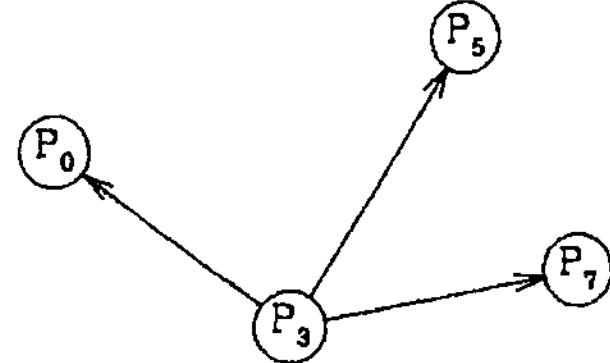

Entsteht im Verlauf der Berechnung ein Zyklus, so stellt dieser noch keine hinreichende Voraussetzung für einen Deadlock dar.

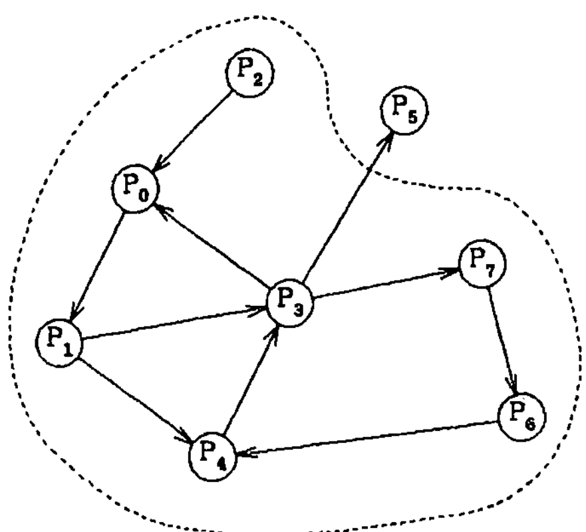

Es ist immer noch offen, ob P_5 eine Nachricht an P_3 sendet. Damit würde auch die Wartebeziehung mit P_0 und P_7 aufgelöst. Das bedeutet verallgemeinert, daß ein Zyklus auflösbar bleibt, so lange noch Kanten aus ihm herausführen.

Sei $SUCC(P_i)$ die Menge aller Prozesse, die im Wartegraphen von P_i aus erreichbar sind. Dann gilt bei der gezielten Wartebeziehung:

P_i ist im Deadlock g.d.w. $\exists P_j \in SUCC(P_i)$ mit $P_i \in SUCC(P_j)$

Bei der allgemeinen Wartebeziehung ist diese Bedingung nur noch notwendig. Verschärfend ist zu fordern, daß der Zyklus nicht durch auslaufende Kanten, die nicht mehr zurück in diesen Zyklus führen, aufgebrochen werden kann: Teilgraphen mit dieser Eigenschaft heißen Senkenkomponente (engl. knot):

P_i ist ein Teil einer Senkenkomponente g.d.w.

$\forall P_j \in SUCC(P_i) : SUCC(P_j) = SUCC(P_i)$

Alle Prozesse P_i einer Senkenkomponente sind am Deadlock beteiligt, darüber hinaus auch alle Prozesse, deren sämtliche Nachfolger aufgrund von Senkenkomponenten im Deadlock sind. Als einfache Deadlockeigenschaft läßt sich angeben:

P_i ist im Deadlock g.d.w. $\forall P_j \in SUCC(P_i) : SUCC(P_j) \neq \phi$

Die Deadlockeigenschaft kann mit einfachen Graphenalgorithmen nachgewiesen werden.

Bsp. 5.13: Eine Senkenkomponente: Durch eine weitere Wartebeziehung von P_5 auf P_0 gibt es keine Möglichkeit mehr, den Zyklus aufzubrechen.

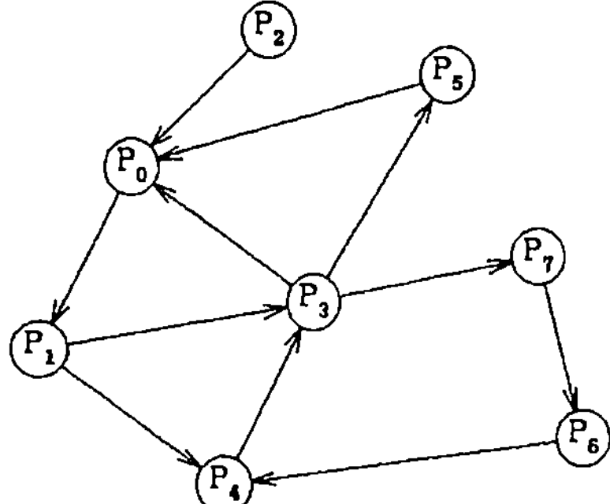

Wesentlich schwieriger wird die Deadlockerkennung für den Fall eines verteilten Systems, bei dem für jeden parallelen Prozeß ein Prozessor zur Verfügung steht. Während im zentralen Fall das Laufzeitsystem die Aktivitäten der parallelen Prozesse kontrollieren kann, gibt es im dezentralen Fall keine "erhöhte Position", von der aus der Zustand des gesamten Systems unmittelbar erfaßt werden kann. Bezogen auf die Deadlockerkennung bedeutet das insbesondere, daß die Verfahren auf dieselben programmiertechnischen Gegebenheiten zurückgreifen müssen, wie sie mit der Nachrichtenübertragung für ein verteiltes System zur Verfügung stehen. Aus diesem Grunde hat jeder Prozeß neben seiner problemspezifischen (eigentlichen) Aufgabe noch verteilte Kontrollaufgaben, u.a. zur Erkennung eines Deadlocks.

Abb. 5.4: Einbettung der problemspezifischen Aufgaben (P) in die verteilten Kontrollaufgaben (K):

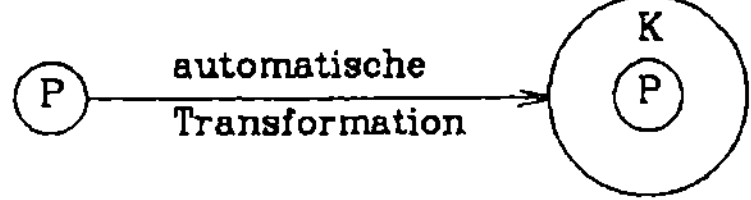

Ausgangspunkt für die verteilte Deadlockerkennung ist das Prädikat **blockiert**, das anzeigt, ob ein Prozeß aufgrund von Synchronisierungsoperationen warten muß. Es gilt, daß ein Deadlock vorliegt, sobald alle Prozesse **blockiert** sind. Die Tücken, um diese Bedingung in allgemeiner Form für ein verteiltes Programm abzuleiten, werden abschließend zum Thema Deadlock an einem CSP-Programm deutlich gemacht.

Bsp. 5.14: Programmtransformation zur Deadlockerkennung: Gegeben sei das CSP-Programm

$$P:: \ [P_0 \| \ \ldots \ \| P_{N-1}]$$

dessen Prozesse P_i, $i \in \{0, \ldots, N-1\}$, bereits eine normalisierte Struktur aufweisen:

$$P_i :: \quad *[\ \underset{j \in Alt}{\square}\ G_j \rightarrow S_j$$
$$]$$

Dabei steht jedes G_j für einen Wächter und S_j für eine Anweisungsfolge bestehend aus SKIP oder Zuweisungen.[5.3] Das Ergebnis der Transformation ist ein Programm Q, daß alle Berechnungen von P simuliert und zusätzlich Deadlocks erkennt. Dazu werden die Prozesse Q_0 bis Q_{N-1} zu einem Ring zusammengeschlossen und Q_0 sendet solange in Wellen jeweils eine Marke, bis tatsächlich ein Deadlock erkannt ist. Diese Marke ist zu Anfang weiß. Daneben besitzt auch jeder Prozeß eine Farbe:

● weiß, wenn P_i seit der letzten Welle blockiert ist

● schwarz, sonst

Ein weißer Prozeß gibt die Marke unverändert weiter, während ein schwarzer Prozeß die Marke schwärzt. Für einen Prozeß P_i wird die Farbe auf weiß gesetzt, sobald die Welle passiert hat und die Farbe schwarz wird angenommen, sobald eine Berechnung stattfindet, d.h. sobald ein Prozeß nicht mehr **blockiert** ist. Eine Welle startet bei P_0, indem sie an P_{N-1} weitergegeben wird, von wo sie von P_i an P_{i-1}, $i \in \{1, \ldots, N-1\}$, weitergeht. Dabei gilt die Invariante:

[5.3] In *[AptCleBou 87]* bzw. *[Zöb 88]* wurde nachgewiesen, daß alle CSP-Programme in diese normalisierte Struktur umformbar sind.

$I \quad = I_1 \vee I_2 \vee I_3$

$I_1 \quad = \forall j \in \{ i+1, \ldots, N-1 \}$: Prozeß P_j ist blockiert.

$I_2 \quad = \exists j \in \{ 0, \ldots, i \}$: Die Farbe von Prozeß P_j ist schwarz.

$I_3 \quad =$ Die Marke ist schwarz.

Aus einem Verfahren, für das diese Invariante gilt, läßt sich unmittelbar schließen:

$$(\neg I_2 \wedge \neg I_3) \rightarrow I_1$$

Das bedeutet insbesondere für den Fall, daß eine Welle wieder bei P_0 ankommt:

(Marke ist weiß $\wedge$ P_0 ist weiß) $\rightarrow$ (alle Prozesse sind blockiert)

Die Prozesse Q_0 bzw. Q_i, $i \in \{ 1, \ldots, N-1 \}$, erfüllen die Invariante. Dabei trägt **Ms** die Aussage "Marke ist schwarz" und und **Fs** die Aussage "Farbe ist schwarz".

```
Q₀ ::      deadlock:=false;  -- Deadlock soll nachgewiesen werden
           Fs:=true;  -- Farbe ist zu Anfang schwarz
           nochmals:=true;  -- noch eine Welle nötig
          *[ □ ¬deadlock; Gⱼ → Sⱼ; Fs:=true
            j∈ Alt

           □ ¬deadlock; blockiert; Q₁?(Ms) →

                        Ms:=Ms ∨ Fs;

                        [¬Ms → deadlock:=true

                         □ Ms → Fs:=false; nochmals:=true

                        ]

           □ ¬deadlock; nochmals; Q_{N-1}!(false) → nochmals:=false

          ]
```

```
Qᵢ ::       Fs:=true;  -- Farbe ist zu Anfang schwarz
            erhalten:=false;  -- anfänglich ohne Marke
           *[ □  Gⱼ → Sⱼ; Fs:=true
            j∈Alt

              □ blockiert; Q₍ᵢ₊₁₎ ₘₒ𝒹 ₙ?(Ms) →

                                 erhalten :=true;

                                 Ms:=Ms∨Fs;

                                 Fs:=false

              □ erhalten: Q₍ᵢ₋₁₎ ₘₒ𝒹 ₙ!(Ms) → erhalten:=false

            ]
```

Spätestens zwei Wellen, nachdem die Berechnung des eingebetteten
Prozesses P_i in einen Deadlock gerät, erfährt Prozeß Q_0 davon. Das hier
vorgestellte Programm ist ein modifiziertes Ende-Erkennungsverfahren
nach *[DijFeiGas 83]* bzw. *[Zöb 86]*. Verfahren dieser Art, die aus lokalen
Zuständen Aussagen über den globalen Zustand ableiten können, sind für
die verteilte Programmierung von großer Bedeutung.

6. Literaturverzeichnis zur parallelen Programmierung

Ein geordnetes Literaturverzeichnis ist besonders dann von großer
Wichtigkeit, wenn eine Sammlung von verwandten Themenbereichen dabei ist,
ein eigenständiges Fachgebiet zu begründen. Eben eine solche Entwicklung
zeichnet sich mit der parallelen Programmierung als einem Fachgebiet der
praktischen Informatik zur Zeit ab. Als eintscheidende Persönlichkeiten, die
nicht nur Grundsteine zu dieser Entwicklung gelegt haben, sondern bis
heute nach wie vor richtungsweisende Ansätze einbringen, sind hier vor
allen zu nennen: E.W. Dijkstra und C.A.R. Hoare. Neben ihren herausragenden
Arbeiten, die selbstverständlich in diesem Verzeichnis zu finden sind, wurden
bei der überwältigenden Menge an Literatur zur parallelen Programmierung
nur solche ausgewählt, für die die Kriterien der Wichtigkeit und Aktualität
erfüllt waren. Dieser Auswahl liegt selbstverständlich eine sehr persönliche
Meinung zugrunde. Hinzu kommt die Unmöglichkeit, die Literatur in ihrer
ganzen Breite zu kennen und zu verfolgen.

Zum Einstieg in das Themengebiet wird zunächst die Einführungs- und
Übersichtsliteratur zitiert (Abschnitt 6.1.). Die wohl wichtigsten Quellen zu
diesem Buch bilden die Artikel, die die Konzepte der parallelen
Programmierung entwerfen und vertiefen (Abschnitt 6.2.). Es folgen die
Bücher und Artikel, die die Realisierung dieser Konzepte durch ihre
Einbettung oder Fortentwicklung in parallelen Spezifikations- und
Programmiersprachen darstellen (Abschnitt 6.3.) sowie Konzepte und Sprachen
gegenüberstellen, kommentieren und bewerten (Abschnitt 6.4.). Schließlich
wird Literatur zu den Problemkreisen vorgestellt, die, wie es für die
Spezifikation, Verifikation und Deadlockerkennung gilt, auf die parallele Pro-
grammierung auszudehnen waren bzw. erst durch die parallele Programmierung Bedeutung gewonnen haben (Abschnitt 6.5.). Letzteres trifft
insbesondere auf die Problemkreise Nichtdeterminismus und Fairneß, die
Ende-Erkennung, das Problem der gemischten Kommunikationswächter und die
Symmetrieeigenschaften von Programmen zu.

6.1. Einführungen und Übersichten

[AndSch 83] ☞ 176, 177

G.R. Andrews, F.B. Schneider / Concepts and Notations for Concurrent Programming / ACM Computing Surveys, Vol. 15, 1983, 3-43

[Ben 84]

M. Ben-Ari / Grundlagen der Parallel-Programmierung / Carl Hanser Verlag, München,1984

[BerRudSch 83]

U. Bernutat-Buchmann, D. Rudolph, K.-H. Schloßer / Parallel Computing I – Eine Bibliographie / Bochumer Schriften zur Datenverarbeitung, Ruhr Universität Bochum, 1983

[FilFri 84] ☞ 114

R.E. Filman, D.P. Friedman / Coordinated Computing / McGraw-Hill Book Company, New York, 1984

[Per 87]

R.H. Perrott / Parallel Programming / Addison Wesley, Wokingham, England, 1987

[Ste 84]

H.U. Steusloff / Realzeit-Programmiersprachen / Informatik Spektrum, Springer-Verlag, Heft 7, 1984, 81-93

6.2. Konzepte

[Bri 72] ☞ 87

P. Brinch Hansen / A Comparison of Two Synchronizing Concepts / Acta Informatica, 1, 1972, 190-199

[Bri 73] ☞ 65

P. Brinch Hansen / Operating System Principles / Prentice Hall, Englewood Cliffs, New Jersey, 1973

[CamHab 74] ☞ 47

R.H. Campbell, A.N. Habermann / The Specification of Process Synchronisation by Path Expressions / LNCS 16, Springer-Verlag, New York, 1979, 212-219

[DenHor 66] ☞ 22

J.B. Dennis, E.C. Van Horn / Programming Semantics for Multiprogrammed Computations / CACM, Vol. 9, No. 3, 1966, 143-155

[Dij 68] ☞ 40, 56, 211
E.W. Dijkstra / Cooperating Sequential Processes / Academic Press, New York, 1968

[Dij 75] ☞ 126
E.W. Dijkstra / Guarded Commands, Nondetermancy, and formal derivation of programs / CACM, Vol. 18, No. 8, 1975, 453-457

[Hew 77] ☞ 112
C.E. Hewitt / Viewing Control Structures as Patterns of Passing Messages / Journal of Artificial Intelligence, Vol. 8, No. 3, 1977, 323-364

[Hoa 72] ☞ 87
C.A.R. Hoare / Towards a Theory of Parallel Programming / in "Operating Systems Techniques", Herausgeber: C.A.R. Hoare und R.H. Perrott, Academic Press, New York, 1972, 61-71

[Hoa 74] ☞ 65, 67
C.A.R. Hoare / Monitors: An Operating System Structuring Concept / CACM, Vol. 17, No. 10, 1974, 549-557

[Hoa 78] ☞ 33, 123, 133, 209
C.A.R. Hoare / Communicating Sequential Processes / CACM, Vol. 21, No. 8, 1978, 666-677

[Ren 82] ☞ 82
T. Rentsch / Object Oriented Programming / ACM Sigplan Notices, Vol. 17, No. 9, 1982, 51-57

[Sil 83] ☞ 100
A. Silberschatz / Extending CSP to Allow Dynamic Resource Management / IEEE Transactions on Software Engineering, Vol. SE-9, No. 4, 1983, 527-531

6.3. Programmiersprachen

[AghHew 85]   ☞ 114, 115, 116

G. Agha, C.E. Hewitt / Concurrent Programming Using Actors: Exploiting Large-Scale Parallelism / in "Foundations of Software Technology and Theoretical Computer Science", LNCS 206, Springer-Verlag, 1985, 19-41

[Ahg 86]

G.A. Agha / ACTORS: A Model of Concurrent Computation in Distributed Systems / The MIT Press, Cambridge, Massachusetts, 1986

[Bar 83]

J.G.P. Barnes / Programmieren in Ada / Hanser-Verlag, 1983

[BeiMat 85]   ☞ 115

C. Beilken, F. Mattern / Die Programmiersprache CSSA - Ein kurzer Überblick / Universität Kaiserslautern, SFB 124-Bericht, 1985

[BlaPomRit 86]

G. Blaschek, G. Pomberger, F. Ritzinger / Einführung in die Programmierung mit Modula-2 / Springer-Verlag, Studienreihe Informatik, Berlin, 1986

[Coh 86]

N.H. Cohen / Ada as a Second Language / McGraw-Hill Book Company, New York, 1986

[DowEll 86]

R.D. Dowsing, R. Elliott / Programming a Bounded Buffer using the Object and Path Expressions of Path Pascal / The Computer Journal, Vol. 29, No. 5, 1986, 423-429

[Ehl 84]   ☞ 188

H. Ehlich / PASCALV / Bochumer Schriften zur parallelen Datenverarbeitung, Rechenzentrum der Ruhr Universität, Bochum, März 1984

[EPOS 84]

- / EPOS Kurzbeschreibung / Institut für Regelungstechik und Prozeßautomatisierung, Universität Stuttgart, Februar 1984

[Fre 85]

L. Frevert / Echtzeit-Praxis mit Pearl / Leitfäden der angewandten Informatik, Teubner Verlag, Stuttgart, 1985

[Geh 83]

N. Gehani / Ada - An Advanced Introduction / Prentice Hall, Englewood Cliffs, New Jersey, 1983

[Göh 81]   ☞ 59

P. Göhner / Spezifikation der Synchronisierung paralleler Rechenprozesse in EPOS / in "Fachtagung Prozeßrechner 1981" Informatik Fachberichte 39, Springer-Verlag, 1981, 107-118

[GooPerUhl 87]
> G. Goos, G. Persch, J. Uhl / Programmiermethodik mit Ada / Springer-Verlag, Berlin, 1987

[INMOS 86b]   ☞ 141
> D. Pountain / A tutorial introduction to OCCAM programming / INMOS Limited, Bristol UK, 1986

[KerRit 83]
> B.W. Kernighan, D.M. Ritchie / Programmieren in C / Carl Hanser Verlag, München, 1983

[KolCam 80]
> R.B. Kolstad, R.H. Campbell / Path Pascal User Manual / ACM Sigplan Notices, Vol. 15, No. 9, 1980, 15-24

[LenLetLinHol 87]
> J. Lenzer, T. Letschert, A. Lingen, D. Hollis / Eine Einführung in die Programmiersprache CHILL / Hüthig Verlag, Heidelberg, 1987

[MayTay 84]   ☞ 140
> D. May, R. Taylor / Occam - An Overview / Microprocessors and Microsystems, Vol. 8, No. 2, 1984

[Per 79]
> R.H. Perrott / A Language for Array and Vector Processors / ACM TOPLAS, Vol. 2, No. 2, 1979, 177-195

[PerCooMilPur 83]   ☞ 188
> R.H. Perrott, D. Crookes, P. Milligan, W.R.M. Purdy / Implementation of an Array and Vector Processing Language / in "Proceedings of the IEEE Conference on Parallel Processing", IEEE, New York, 1983, 232-239

[PerZar 86]   ☞ 178
> R.H. Perrott, A. Zarea-Aliabadi / Supercomputer Languages / ACM Computing Surveys, Vol. 18, No. 1, 1986, 5-22

[Roh 86]
> H. Rohlfing-Brosell / Modula-2 / Springer-Verlag, Berlin, 1986

[SamSch 82]
> W. Sammer, H. Schwärtzel / CHILL - Eine moderne Programmiersprache für die Systemtechnik / Springer-Verlag, Berlin, 1982

[Sch 88]
> A. Schütte / Programmieren in Occam / Addison-Wesley Verlag, Bonn, 1988

[Win 86]
> J.F.H. Winkler / Die Programmiersprache Chill (I+II) / Automatisierungstechnische Praxis atp, 28. Jahrgang, Heft 5 und Heft 6, 1986, 252-258 und 290-294

[Wir 82]   ☞ 78, 79
> N. Wirth / Programming in Modula-2 / Springer-Verlag, Berlin, 1986

6.4. Gegenüberstellungen und Vergleiche

[FidPas 83]
C.J. Fidget, R.S.V. Pascoe / A Comparison of the Concurrency Constructs and Module Facilities of CHILL and Ada / The Australian Computer Journal, Vol. 15, No. 1, February 1983

[Fay 84]
D.Q.M. Fay / Comparison of CSP and the Programming Language Occam / Australian Computer Science Communication, Vol. 6, Section 13, 1984, 1-10

[Hom 82]
G. Hommel / Language Constructs for Distributed Programs / in "Distributed Systems", LNCS 190, Springer-Verlag Berlin, 1982, 287-341

[Kem 85]
A. Kemper / Die Programmiersprache OCCAM – Einführung und Vergleich mit PEARL / Automatisierungstechnische Praxis atp, Heft 11, 1985, 535-539

[PomWal 87]
G. Pomberger, E. Wallmüller / Ada und Modula-2 – ein Vergleich / Informatik Spektrum, Springer-Verlag, Heft 10, 1987, 181-191

[WegSmo 83]
P. Wegner, S.A. Smolka / Processes, Tasks, and Monitors: A Comparative Study of Concurrent Programming Primitives / IEEE Transactions on Software Engineering, SE-9, No. 4, 1983, 446-462

[You 82]
S.J. Young / Real Time Languages: Design and Development / Ellis Horwood Limited, Chichester, England, 1982

6.5. Abhängige Problemkreise

[AptFraRoe 80]   ☞ 201
K.R. Apt, N. Francez, W.P. de Roever / A Proof System for Communicating Sequential Processes / ACM TOPLAS, Vol. 2, 1980, 359-385

[AptFra 84]   ☞ 125
K.R. Apt, N. Francez / Modeling the Distributed Termination Convention of CSP / ACM TOPLAS, Vol. 6, No. 3, 1984, 370-379

[AptBouCle 87] ☞ 220
K.R. Apt, L. Bougé, P. Clermont / Two Normal Form Theorems for CSP Programs / Information Processing Letters, voraussichtlich Dezember 1987

[BarMea 86] ☞ 201
H. Barringer, I. Mearns / A Proof System for Ada Tasks / The Computer Journal, Vol. 29, No. 5, 1986, 404-415

[Ber 80] ☞ 133
A. Bernstein / Output Guards and Nondeterminism in "Communicating Sequential Processes" / ACM TOPLAS, Vol. 2, No. 2, 1980, 234-238

[Bor 86] ☞ 133
R. Bornat / A Protocol for Genralized Occam / Software – Practice and Experience, Vol. 16(9), 783-799, 1986

[Bou 86] ☞ 133, 135
L. Bougé / On the Existence of Symmetric Algorithms to Find Leaders in Networks of Communicating Sequential Processes / LIPT report 86.18, Université Paris 7, 1986

[BroHoaRos 84] ☞ 201
S.D. Brookes, C.A.R. Hoare, A.W. Roscoe / A Theory of Communicating Sequential Processes / JACM, Vol. 31, No. 3, 1984, 560-599

[BucSil 83] ☞ 133
G.N. Buckley, A. Silberschatz / An Effective Implementation for the Generalized Input-Output Construct in CSP / ACM TOPLAS, Vol. 5, No. 2, 1983, 223-235

[CofElpSho 71] ☞ 212
E.G. Coffman, M.J. Elphick, A. Shoshani / System Deadlocks / Computing Surveys, Vol. 3, No. 2, 1971, 67-78

[DijFeiGas 83] ☞ 222
E.W. Dijkstra, W.H.J. Feijen, A.J.M. von Gasteren / Derivation of a Termination Detection Algorithm for Distributed Computations / Information Processing Letters, Vol. 16, 1983, 217-219

[FraRoh 82] ☞ 128
N. Francez, M. Rodeh / Achieving Distributed Termination without Freezing / IEEE Transactions on Software Engineering, Vol. SE-8, 1982, 287-292

[Fra 86] ☞ 209
N. Francez / Fairness / Springer-Verlag, New York, 1986

[GruFraKat 84] ☞ 210
O. Grumberg, N. Francez, S. Katz / Fair Termination of Commumicating Processes / ACM PODC – Proceedings, 1984, 254-265

[Hab 69] ☞ 211
A.N. Habermann / Prevention of System Deadlocks / CACM, Vol. 12, No. 7, 1969, 373-386

[Hoa 85]   ☞ 123, 201
C.A.R. Hoare / Communicating Sequential Processes / Prentice Hall International Series in Computer Science, Englewood Cliffs, New Jersey, 1985

[Hol 84]   ☞ 201
L. Holenderski / A Note on Specifying and Verifying Concurrent Processes / Information Processing Letters 18, 1984, 77-85

[How 76]   ☞ 72, 201
J.H. Howard / Proving Monitors / CACM, Vol. 19, No. 5, 1976, 273-279

[JohSch 85]   ☞ 133
R.E. Johnson, F.B. Schneider / Symmetry and Similarity in Distributed Systems / in "4th Annual Symposium on Principles of Distributed Computing", ACM, 1985, 13-22

[Min 82]   ☞ 215
T. Minoura / Deadlock Avoidance Revisited / JACM, Vol. 29, No. 4, 1982, 1023-1048

[OldHoa 86]   ☞ 123, 201
E.-R. Olderog, C.A.R. Hoare / Specification-Oriented Semantics for Communicating Processes / Acta Informatica, 23, 1986, 9-66

[Ric 85]   ☞ 128
J.-L. Richier / Distributed Termination in CSP / in "STACS'85", LNCS 182, Springer-Verlag, 1985, 267-278

[Sou 84]   ☞ 201
N. Soundararajan / Axiomatic Semantics of Communicating Sequential Processes / ACM TOPLAS, Vol. 6, No. 4, 1984, 647-662

[Tay 83]   ☞ 215
R.N. Taylor / Complexity of Analyzing the Synchronization Structure of Concurrent Programs / Acta Informatica, 19, 1983, 57-84

[Zöb 86]   ☞ 125, 128, 222
D. Zöbel / Programmtransformationen zur Ende-Erkennung bei verteilten Berechnungen / Informationstechnik it, 27. Jahrgang, Heft 4, August 1986, 255-262

[Zöb 87a]   ☞ 210
D. Zöbel / Transformation for Communication Fairness in CSP / Information Processing Letters, Vol. 25, 1987, 195-198

[Zöb 87b]   ☞ 133
D. Zöbel / Zur Kommunikation in verteilten Systemen: Lösung des I/O-Guard Problems mit Programmtransformationen / Informationstechnik it, 29. Jahrgang, Heft 4, 1987, 255-263

[Zöb 88]   ☞ 128, 220
D. Zöbel / Normalform-Transformationen für Programme in CSP / Informatik in Forschung und Entwicklung, Springer-Verlag, voraussichtlich April 1988

6.6. Sonstiges

[BriHwa 85] ☞ 179
F.A. Briggs, K. Hwang / Computer Architecture and Parallel Processing / McGraw-Hill Book Company, New York, 1985

[CouHeyPar 71] ☞ 60
P.J. Coutois, F. Heymans, D.L. Parnas / Concurrent Control with Readers and Writers / CACM 14, 1971, 667-668

[Dij 76] ☞ 208
E.W. Dijkstra / A Discipline of Programming / Prentice Hall, Englewood Cliffs, USA, 1976

[Fla 84] ☞ 194
H.P. Flatt / A simple model for parallel programming / IEEE Computer, Vol. 17, No. 11, 1984, 95

[INMOS 86a] ☞ 97
- / Databook / INMOS Limited, Bristol UK, 1986

7. Stichwortverzeichnis

F

G

H

I, J

K

L

M

U

V

W, X, Y

Z

Kulisch (Ed.)

PASCAL-SC

Information Manual and Floppy Disks

A Pascal Extension for Scientific Computation

By Dipl.-Math. Ulrich Allendörfer, Dr. Harald Böhm, Dr. Gerd
Bohlender, Dr. Kurt Grüner, Dr. Jürgen Wolff von Gudenberg,
Dr. Edgar Kaucher, Dr. Reinhard Kirchner, Dr. Rudi Klatte, Prof.
Dr. Ulrich Kulisch, Dr. Michael Neaga, Prof. Dr. L. B. Rall, Dr. Siegfried
M. Rump, Ralf Saier, Lioba Schindele, Prof. Dr. Christian Ullrich,
Prof. Dr. Hans-Wilm Wippermann

1987. 216 pages and two Floppy disks for IBM-PC.
(Wiley-Teubner Series in Computer Science)
ISBN 3-519-02106-4   Bound DM 88,–

The new extended PASCAL System called PASCAL-SC (PASCAL for
Scientific Computation) is the result of a long-term effort by a team of
scientists to produce a powerful tool for solving scientific problems.
Due to its properties, PASCAL-SC is also an excellent educational
system. The highlights of the system are:

- PASCAL-SC contains ordinary PASCAL
- Powerful language extensions like functions with arbitrary result
  type and user defined operators
- The screen-oriented editor checks the syntax interactively
- Decimal floating-point arithmetic and package providing optimal
  arithmetic for many higher data types such as complex numbers
  and intervals as well as corresponding vectors and matrices
- PASCAL-SC Demonstration package
- Application packages solving linear systems, computing eigen-
  values and eigenvectors and evaluating zeros of polynomials and
  rational expressions

This manual describes the complete PASCAL-SC system and its
implementation and use on the IBM-PC (operating system DOS). Two
included floppy disks put the whole system at the user's disposal.

From the Contents

Language properties / Language Description / Standard Operators /
Functions of arbitrary result type / User defined operators / Syntax
diagrams / System installation / Running the System / Using the
Syntax checking Editor / Demonstration package / Generation of
external subroutines / Interface to DOS and Graphics / Arithmetic
packages / Scalar product / Vector and matrix arithmetic / Problem
solving routines

B. G. Teubner Stuttgart